U0564061

BLUE BOOK

智 库 成 果 出 版 与 传 播 平 台

上海市高水平地方高校试点建设项目（上海海洋大学）资助

海洋社会蓝皮书
BLUE BOOK OF OCEAN SOCIETY

中国海洋社会发展报告（2023）

REPORT ON THE DEVELOPMENT OF OCEAN
SOCIETY OF CHINA (2023)

主 编／崔 凤 宋宁而

社会科学文献出版社
SOCIAL SCIENCES ACADEMIC PRESS（CHINA）

图书在版编目（CIP）数据

中国海洋社会发展报告. 2023 ／ 崔凤，宋宁而主编
. --北京：社会科学文献出版社，2024.4
（海洋社会蓝皮书）
ISBN 978-7-5228-3430-6

Ⅰ.①中⋯　Ⅱ.①崔⋯　②宋⋯　Ⅲ.①海洋学-社会
学-研究报告-中国-2023　Ⅳ.①P7-05

中国国家版本馆 CIP 数据核字（2024）第 066056 号

海洋社会蓝皮书
中国海洋社会发展报告（2023）

主　　编／崔　凤　宋宁而

出 版 人／冀祥德
责任编辑／李　薇　胡庆英
文稿编辑／赵　娜　李会肖
责任印制／王京美

出　　版／社会科学文献出版社·群学分社（010）59367002
　　　　　地址：北京市北三环中路甲 29 号院华龙大厦　邮编：100029
　　　　　网址：www. ssap. com. cn
发　　行／社会科学文献出版社（010）59367028
印　　装／三河市东方印刷有限公司

规　　格／开　本：787mm×1092mm　1/16
　　　　　印　张：19.75　字　数：293 千字
版　　次／2024 年 4 月第 1 版　2024 年 4 月第 1 次印刷
书　　号／ISBN 978-7-5228-3430-6
定　　价／158.00 元

读者服务电话：4008918866

主编简介

崔　凤　1967年生，男，汉族，哲学博士、社会学博士后，上海海洋大学海洋生物资源与管理学院副院长，教授、博士生导师，海洋文化研究中心主任。研究方向为海洋社会学、环境社会学、社会政策、环境社会工作。教育部新世纪优秀人才、教育部高等学校社会学类本科专业教学指导委员会委员。学术兼职主要有中国社会学会海洋社会学专业委员会主任委员等。出版著作主要有《海洋与社会——海洋社会学初探》《海洋社会学的建构——基本概念与体系框架》《海洋与社会协调发展战略》《海洋发展与沿海社会变迁》《治理与养护：实现海洋资源的可持续利用》《蓝色指数——沿海地区海洋发展综合评价指标体系的构建与应用》等。

宋宁而　1979年生，女，汉族，海事科学博士，中国海洋大学国际事务与公共管理学院教授、硕士研究生导师。主要从事日本海洋战略与中日关系研究。代表论文有《被建构的东北亚安全困境——基于对日本"综合海洋安全保障"政策的分析》《从"双层博弈"理论看冲绳基地问题》《"国家主义"的话语制造：日本学界的钓鱼岛论述剖析》《日本"海洋国家"话语建构新动向》《社会变迁：日本漂海民群体的研究视角》。出版著作有《日本濑户内海的海民群体》等。

摘　要

　　《中国海洋社会发展报告（2023）》是中国社会学会海洋社会学专业委员会组织高等院校的专家学者共同撰写、合作编辑出版的第八本海洋社会蓝皮书。

　　本报告就 2022 年度我国海洋社会发展的状况、所取得的成就、存在的问题、总体的趋势和相关的对策进行了系统的梳理和分析。2022 年，我国各领域海洋事业仍然稳步推进，海洋治理进一步彰显专业化与精准化，综合化管理在各领域普遍呈现，海洋事业各领域进一步推进制度化建设，国际合作更趋多样化与多元化。但同时必须看到，我国海洋科技仍然需要长期攻坚，制度化建设仍然任重而道远，推进海洋综合治理的阻力仍然存在，还需要社会公众更有效的参与。

　　本报告由总报告、分报告、专题篇和附录四个部分组成，以官方统计数据和社会调研为基础，分别围绕我国海洋生态环境、海洋教育、海洋管理、海洋文化、海洋法制、海洋公益服务、远洋渔业管理、全球海洋中心城市、海洋生态文明示范区建设、海洋非物质文化遗产、海洋灾害社会应对、海洋民俗、海洋执法与海洋权益维护等主题和专题展开了科学描述、深入分析，提出了具有可行性的对策建议。

　　关键词： 海洋综合治理　海洋社会制度化　海洋事业高质量发展

前　言

　　2022 年中国海洋社会表现出了较强的韧性，在海洋科学技术、海洋牧场建设等方面逆势增长。《中国海洋社会发展报告（2023）》正是对中国海洋社会发展状况的全面而深入的总结和分析，既总结了 2022 年中国海洋社会发展所取得的成就，也分析了存在的问题，并提出了对策建议。

　　《中国海洋社会发展报告（2023）》在结构上依然与往年保持一致，由总报告、分报告、专题篇、附录（中国海洋社会发展大事记）组成。

　　总报告是对 2022 年中国海洋社会发展的全面总结：2022 年，中国各领域海洋事业仍然稳步推进，海洋治理进一步彰显专业化与精准化，综合化管理在各领域普遍呈现，海洋事业各领域进一步推进制度化建设，国际合作更趋多样化与多元化。但同时必须看到，我国海洋科技仍然需要长期攻坚，制度化建设仍然任重而道远，推进海洋综合治理的阻力仍然存在，还需要社会公众更有效的参与。

　　分报告部分一共有 5 篇报告，数量上和内容上与 2022 年卷保持一致。未来，我们力图将这 5 篇报告固定为《中国海洋社会发展报告》的主体部分，连续进行以跟踪中国海洋社会发展的轨迹。

　　专题篇部分一共有 8 篇报告，比 2022 年卷增加了 1 篇报告。另外，还有一篇报告进行了较大幅度的调整。增加的 1 篇报告是《中国海洋民俗发展报告》，这个专题以前是有的，但由于作者的原因中断，2023 年卷将其恢复了。

　　疫情三年，给《中国海洋社会发展报告》的撰写带来了前所未有的影

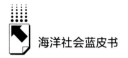
响，特别是影响了作者们的实地调研，因此，只能根据一些新闻报道、政策文件等进行撰写，这会严重影响报告的质量。在此，继续感谢各位作者的无私奉献和辛勤劳动，他们不为名不为利，只为海洋强国建设贡献一份力量。非常感谢编辑部的老师和同学们，编校工作非常辛苦，而他们没有任何酬劳，只是默默工作。

《中国海洋社会发展报告（2023）》依然秉承着"科学描述、深入分析、献计献策"的原则。我们力求做好每年的《中国海洋社会发展报告》，为海洋强国建设提供智力支撑。初心未改，排除万难，继续前行。

崔　凤

2023 年 10 月 25 日于上海

目　录 ⤵

Ⅰ　总报告

Ⅱ　分报告

Ⅲ　专题篇

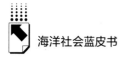

皮书数据库阅读**使用指南**

总 报 告

General Report

B.1

2022年中国海洋社会发展总报告

崔 凤 宋宁而*

摘 要： 2022年，我国各领域海洋事业仍然稳步推进，海洋治理进一步
彰显专业化与精准化，综合化管理在各领域普遍呈现，海洋事业
各领域进一步推进制度化建设，国际合作更趋多样化与多元化。
但同时必须看到，我国海洋科技仍然需要长期攻坚，制度化建设
仍然任重而道远，推进海洋综合治理的阻力仍然存在，还需要社
会公众更有效的参与。

关键词： 海洋事业　海洋治理　海洋科技　国际合作

---

* 崔凤，哲学博士、社会学博士后，上海海洋大学海洋生物资源与管理学院副院长，教授、博
士生导师，研究方向为海洋社会学、环境社会学、社会政策、环境社会工作；宋宁而，海事
科学博士，中国海洋大学国际事务与公共管理学院教授、硕士研究生导师，研究方向为日本
海洋战略与中日关系。

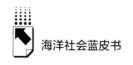

2022 年，我国海洋事业逐步走出新冠肺炎疫情的影响，海洋事业各领域呈现稳步提升的态势，并取得了一系列值得肯定的成绩：各领域持续深入推进机构改革，海洋政策规范注重顶层设计的规划性，在推行海洋治理的过程中不断强化执行力度，综合化管理稳步推进，制度化建设成绩瞩目，海洋社会继续保持多元化发展态势。

一　海洋事业呈现效率提升与创新的新态势

2022 年，我国海洋社会与海洋产业仍然受到新冠肺炎疫情的影响，但海洋事业逐步回暖的迹象已经相当明显，海洋事业各领域获得了切实发展，并且呈现效率渐趋提升、创新势头方兴未艾的可喜形势，海洋生态文明建设、海洋教育、海洋环境治理、海洋公益服务等各领域均有深入发展。

2022 年，我国海洋中心城市的建设步伐显著加快，现代海洋产业呈现全面提质增效的态势；我国海洋管理强调向海图强，海洋经济坚持稳步增长基调。经历疫情冲击之后，世界经济面临下行风险，海洋产业链所遭受的压力明显增加。面对压力，我国沿海各地方政府认真落实党中央国务院决策部署，有力统筹疫情防控与经济社会发展，开展生物生态调查，保护海洋生物资源，围绕海洋生态系统碳汇资源展开调查、评估与修复，切实加快蓝碳建设，创新海洋生态系统碳汇发展模式。同时，稳步推进海洋装备建造且水平稳步发展，构建现代海洋产业体系，实现了海洋经济的总体平稳增长，并加快推动海洋产业的转型升级。

2022 年，我国海洋环境质量总体趋于稳定，我国管辖海域的海水水质波动幅度相对平稳，海水富营养化状态海域面积持续下降，海洋生态系统运行相对平衡，赤潮和绿潮等致灾程度有所降低，海洋污染控制效果持续显现。

2022 年，我国海警局为维护海上环境安全稳定，执法力度继续提升，执法范围持续扩大，专项执法成效显著，执法部门间合作不断深化，工作机制日益健全。为集中整治海洋污染与生态破坏问题，我国海警局展开更严格的执法监管，先后破获一系列涉海洋资源开发及海洋渔业违法案件，力争以更高效的执法助推地方经济高质量发展。

2022年，我国海洋非遗的保护与传承持续多元化，公众对海洋非遗的认知不断提升，呈现自觉践行海洋非遗保护的趋势；各地在保护和传承海洋非遗的过程中，根据自身具体情况，因地制宜制定发展目标和规划，充分挖掘海洋非遗背后的文化价值和经济价值，驱动海洋文化与地方经济全面发展。同时，各地大胆创新海洋非遗保护和传承的话语模式，并深化与媒体的合作，促使海洋非遗互动形式创新，以妈祖等海洋非遗文化交流为纽带，积极推动海洋非遗与医疗产业、海洋娱乐业、现代渔业等海洋事业领域的合作，全方位、多层次打造海洋非遗品牌，通过文化赋能，依托高校、科研机构与科研创新平台，依靠海洋人力资源集聚效应，探索并推动海洋非遗的现代融创发展以及海洋事业的多领域交叉发展。

随着疫情在全球范围内渐趋缓和，我国国内与国际海运贸易都在恢复，海上活动也逐渐增多，对海上事故救援提出了挑战。我国相关政府部门十分重视海上事故，在对事故情况进行审核后立即展开救援活动，以最大程度减少人员和财产的损失。2022年，我国周边海域遇险人员获救率有所提升。

2022年，建设全球海洋中心城市成为我国海洋事业的一大亮点。我国全球海洋中心城市建设起步不久，但呈现良好的发展势头。我国各地政府加大对建设全球海洋中心城市的支持力度，上海、青岛、大连、天津、宁波、厦门、深圳等地政府均已将全球海洋中心城市建设纳入规划范畴。

当前世界各国的海洋实力竞争已经逐渐演变成海洋人才的竞争。2022年，我国海洋教育在各层面持续获得推进，我国海洋类高等教育学科体系不断完善，海洋类高等教育机构不断推进合作共建，涉海高校与科研机构坚持举办海洋知识宣传活动，推动海洋教育的普及与宣传。

2022年，海洋文化与海洋民俗领域显示出发展的活力。各种线上与线下的海洋民俗、海洋文化相关学术会议在海南三亚、广东珠海、福建厦门、福建莆田、福建霞浦、浙江宁波、上海、山东青岛等地召开。期刊发表的相关学术论文也逐渐增多，未来发展趋势比较乐观。

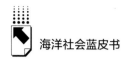

2022 年，我国海警局积极开展与周边国家的合作，维护周边海域安全秩序，为建设海洋命运共同体持续努力。远洋渔业管理方面，我国积极参与区域渔业治理的多边机制建设，远洋渔业生产效益持续提升。与此同时，我国远洋渔业活动的增加，也对维持远洋渔业秩序提出了挑战。因此，我国相关部门特别重视远洋渔船的灾害预警防范与保障工作，致力于规范渔业活动，为稳定远洋渔业秩序提供必要的保障。同时，2022 年，我国积极推动远洋渔业装备的更新、改造和升级，提升远洋渔业装备水平，培养现代化的远洋渔业船队。

二　海洋治理进一步彰显专业化与精准化

2022 年，我国海洋治理进一步彰显专业化与精准化。我国加大海洋创新平台建设力度，海洋生态文明建设的科技支撑能力显著提升，海洋资源可持续利用的科技创新能力更为突出，海洋非遗保护与传承更加注重形式创新，同时，数字技术的发展也为我国海洋民俗的发展提供了更大的空间与机遇。

2022 年，在我国全球海洋中心城市的建设过程中，海洋创新平台建设的力度持续加大。例如，青岛市致力于通过金融服务提升海洋经济高质量发展水平，成立蓝色金融发展联盟，成为山东省海洋科技创新的一大亮点。同时，我国持续加大培养海洋领域高端创新人才的力度，致力于推动我国海洋科技自立自强，加强原创性，引领高水平科技攻关，为海洋强国战略提供重要支撑。山东省青岛市还发布了海洋经济运行监测与评估智慧管理平台，为海洋经济评估监测的数字化发展提供了技术支撑，助力全球海洋中心城市建设。

2022 年，我国海洋新兴产业蓬勃发展，海洋经济结构持续优化，海洋经济创新发展示范城市建设成效显著，海洋经济高质量发展成效逐步显现。我国在建设海洋生态文明示范区的过程中，致力于完善海洋科技创新的制度支撑。浙江省舟山市致力于石化新材料、海洋电子信息、海洋生物、海洋装备制造四大领域的科技创新建设。山东省青岛市重点推动海洋科技重大创新平台建设，着力打造国际海洋科技创新中心。山东省威海市致力于加速海洋电子信息与智能装备产业的布局，建设涉海重点实验室，推动涉海科技创新重点项目建设，并举办海洋科技人才创新成果展，推动涉海创新平台建设，助推优秀成果落地转化。

2022年，我国自然资源部发布海岸带保护修复工程系列标准，从技术上规范海洋生态系统的调查与评估过程，填补了海洋灾害的评估空白，为海岸带资源可持续利用做出了重要贡献，推进了我国海洋生态环境保护的科技创新能力。

2022年，我国海洋非遗传承与保护领域也呈现新形势，主要表现为形式创新与领域融合。在海峡两岸举办的"妈祖杯"民间茶王赛中，妈祖文化得到了弘扬，闽台茶产业也得到了推广，妈祖文化与闽台茶文化在海洋非遗的传承保护中实现了深度融合。山东省滨州市无棣县在传承海洋非遗文化的活动中，推出品尝盐田大虾项目，以品牌效应推动游客实践体验当地的海洋文化。浙江省宁波市象山县依托开渔节，建设石浦渔港古城这一文化类景区，且规模不断扩大，致力于海洋非遗传承的现代化载体建设与新业态发展。数字媒体和大数据技术为海洋民俗文化的传承保护提供了更为广阔的空间和更多的传播途径与机会，也为海洋文化的保护提供了全新的思路。

2022年，我国海上专项执法活动重视海洋污染与生态破坏问题，强化重要区域常态化监管，严厉打击重点领域违法犯罪活动，严密防范关键环节生态环境风险，执法活动进一步精准化。我国海洋公益服务事业也不断完善海上救援机制，制定应急预案，提升海上救援的速度和效率，服务精准化态势显著。本年度，我国海上救援的潜水救捞技术、应急救援技术、船舶防污染技术都获得了发展，相应设备也获得了升级，救援效率与成功率相应获得提升。同时，我国各沿海城市持续开展海上救援演练，提高施救人员救援能力，积累救援经验。

2022年，我国海洋观测调查的新装备、新技术不断出现，为海洋公益

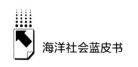

服务提供了坚实的技术支持。在卫星天基海洋观测、海上智能型无人调查船和载人潜水器等方面，设备技术都有了提升。

三 各领域普遍呈现跨领域综合化管理

2022年，我国海洋社会各领域的事业发展都呈现愈加明确的综合化、跨领域发展趋势。海洋管理的综合化态势得到强化，海洋公益服务的系统建设更趋完善，海洋非遗传承与保护更加强大，与海洋社会其他领域之间的跨领域合作更加密切，海洋民俗产业与旅游业正在深度融合，海洋民俗文化研究呈现更为显著的跨领域特点，海洋教育也进一步向多元化方向发展。

2022年，我国海洋管理更趋综合化。青岛市推出海域综合化管理方案，落实中央与山东省环保督察要求，开展禁养区、限养区清理整治工作，完成胶州湾滩涂环境整治工作，保障海洋养殖安全，落实浒苔整治方案。

2022年，海上执法活动也呈现比较明显的协作化与综合化态势。福建省海警局与福州市人民检察院开展协作监督与侦查；山东省威海市海警局与海洋渔业监督监察部门开展联合执法；浙江省将自然资源、生态环境和林业等部门的相关执法事项进行汇总，形成海洋综合行政执法体系。此外，农业农村部、中国海警局共同举办渔政海警协作执法活动，推动海洋渔业活动的综合性执法监管。国家海洋环境预报中心自主研发的智能化海啸信息处理系统已通过相关专家评审，我国海洋公益服务系统建设日趋完善。我国海洋灾害防御工作也在系统化建设方面有了显著的进步。

海洋非遗的传承与保护工作和文创、旅游、教育、国潮等领域的结合日趋成熟，海洋社会各领域综合化的保护与传承模式正在形成。海洋民俗产业与旅游业的深度融合不仅使海洋民俗传承保护有所创新，也使相关领域的综合化管理成为必然趋势。

总体而言，2022年我国海洋教育政策体系逐步完善，并且呈现日趋多元化的态势，目前已覆盖中小学海洋教育、高等海洋教育、社会公众海洋教育，海洋教育政策的内容也涉及海洋科普、海洋生态保护、人才培养、基地平台建设等多元化领域。其中，面向社会公众的海洋教育呈现主体多元化发展态势，涵盖国家机构、社会组织、高等教育机构等多种主体，特别是民间机构在数量上已经占据主导地位，活动形式也因此呈现更为丰富多彩的特点。

四　海洋事业各领域进一步推进制度化与系统化建设

2022年，我国海洋事业各领域系统化、制度化建设进一步完善，各领域之间的联系网络日趋紧密，海洋管理范围更为宽广与全面。本年度，《最高人民法院、最高人民检察院关于办理海洋自然资源与生态环境公益诉讼案件若干问题的规定》施行，加强了海洋环境监督部门与人民检察院的合作，构建了更为完善的海洋环境公益诉讼制度。连云港市在海洋公益诉讼的办案过程中形成了"互联网+"的海洋生态修复劳务代偿模式，这一模式的推广将有利于逐步完善我国海洋环境保护诉讼的制度体系。

2022年，我国海洋生态文明示范区也在制度化建设方面取得了比较突出的成绩。我国生态环境部与海警局等相关部门持续深化协作，对盗采海砂、非法倾废等活动进行严厉打击，海上执法活动建设取得较好成效，全面推进依法治海。随着《海警法》等法律的制定和实施，我国海上执法行动变得更加有法可依，同时也提升了我国海上执法部门的公信力。

2022年，广西壮族自治区建立了海洋公益诉讼协作机制，旨在加强各方业务的互联互通，实现联合执法的制度化建设。海南省实施上下一体、联动办案机制，以巩固公益诉讼办案成效，提升公益诉讼的专业化程度。温州市以信息化、联动化为核心，构建海洋检察立体化格局，以"恢复性司法"的综合治理理念为指引，逐渐形成检察机关与行政机关相联动、修复与赔偿相结合、刑事追究与公益诉讼相衔接的海洋生态环境损害赔偿制度。青岛市致力于建立健全行政、检查、司法三方之间的信息互联互通机制，提高海洋公益诉讼水平和办案效率，完善海洋公益诉讼体系。

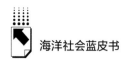

五 国际合作呈现主题细化与网络化态势

2022年，我国海洋事业的国际合作在各领域持续推进，取得了良好成绩。我国渔业管理借鉴国际经验，进一步完善休禁渔、限额捕捞、总量管理等制度。我国与菲律宾发表联合声明，双方同意进一步扩大环境保护、海洋经济、海洋垃圾、微塑料治理等领域合作，致力于在两国沿海城市间建立合作伙伴关系。

2022年，我国海洋公益服务事业也在国际化方面取得了进展。我国大力推行自然灾害防治体系现代化建设，服务外交大局，健全国际减灾交流合作机制。我国还主办了金砖国家气候预测与海洋减灾防灾研讨会，与金砖国家共同应对海洋灾害挑战，推动防灾减灾合作平台建设。此外，青岛市举行东亚海洋合作平台青岛论坛，探讨海洋公益的未来十年发展之路；厦门市举办国际海洋周，致力于建设联结全球海洋政策、技术、决策以及行动的国际大平台；深圳举办海洋中心城市论坛，探讨海洋科技、海洋产业、航运运输、海洋文明、海洋合作治理问题，为全球海洋中心城市建设建言献策。

2022年，我国制定了"海洋十年"中国行动框架，积极承担大国责任，履行大国义务，为建立蓝色伙伴关系、推进全球海洋治理贡献中国智慧与力量。

2022年，我国海洋非遗的国际传播力和影响力不断加强。"妈祖秋祭"等海洋非遗活动的举办，向世界充分展示了妈祖的平安形象、大爱形象与和平形象，向世界传递中国人民热爱和平发展的文化传统。目前，妈祖文化系列活动已经成为促进"一带一路"建设的重要载体。

六 问题与对策

由2022年度海洋社会发展动向可知，我国海洋事业整体保持良好的发展态势，但问题也不容忽视，海洋科技攻坚仍需坚持，制度化建设还要继续推进，综合化治理仍然任重道远。

（一）海洋科技仍然需要长期攻坚，推动现代化水平持续提升

在海洋非遗的保护中，技术瓶颈仍然存在。目前，我国海洋非遗的活态性数字化保护正面临着新的困境。虽然当前数字化技术已经能够捕捉并实现海洋非遗的某些内容的数字转换，但由于海洋非遗项目的传承者很难有效地参与非遗的数字化保护过程，因此，目前还难以通过数字化保护手段掌握海洋非遗项目的持续创作过程。海洋非遗蕴含着社会大众科学用海、向海而生的智慧，因此，在海洋非遗的保护过程中，应该把保护传承、技术创新与传播交流等环节结合起来，使之达到相辅相成、相互促进的效果。

2022年度海洋管理事业的发展态势也显示，我国应在这一领域进一步推进海洋数据应用技术的发展，借助科技力量实施减灾消灾。建设海洋强国是实现中华民族伟大复兴的重大战略任务。因此，我们需要实现海洋科技的高水平自立自强，持续加强原创性、引领性科技攻关，掌控装备制造环节，力争使用本土装备开发油气资源，提高能源自给率，保障国家能源安全。

同理，我国海警执法队伍建设同样需要在技术装备和人员培养上持续致力于高水平技术化和专业化。而在全球海洋中心城市建设过程中，海洋科技水平落后将直接导致成果转化率低下。海洋科学技术是构建全球海洋中心城市的第一生产力和根本性支撑力量。实施科技创新驱动，需要建设并完善科技创新平台，在海洋高端智能设备、海洋工程装备、海洋电子信息等重点领域提升自主创新能力，推动海洋要素集聚，推进海洋科技成果交易平台建设，有效发挥市场资源配置作用，加快海洋科技成果落地。

（二）海洋社会各领域机制仍待建立或完善

2022年，我国海洋社会各领域的制度化建设取得了值得肯定的成绩，但提升空间仍然很大，相关工作还需要进一步推进。我国海洋生态环境保护与"美丽海湾"的目标仍存在较大差距，这与生态文明建设机制不完善密切相关。目前，我国海洋生态文明建设综合评估机制仍不健全；海洋环境责任追究机制、奖惩机制欠缺，地方政府推进海洋生态文明建设动力不足；企

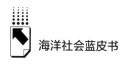

业环保社会责任制度、社会公众的监督机制欠缺。我国海洋生态文明示范区建设应完善海洋生态文明综合评估机制，完善海洋生态文明建设的奖惩机制，完善企业海洋生态环境保护的责任机制，为构建"美丽海湾"与海洋生态系统治理格局提供保障机制。

我国海陆空间利用格局与"陆海统筹"理念仍有冲突，究其原因也与制度化建设水平不足有关。我国应当加强海洋生态预警监测体系的建设，尽快完善对我国沿海各省市海洋典型生态系统的调查，建成统一有序、分工合理、协调高效的海洋生态预警监测体系。

我国海洋非遗传承与保护在 2022 年度有所提升，但尚未建立起整体性保护体制与机制。目前，海洋非遗保护的相关法律法规建设还不能与海洋非遗保护的紧迫性相适应。可以说，适合我国海洋非遗保护工作实际且具有整体性、有效性的保护工作机制尚未建立。我国相关部门应对海洋非遗项目保护、传承、宣传和研究有突出贡献和影响的单位、个人进行表扬和奖励，并对违反相关保护规定，侵占、破坏海洋非遗项目的单位、个人所造成的损失依法追究其民事责任，对构成犯罪的主体依法追究刑事责任，对于有关主管部门及其工作人员在工作中存在的问题，应该对直接负责的主管人员和相关责任人进行处分。

我国海洋民俗仍处于不断发展变化的过程中，并且有很大一部分没有物质载体，导致知识产权保护难度加大，传统海洋民俗在从地域"私有"走向大众"公有"的过程中，确实亟须进行知识产权的确认与保护。海洋民俗的发展需要更加规范化、规则化。

我国目前仍然欠缺专门的海洋教育政策。当前，我国的海洋教育政策分散分布于国家海洋事业发展宏观规划、各省市海洋经济发展规划、各省市海洋生态环境保护条例、自然资源部和教育部关于海洋教育相关提案的回复函等政策中，没有形成一部专门指导和规范我国海洋教育事业发展的国家层面的具有系统性、全面性、综合性的海洋教育政策。海洋政策缺少通盘规划，可能导致各地政策水准不一，甚至相互矛盾，不利于我国海洋教育事业的发展。

同时，海洋教育课程设置不合理，部分学校将海洋知识教育与海洋意识教育相混淆，仅仅传授学生相关知识，没有激发学生对海洋的兴趣，严重阻碍了学生海洋素养的提升。并且，沿海地区与内陆地区之间课程设置仍然存在极大的不均衡性。同时，我国大部分学校的海洋教育内容分布、渗透于其他学科教材之中，无法凸显海洋教育的独特性和系统性。还需看到，在海洋高等教育方面，各涉海高校皆设置了一些传统的、通用性强的专业，趋同性明显，但开设新兴的、国家短缺的专业的高校则较少，使得海洋学科布局存在不合理、不均衡的现象。

目前，我国《海警法》与相关法律的衔接仍存在进步空间，为了加快建设海洋强国，最大限度运用综合性海上优势，必须加快推进我国海洋法治和制度建设，提升依法治海能力。

（三）实施海洋治理需要社会公众更有效的参与

我国海洋事业在 2022 年度得到了社会公众的广泛参与，综合化海洋治理态势愈加明显。然而，实施海洋治理仍然需要社会公众更为有效的参与，同时，多渠道、多领域、多元化的海洋治理和海洋事业还需要持续推进。

我国海洋公益事业需要着重思考如何提升海洋公益的社会宣传。宣传需注重顶层设计，各地相关部门需要不断加强海洋公益服务事业的资源整合以及阵地建设，完善不同部门间的协作和沟通机制。同时，具体的宣传工作需要针对不同类型的海洋公益服务，采取多种形式的宣传，根据实际情况选择最合适的宣传方式，同时拓宽宣传途径、创新宣传方式，引导公众主动了解海洋公益服务，达到宣传效果最大化的理想目标。

海洋非遗的传承与保护需要通过数字化手段，充分利用各种媒体与媒介向社会公众推广和宣传。同时，也需要重点加强中小学的海洋非遗教材、课程、社团建设，从多方面推动海洋非遗主题下的中小学教育工作。除了海洋非遗教育，我国其他主题的海洋教育也仍然存在宣传力度不够的问题，特别是我国各级政府出台的海洋教育政策的宣传活动十分缺乏。海洋教育政策宣传缺位，则社会大众无法通过政策的导向性和规范性作用约束、控制自己的

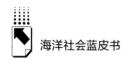

行为，进而影响我国国民海洋素养的提升。面向公众的海洋教育活动的效果均停留在表面，不能真正实现海洋教育的目标。具有一定深度的海洋教育活动的主体仍局限于高校教师、学生以及海洋研究机构的专业人员和海洋从业人员，缺少普通公众的有效参与。社会公众层面的海洋教育需要加强专业性建设。

海洋民俗的传承需要媒体宣传与学校教育形成互补与合力，提升公民海洋意识。我们应充分利用各类媒体，推送海洋民俗知识，利用大数据时代的优势，迅捷而有效地提升公民保护海洋民俗、海洋非遗等海洋文化的意识。

我国社会公众的海洋生态文明意识也有待提升。目前，社会公众缺乏海洋生态环境保护知识，社会公众的海洋生态保护自觉性不足，导致公众对海洋生态保护认知不足，海洋生态文明示范区建设的社会参与度低。

普及和提升公众的海洋生态文明意识，需要发挥政府的引导作用以及新闻媒体的舆论宣传作用，利用其自身的优势针对不同的社会群体加大海洋生态保护知识的宣传力度。同时，要拓展社会公众参与渠道，引导公众积极参与海洋污染防控与监督工作。并且，我们还需推动提升企业在海洋污染源头防治方面的参与度，引导涉海企业树立和强化海洋生态责任意识。海洋环境治理需要进一步发挥多元化主体的有效参与，切实提升海洋生态环境的治理效能。海洋环境治理需要转变政府包揽所有生态环境监管、修复和调控任务的局面，打造多向度运行、多手段合作和多维度监管的社会公众合力治理模式。同理，建设全球海洋中心城市也需要更注重跨区域协调发展，让更加多元化的社会主体参与到建设队伍中来。

（四）在既有多边机制的平台上大力推行海洋事业的国际化

2022年，我国在既有多边机制的平台上，继续大力推行海洋事业的国际化进程。构建新时代海洋命运共同体，需要持续加强海洋公益服务国际合作。我们要和全球重大海洋倡议进行对接，例如联合国的《2030年可持续发展议程》；在联合国的既有多边框架下，推动海洋防灾减灾、海洋生态环境保护等主题的海洋治理全球化、现代化发展。同时，我们要积极打造面向全球的蓝色伙伴关系，在21世纪海上丝绸之路框架下，加强与世界各国海洋事业的合作发展，践行休戚与共的发展理念。

海洋民俗文化的传承与保护也需要加强跨区域、跨国境的交流合作，共同保护、开发和利用海洋民俗。我们相信，发挥当前大数据时代优势，利用数字技术，将使得跨区域、跨国境的海洋民俗文化交流与保护更容易实现，也将为海洋民俗发展和交流提供更好的合作发展前景。

人类对海洋的认识在不断加深，对海洋资源利用的竞争也在不断加剧。传统海洋安全问题与非传统海洋安全问题相互交错、与日俱增，海洋秩序面临持续而严峻的挑战。从中长期来看，我国建设全球海洋中心城市，缺少协调日常国际海洋事务和解决复杂涉海纠纷的经验和机会。因此，我国应积极对标伦敦、新加坡、奥斯陆等全球知名海洋中心城市，大力引进全球知名海洋治理相关机构，研究设立海事法院，吸引海事仲裁机构在我国设立分支机构，谋划国际海底管理局企业部等国际海洋事务组织在国内城市落户，强化参与全球海洋治理的基础条件和渠道。

2022年，我国在海洋事业的各个领域取得了一系列值得肯定的成绩。但必须看到，海洋社会发展的问题依然广泛存在，症结依然亟待根治。我们必须不断加大改革与制度化建设力度，持续推进海洋技术攻坚，坚定地推动海洋事业的国际化发展，最大限度地发挥社会公众参与海洋事业的力量，助推我国海洋社会的可持续发展。

分 报 告
Topical Reports

B.2
2022年中国海洋生态环境发展报告

崔 凤　刘荆州*

摘　要： 2022年中国海洋生态环境状况继续保持稳中向好的态势，总体上，我国管辖海域海水水质波动幅度相对平稳，富营养化海水的海域面积持续下降，海洋生态系统运行保持相对平衡，赤潮、绿潮等灾害致灾程度降低，海洋污染源控制效果稳中有进。2022年中国海洋生态环境保护的政治站位更高，《"十四五"海洋生态环境保护发展规划》使全国海洋生态环境保护任务更加明确，我国海洋资源持续利用水平和科技创新能力更突出，参与全球海洋治理也更深入。在取得成效的同时，我国面临着海湾生态环境保护与"美丽海湾"目标仍有差距、陆海空间利用格局与"陆海统筹"理念仍有冲突、多元主体共治现状与现代环境治理体系仍有出入等问题。未来应从构建"美丽海湾"

---

* 崔凤，哲学博士、社会学博士后，上海海洋大学海洋生物资源与管理学院副院长，教授、博士生导师，研究方向为海洋社会学、环境社会学、社会政策、环境社会工作；刘荆州，上海海洋大学海洋文化与法律学院2023级博士研究生，研究方向为渔业环境保护与治理。

系统治理格局和保障机制、健全陆海空间多维冲突识别和调控措施、发挥多元主体参与海洋生态环境治理效能三个方面提升海洋生态环境治理效果。

关键词： 海洋生态环境　海洋生态环境质量　陆海统筹

一　2022年中国海洋生态环境状况

中国海洋生态环境保护与治理工作在习近平新时代中国特色社会主义思想和党的二十大精神指导下取得了显著成绩。2022年中国海洋生态环境继续保持稳中向好态势，在海洋生态环境质量、典型生态系统及其生境修复、海洋生态污染防治和海洋自然资源开发利用的持续性效果等方面不断显现良好局面，以促进多元主体参与和解决海洋环境问题为目标导向的海洋生态环境治理体系建设工作有序推进，人民群众对临海亲海环境质量的获得感逐步提升。总体上，中国海洋生态环境在贯彻新发展理念前提下，向高质量发展格局稳步迈进，开启了美丽海湾和美丽海洋建设的新局面。

（一）海洋环境质量状况总体稳定

1.我国管辖海域海水水质波动幅度相对平稳

生态环境部联合自然资源部、交通运输部、农业农村部、国家林业和草业局发布的监测数据显示，2022年夏季符合Ⅰ类海水水质标准的海域面积占我国管辖海域面积的97.4%，尽管同比下降了0.3个百分点，但基于2020年占比仍保持提升态势。影响海水水质的指标主要为无机氮和活性磷酸盐含量，由这两类元素超标造成的劣Ⅳ类水质海域面积为30650km^2，集中分布在辽东湾、渤海湾、莱州湾、杭州湾、长江口和珠江口等近海海域。2022年总体劣Ⅳ类水质海域面积相比2021年增加了9300km^2。表1比较了

2021~2022年我国管辖海域未达到Ⅰ类海水水质标准的海域面积分布结构。渤海的Ⅱ类和Ⅲ类水质海域面积明显增加，Ⅴ类和劣Ⅴ类海水水质海域面积分别增加了1330km²和6200km²。同时，渤海、长江口—杭州湾、珠江口等重点海域的优良水质面积占比达到63%，表明《重点海域综合治理攻坚战行动方案》有序推进的同时，仍面临较大风险和挑战。从我国管辖海域总体差值计算结果来看，2021~2022年Ⅲ类和Ⅴ类海水水质海域面积基本持平。2021~2022年《中国海洋生态环境状况公报》中对春、夏、秋三季监测结果的综合评定结果表明，全国近岸海域水质持续向好，2022年在2021年的基础上优良海水水质面积占比提升了0.6个百分点，占总面积的81.9%，2022年劣Ⅴ类水质面积占比平均为8.9%，同比下降0.7个百分点。

表1 2021~2022年中国管辖海域未达到Ⅰ类海水水质标准的海域面积

单位：km²

海区	2021	2022	2021	2022	2021	2022	2021	2022
	Ⅱ类水质		Ⅲ类水质		Ⅳ类水质		劣Ⅳ类水质	
渤海	7710	10910	2720	3790	820	2150	1600	7800
黄海	6310	9850	1830	1650	720	1000	660	1210
东海	11450	11190	3490	4030	4720	2370	16310	11350
南海	5070	2440	2920	1560	890	1020	2780	4520
管辖海域	30540	34390	10960	11030	7150	6540	21350	24880
差值	3850		70		−610		3530	

数据来源：2021~2022年《中国海洋生态环境状况公报》。

2. 海水富营养化海域面积持续下降

海水富营养化是指通过人类实践活动形成的陆源或海域污染，导致大量氮、磷等营养元素在海水中聚集，藻类繁殖速率超标，造成水体溶解氧含量降低，鱼类等水生生物大量死亡。2022年夏季监测数据显示，中国管辖海域内海水富营养化海域总面积为28770km²，同比减少1400km²，管辖海域内轻度、中度和重度富营养化海域面积分别为12900 km²、6940km²和

8930km²。东海的富营养化海域总面积最大为14810km²，其中轻度、中度和重度富营养化海域面积分别为5770km²、4130km²和4910km²，在各海域内污染形势相对严峻。2022年《中国海洋生态环境状况公报》数据表明，黄海的富营养化海域总面积最少为2790km²，占比仅9.7%，其中，中度和重度富营养化海域面积分别为190km²和460km²。总体上2018~2022年中国管辖海域内呈现富营养状态的海域总面积呈逐年递减态势，发展趋势向好（具体见图1）。

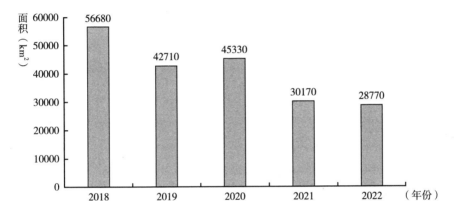

图1　2018~2022年中国管辖海域海水富营养化海域总面积

数据来源：2018~2022年《中国海洋生态环境状况公报》。

（二）海洋生态质量状况总体稳定

1.海洋生态系统运行持续保持相对平稳

海洋生物多样性指数是评估海洋生态系统循环运行状况的重要指标。表2列出了生态环境部在2022年对19个区域的浮游植物、浮游动物和大型底栖生物进行种类和数量监测的结果。从表2可以看出，海洋浮游植物超过100种的有苏北浅滩、杭州湾、南澳岛、北部湾和乐清湾，海洋浮游动物超过100种的有珠江口、乐清湾、闽江口、大亚湾和北部湾，大型底栖生物超过100种的有珠江口、乐清湾、庙岛群岛、黄河口、莱州湾和北部湾。调查

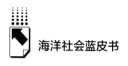

样本区域内海洋浮游植物、浮游动物和大型底栖生物多样性指数的平均值分别为 2.46、2.85 和 2.46，总体上海洋生物相对丰富。

表 2　2022 年中国海洋生物多样性组成和分布情况

监测区域	浮游植物		浮游动物		大型底栖生物	
	种数(种)	多样性指数	种数(种)	多样性指数	种数(种)	多样性指数
双台子河口	77	2.91	46	2.51	47	2.26
滦河口—北戴河	76	2.70	28	1.62	78	3.06
渤海湾	46	2.19	47	2.75	48	2.62
黄河口	46	2.80	63	3.31	106	3.44
莱州湾	38	2.61	48	2.83	130	3.27
鸭绿江口	68	2.10	44	2.73	82	2.31
长山群岛	75	3.48	64	2.53	62	2.26
庙岛群岛	49	2.54	60	3.15	106	3.46
胶州湾	71	1.83	79	2.73	97	3.27
苏北浅滩	108	3.42	41	1.98	9	0.53
长江口	88	1.15	88	2.42	78	1.64
杭州湾	127	2.80	66	2.27	9	0.88
乐清湾	145	2.68	125	3.41	102	2.49
闽江口	83	2.88	141	4.22	70	2.28
闽东沿岸	100	2.52	92	3.30	78	2.65
珠江口	96	0.33	101	2.61	102	2.49
大亚湾	83	2.88	141	4.22	70	2.28
北部湾	138	1.21	209	3.00	145	2.84
南澳岛	135	3.65	88	2.55	57	2.79

数据来源：2022 年《中国海洋生态环境状况公报》。

从典型海洋生态系统状况来看，在河口、海湾、滩涂湿地、珊瑚礁、红树林和海草床等典型生态系统监测结果中有 7 个呈健康状态、17 个呈亚健康状态，无不健康状态。珊瑚礁和红树林覆盖密度的提升对大型底栖生物数量和海洋渔业资源增量也起到了重要的促进作用。从海洋自然保护地来看，2022 年仍维持 2021 年状态，海洋类型自然保护区有 66 处、海洋特别保护区（含海洋公园）79 处，总面积达 790.98 万公顷。其中生态状况为 I 级的自然保护区在 2021 年基础上增加了广西合浦儒艮国家级自然保护区和广西北仑河口国家级自然保护区两处。滨海湿地类型也保持有国际重要湿地 15 处，面积共 88.3 万公顷。

2. 赤潮、绿潮等灾害致灾程度降低

赤潮和绿潮是海水富营养化程度加深后藻类优势种迅猛繁殖成灾的结果，属于海洋生态灾害中灾情严重、致灾典型、影响连续的重要问题。2022 年中国管辖海域内赤潮灾害发生频次较 2021 年增加了 9 次，但累计发生总面积降低了 19949km²。从海域结构上看，东海仍是赤潮发生频次最高和占比面积最大的海域，其中造成重大经济损失和受灾面积超过 100km² 的省级行政区包括浙江省、河北省、福建省和山东省，总体持续时间从 2022 年 4 月延续到 9 月。引发中国海域赤潮灾害的优势生物种共 35 种，其中环胺藻引发浙江省温州市附近海域赤潮面积最大为 533km²；夜光藻作为优势物种引发赤潮灾害的次数最多达到 25 次；东海原甲藻作为优势物种引发赤潮灾害面积达 655km²。绿潮致灾时间仍然是在 2022 年 4~8 月，但整体灾情相比 2021 年明显减轻，2022 年最大分布面积为 18002km²、最大覆盖面积为 135km²，相比上年分别减少了 43866km² 和 1611km²。图 2 呈现了 2015~2022 年中国黄海浒苔绿潮灾害演变情况。目

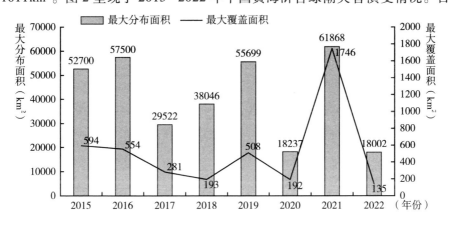

图 2　2015~2022 年中国黄海浒苔绿潮规模

数据来源：2015~2022 年《中国海洋生态环境状况公报》。

前在我国引发绿潮的藻类优势种仍为浒苔，而中科院亚热带农业生态研究所和青岛海大生物集团股份有限公司共同建立的海藻源无抗饲料研发实验室已经在浒苔的持续利用方面取得了突破性进展。① 浒苔多糖饲料添加剂在功效上可以代替抗生素，能够促进牲畜的个体生长，浒苔广阔的发展空间为灾害治理提供了新方向。

（三）海洋污染源控制效果稳中有进

高强度人类活动造成的陆源污染物对海洋生态环境影响最为深远，河流入海口和海湾的污染程度是检验陆海统筹治理效果的关键地理单元。2022年陆地直排海污染元素主要包括污水、石油、氨氮、总氮、总磷、六价铬、铅、汞和镉，污染总量达750199万吨，其中工业污染源排放量最大，生活污染源排放量最小。2022年全国入海河流断面监测结果表明Ⅰ~Ⅲ类水质断面占比达80%，相比2021年提高了8.3个百分点，其中化学需氧量、五日生化需氧量、总磷、溶解氧和氨氮等主要超标指标的断面超标率分别降为14.3%、4.3%、2.6%、1.3%和0.9%。2022年中国入海河流断面水质Ⅳ类和Ⅴ类占比较2021年共降低8.3个百分点，劣Ⅴ类持平，总体上水质有明显提升，具体变化如表3所示。

表3 2021~2022年中国入海河流断面水质类别占比

单位：%

年份	Ⅰ类	Ⅱ类	Ⅲ类	Ⅳ类	Ⅴ类	劣Ⅴ类
2021	0.5	26.5	44.8	26.1	1.7	0.4
2022	0.1	30.4	49.6	19.1	0.4	0.4
差值	-0.4	3.9	4.8	-7	-1.3	0

数据来源：2021~2022年《中国海洋生态环境状况公报》。

---

① 《中国科学报：科学"打浒"，"苔"里找"糖"》，http://www.cas.ac.cn/cm/202203/t20220323_4829060.shtml，2022年3月23日。

二 2022年中国海洋生态环境发展的措施与成就

（一）海洋生态环境保护的政治站位更高

2022年1月，生态环境部联合自然资源部、住房城乡建设部等7个部门联合发布了《重点海域综合治理攻坚战行动方案》，巩固渤海综合治理成果，重点解决长江口—杭州湾、珠江口邻近海域污染问题，部署了排污排查整治、入海河流水质改善、城市和农村污染治理、船舶港口治理和岸滩环境整治等10个重点任务，涉及沿海8个省市和多部门协调。① 2022年4月，习近平总书记在中国海洋大学三亚海洋研究院考察时强调："建设海洋强国是实现中华民族伟大复兴的重大战略任务。"保护海洋生态环境，实现人海和谐是海洋强国建设的内在要求。② 加快提升海洋生态环境质量、降低海洋污染损害、健全海洋资源持续性开发利用制度等工作受到党和国家的高度重视。2022年10月16日中国共产党第二十次全国代表大会召开，习近平总书记向大会作重要报告。报告强调要站在人与自然和谐共生的高度推进中国式现代化，加快构建新发展格局，着力推动高质量发展，着重提出要"发展海洋经济，保护海洋生态环境，加快建设海洋强国"，"巩固东部沿海地区开放先导地位……加快建设西部陆海新通道"。③ 另外，海洋环境保护相关法律法规进一步凸显了政治站位。《大连市海洋环境保护条例》实施后，2022年大连市内各级政府以及先导区管委会都把海洋生态环境保护作为重大政治任务严格把关，在海洋岸线管控、海洋区划监管和海上污染应急处

---

① 《关于印发〈重点海域综合治理攻坚战行动方案〉的通知》，http：//www.gov.cn/zhengce/zhengceku/2022-02/17/content_5674362.htm，2022年2月17日。
② 《建设海洋强国是实现中华民族伟大复兴的重大战略任务》，https：//ocean.cctv.com/2022/04/16/ARTI46UD2JrID1IWGFEGj9jb220416.shtml，2022年4月16日。
③ 习近平：《高举中国特色社会主义伟大旗帜 为全面建设社会主义现代化国家而团结奋斗——在中国共产党第二十次全国代表大会上的报告》，http：//www.qstheory.cn/yaowen/2022-10/25/c_1129079926.htm，2022年10月25日。

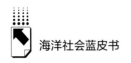

置能力方面都有较大提升。① 2022 年 6 月，舟山市按照《〈舟山市国家级海洋特别保护区管理条例〉立法后评估报告》提出的修改要求和建议，以法律法规为根据，对条例文件进行完善，坚持从实际出发，突出重点，解决实际问题，使其更加符合舟山市国家级海洋特别保护区的管理和建设需要。②

2022 年 6 月，生态环境部总结了海洋生态环境保护的相关成果，包括将海洋环境保护法修改纳入 2022 年全国人大常委会立法工作计划、推动《海警法》颁布施行和《刑诉法》修订工作、重点打击海上违法犯罪活动、组织起草入海排污口监督管理办法、与农业农村部联合发布《关于加强海水养殖生态环境监管的意见》、与自然资源部联合印发《全国海洋倾倒区规划（2021—2025 年）》等。③ 2022 年 11 月，中国海警局与生态环境部、国家林业和草原局、工业和信息化部联合开展了"碧海 2022"海洋生态环境保护和自然资源开发利用专项执法行动，通过两个月的联合执法，对"三无"船舶非法捕捞、未通过环评即开展工程项目、无证倾倒、废物倾倒和非法侵占海岛等海上违法犯罪活动进行严厉打击和严格管控，为海洋生境治理保驾护航。④ 2022 年 12 月，《烟台市海洋生态环境保护条例》正式实施，与《烟台市入海排污口管理办法》协同推进，坚持做好海洋固碳能力提升、海洋生态修复、人工鱼礁监测、海岸带区域规划等保护工作，严厉打击陆源和海上环境污染，明晰海洋生态环境治理体系和法律责任。⑤

① 《关于报送〈大连市海洋环境保护条例〉实施情况的报告》，https：//epb. dl. gov. cn/art/2022/10/10/art_4663_2046113. html，2022 年 10 月 10 日。

② 《〈舟山市国家级海洋特别保护区管理条例〉政策解读》，http：//zsoaf. zhoushan. gov. cn/art/2022/12/2/art_1229339246_1649922. html，2022 年 12 月 2 日。

③ 《生态环境部召开 6 月例行新闻发布会》，https：//www. mee. gov. cn/ywdt/zbft/202206/t20220623_986571. shtml，2022 年 6 月 23 日。

④ 《"碧海 2022"海洋生态环境保护和自然资源开发利用专项执法行动展开》，http：//www. gov. cn/xinwen/2022-11/02/content_5723850. htm，2022 年 11 月 2 日。

⑤ 《〈烟台市海洋生态环境保护条例〉正式实施》，https：//www. nmdis. org. cn/c/2022-12-05/78053. shtml，2022 年 12 月 5 日。

（二）全国海洋生态环境保护任务更加明确

2022年1月，生态环境部与自然资源部、发改委、交通运输部、中国海警局和农业农村部联合印发了《"十四五"海洋生态环境保护规划》，在肯定"十三五"期间蓝色海湾整治效果明显、渤海污染治理攻坚战圆满收官、近岸海域水质提升等海洋生态环境改善成绩的基础上，面对新时代人与自然和谐共生的中国式现代化推进和海洋强国战略深化部署，对国家海洋生态环境保护任务提出了更高的要求。[①] 国家对"十四五"期间海洋生态环境保护提出坚持"生态优先、绿色引领、以人为本、质量核心、陆海统筹、综合治理、公众参与、社会监督、改革创新、强化法治"的基本治理原则，并更加注重"公众亲海需求、整体保护和综合治理、示范引领和长效机制建设、科技创新和治理能力提升、深度参与全球海洋生态环境治理"等工作。[②]

2022年1月，天津市人民政府办公厅也印发了《天津市生态环境保护"十四五"规划》，着重贯彻陆海统筹理念并巩固好近岸海域生态质量，做到"一河一策"与"船—港—城"协作治理，强化海洋生态保护与修复工作，加强海洋生态风险防控，以湾长制和湖（河）长制衔接打造"美丽海湾"示范。[③] 河北省贯彻国家总体治理要求，强调建立海洋环境污染"终身责任制"，提升海洋环境风险监测和防控能力。[④] 山东省也把"陆岸海"协

---

① 《生态环境部等6部门联合印发〈"十四五"海洋生态环境保护规划〉》，https：//www.mee.gov.cn/ywdt/hjywnews/202201/t20220117_967330.shtml，2022年1月17日。

② 《读懂〈"十四五"海洋生态环境保护规划〉》，https：//www.mee.gov.cn/zcwj/zcjd/202201/t20220117_967328.shtml，2022年1月17日。

③ 《天津市人民政府办公厅关于印发〈天津市生态环境保护"十四五"规划〉的通知》，https：//www.tj.gov.cn/zwgk/szfwj/tjsrmzfbgt/202201/t20220117_5781111.html，2022年1月17日。

④ 《河北省人民政府关于印发〈河北省生态环境保护"十四五"规划〉的通知》，http：//hbepb.hebei.gov.cn/hbhjt/zwgk/fdzdgknr/zdlyxxgk/dqhjgl/101643247298770.html，2022年1月30日。

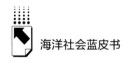

同治理、提升海洋生态系统稳定性和"美丽海湾"建设重点工程放在首位。[1] 2022年2月,江苏省从海洋环境质量、海洋生态质量和亲海环境品质三个维度确定了"十四五"海洋生态环境保护目标,还出台了"美丽海湾"建设任务清单和海洋生态环境保护重点措施任务清单。[2] 同年4月,广东省从绿色引领、"三个治污"、保护修复、系统治理和防控结合等方面部署了海洋生态环境保护重点。[3]

(三)海洋资源持续利用水平和科技创新能力更突出

自然资源部应自然岸线保有率和海岸带管理要求,于2022年2月发布了海岸带保护修复工程系列标准,在技术上规范了珊瑚礁、红树林、海草床和盐沼等典型海洋生态系统调查和评估过程,填补了海堤生态和典型生态系统防潮御浪减灾功能评估空白问题,为海岸带资源持续利用和韧性海岸带打造做出了重要贡献。[4] 2022年8月,自然资源部在梳理近年来重大项目建设用地用海政策举措后,为有效落实耕地保护、土地集约利用、生态环境保护等制度,印发了《关于积极做好用地用海要素保障的通知》,从国土空间规划、用地用海审批、土地节约集约利用、土地计划指标等7个方面26条款项提出陆海自然资源利用新要求。[5] 此后,自然资源部还出台了《关于用地要素保障接续政策的通知》,从是否符合规划管控要求、做好群众补偿安置和及时审批用地手续等多个方面保障规范用地用海要素工作顺利开展。[6]

---

[1] 《山东省人民政府关于印发〈山东省"十四五"生态环境保护规划〉的通知》,http://www.shandong.gov.cn/art/2021/9/27/art_100623_39194.html,2021年9月27日。

[2] 《江苏省"十四五"海洋生态环境保护规划》,http://sthjt.jiangsu.gov.cn/art/2022/2/28/art_83554_10365808.html,2022年2月28日。

[3] 《广东省海洋生态环境保护"十四五"规划》,http://gdee.gd.gov.cn/attachment/0/505/505225/3924737.pdf,2022年5月10日。

[4] 《海岸带保护修复工程系列标准发布》,https://www.mnr.gov.cn/dt/ywbb/202202/t20220208_2728319.html,2022年2月8日。

[5] 《自然资源部印发〈关于积极做好用地用海要素保障的通知〉》,https://www.mnr.gov.cn/dt/ywbb/202208/t20220809_2743528.html,2022年8月9日。

[6] 《自然资源部出台用地要素保障接续政策》,https://www.mnr.gov.cn/dt/ywbb/202209/t20220926_2760308.html,2022年9月26日。

2022年10月，自然资源部还规范了海洋观测预报监管方式，搭建了"全国海洋观测预报监管服务平台"，为推进海洋自然资源的利用和修复提供重要基础。① 总体上，自然资源部在2022年开展用海用岛的科学性论证，报国务院批准用海用岛项目49个，涉及投资额约5805.4亿元，批准用海用岛总面积21.19万亩，对严重破坏海洋自然环境和生态安全的项目审批不予通过。②

海洋自然资源保护、修复方面取得了重大进展。2022年1月，广东省惠东县自然资源局发布了《惠东县考洲洋重点海湾整治项目环境风险应急预案编制服务项目询价公告》，明确要种植红树林近万亩，还要开展鸟类栖息地营造工程。③ 同时，海南三亚的蜈支洲岛海洋牧场成为我国首个热带海洋牧场，累计投资近4000万元，投入人工鱼礁及船礁等5万多空立方，人工鱼礁表面附着珊瑚、贝类、藻类等生物种类达120余种，鱼礁区比非鱼礁区鱼类种类数量提高5~10倍，对修复海洋渔业资源、典型海洋生态系统及其生境做出了重要探索。④ 2022年2月，福建省海洋与渔业局发放海洋渔业资源养护补贴，对降低捕捞强度、巩固海洋伏季休渔和海洋渔业资源保护制度效果发挥起到了重要作用。⑤ 同时，蓝丝带海洋保护协会开展了多项海洋生物多样性保护项目，包括红树林巡护和环岛调查、湿地修复、垃圾治理和鲸豚科普等活动，并动员社区成员和公众广泛参与，成功入选"生物多样性100+全球典型案例"。⑥ 2022年9月，中华环境保护基金会主办的"海洋

① 《自然资源部办公厅发布通知进一步加强海洋观测预报活动监管》，https：//www.mnr.gov.cn/dt/hy/202210/t20221021_2762777.html，2022年10月21日。
② 《向海向未来——2022年自然资源工作系列述评之海洋强国篇》，https：//www.mnr.gov.cn/dt/ywbb/202301/t20230111_2772642.html，2023年1月11日。
③ 《广东惠东：红树林种植面积将达万亩》，https：//aoc.ouc.edu.cn/2022/0222/c15170a362747/page.htm，2022年2月7日。
④ 《海南三亚：中国首个热带海洋牧场成效显著》，http：//ocean.china.com.cn/2022-01-25/content_78009722.htm，2022年1月25日。
⑤ 《福建发放海洋渔业资源养护补贴》，https：//www.nmdis.org.cn/c/2022-02-14/76361.shtml，2022年2月14日。
⑥ 《"海洋卫士"：守护海洋生物多样性》，https：//www.nmdis.org.cn/c/2022-05-25/76946.shtml，2022年5月25日。

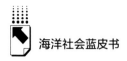

环境保护项目"在上海正式启动，为海洋垃圾治理、海岸带保护和海洋生境修复带来了治理力量。[①] 2022 年 10 月，自然资源部南海环境监测中心重点开展了大亚湾造礁石珊瑚分布区生物生态调查，对水文水质、沉积物、生物生态要素进行系统调查，为资源本底探索和制定海洋生态环境保护方案提供了重要支撑。[②]

海洋生态环境保护科技创新能力方面有重要提升。2022 年 1 月，山东省人民代表大会常务委员会批准了胶东经济圈五市（青岛、烟台、潍坊、威海、日照）制定的五部海洋牧场管理条例。五部条例中均提出加强海洋牧场及相关产业基础研究、技术创新，引进和培养高层次科研团队和人才，合力打造高能级海洋牧场科创平台，联合推动海洋牧场科技成果转化，提升海洋牧场及相关产业创新能力。[③] 此外，《日照市海洋牧场管理条例》中规定，要加强海洋牧场持续利用科学研究，推广应用先进技术，充分利用现代科学技术成果，鼓励和支持海洋牧场所有人或经营人运用人工智能、大数据、云计算、卫星遥感等先进技术手段，打造"可视、可测、可控、可预警"的智慧型海洋牧场。[④] 烟台市海洋发展和渔业局颁布的《烟台市海洋生态环境保护条例》同样要求支持海洋生态环境保护、海洋资源综合利用的科学研究和先进适用技术的推广应用，开展海洋生态环境保护的对外合作与交流，促进海洋生态环境保护产业的发展。[⑤]

（四）参与全球海洋治理更深入

2022 年 4 月，中国驻联合国副代表戴兵在《联合国海洋法公约》（以下

---

① 《"海洋环境保护项目"在上海正式启动》，https：//www.thepaper.cn/newsDetail_forward_20059579，2022 年 9 月 26 日。

② 《大亚湾造礁石珊瑚分布区调查完成——主要包括水文水质、沉积物、生物生态等要素》，https：//www.nmdis.org.cn/c/2022-10-13/77732.shtml，2022 年 10 月 13 日。

③ 《青岛市海洋牧场管理条例》，https：//ocean.qingdao.gov.cn/zcfg/sj/202206/t20220607_6100742.shtml，2022 年 6 月 7 日。

④ 《日照市海洋牧场管理条例》，http：//sht.rizhao.gov.cn/art/2022/4/1/art_163698_10301298.html，2022 年 4 月 1 日。

⑤ 《烟台市海洋生态环境保护条例》，https：//www.yantai.gov.cn/art/2022/9/27/art_43370_3065300.html，2022 年 9 月 27 日。

简称《公约》）通过 40 周年高级别会议上，进一步阐释了《公约》的适用性问题，即应该结合国家海洋气候变化、海洋生态环境与资源利用状况、国际局势等问题，在坚持《公约》的基础上尊重各国争端解决方式选择，呼吁通过海洋命运共同体和海洋生态文明建设等理念构建国际海洋秩序。①

2022 年 6 月，中国代表参加了在葡萄牙里斯本举行的联合国海洋大会，会议通过了《2022 年联合国海洋大会宣言——我们的海洋、我们的未来、我们的责任》。中国愿与各国共同推进联合国 2030 年可持续发展议程实施，建立蓝色伙伴关系，共同应对海洋气候变化、挖掘海洋碳汇、维护海洋生物多样性和海洋空间规划，推进蓝色经济持续发展。② 同时，中韩举办了海洋事务对话合作机制第二次会议，双方同意持续通过协商谈判的方式解决海上矛盾，合作维护海洋和平发展秩序，议题包括海上执法、海洋生态、资源持续利用和航运等，重点对日本核污染水排放问题交流意见。③ 中国为推动联合国 "2030 年可持续发展议程" 目标的贯彻执行，2022 年 8 月在北京召开 "联合国海洋科学促进可持续发展十年" 中国委员会成立会议，审议通过了《"海洋十年" 中国行动框架（草案）》，为深度参与全球海洋治理提供了方向。④ 同时，中国代表团参加了在纽约联合国总部召开的第五次国家管辖外区域海洋生物多样性（BBNJ）政府间谈判，作为发展中国家代表就海洋遗传资源惠益分享、海洋管理区划工具和海洋技术转让等议题做了重要论述，充分发扬海洋命运共同体理念，争取公平和谐推进大会成功举行。⑤

2022 年 11 月，中国主会场与日内瓦分会场联合举行了《湿地公约》第十四

① 《中国常驻联合国副代表呼吁准确完整地解释和适用〈联合国海洋法公约〉》，https：//www.nmdis.org.cn/c/2022-05-09/76894.shtml，2022 年 5 月 9 日。

② 《2022 年联合国海洋大会 27 日在葡萄牙召开 中国代表团出席》，https：//www.mnr.gov.cn/dt/ywbb/202206/t20220628_2740081.html，2022 年 6 月 28 日。

③ 《中韩举行海洋事务对话合作机制第二次会议》，https：//www.nmdis.org.cn/c/2022-06-20/77089.shtml，2022 年 6 月 20 日。

④ 《"联合国海洋科学促进可持续发展十年" 中国委员会成立会议在京召开》，https：//www.nmdis.org.cn/c/2022-08-22/77400.shtml，2022 年 8 月 22 日。

⑤ 施余兵：《一步之遥：国家管辖外区域海洋生物多样性谈判分歧与前景展望》，《亚太安全与海洋研究》2023 年第 1 期。

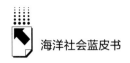

届缔约方大会边会活动全球滨海论坛研讨会，重点讨论了滨海生态系统保护工作，充分体现了中国愿与各国共同合作参与全球海洋生态文明建设的愿景。①

三 中国海洋生态环境发展面临的问题

2022年中国海洋生态环境保护与治理虽然取得了一定成就，但依然面临一些问题。

（一）海湾生态环境保护与"美丽海湾"建设目标仍有差距

海湾是陆海交互影响最明显的地理单元之一。一方面，海湾的资源禀赋和地理区位优良，滨海旅游业、海洋交通运输业和海洋渔业等产业发达，人类海洋实践聚集对海湾生态系统干扰程度高；另一方面，海湾作为鱼类、藻类和贝类等生物繁衍的场所，为海洋生物生存和人类生活提供了重要生态空间，对维持海洋生态系统平衡起着关键作用。深入陆地和半封闭的海域特征决定了海湾生态环境承载能力相对较低，在陆源污染和强力海洋开发的叠合作用下，海湾水质污染严重，海洋垃圾堆积，海湾滩涂湿地被侵占，典型生态系统失衡。例如，杭州湾、长江口、渤海湾、珠江口、辽东湾等海湾水域的无机氮和活性磷酸盐含量超标，整体海湾水质为劣 V 类，中度和重度海水富营养化情况也相对集中。根据社会组织参与海洋垃圾治理的统计数据可以看出，海洋垃圾随着海洋自然动力作用漂浮之后主要集中在海滩，而海滩垃圾清理和监测是主要治理手段。从上海仁渡海洋公益发展中心发布的《仁渡海洋 2022 年度检查报告书》来看，2022 年全国联合净滩行动中清理海滩垃圾共 26.69 吨，上海净滩 1075.16 公斤、协作净滩 954.39 公斤。②

---

① 《〈湿地公约〉第十四届缔约方大会边会活动全球滨海论坛研讨会举行》，https://www.nmdis.org.cn/c/2022-11-10/77867.shtml，2022 年 11 月 10 日。
② 参见上海仁渡海洋公益发展中心发布的《仁渡海洋 2022 年度检查报告书》，http://www.renduocean.org/disclosure/inspection，2023 年 3 月 30 日。

同时，违规围填海造陆和发展养殖业等生产行为严重挤压了海湾生态空间和人类亲海生活空间，对海湾生态系统保护造成了重大影响。一些沿海省份仍然出现违规审批、未批先建和边批边建的恶劣情况，相关主管部门对围填海工程是否符合国土空间规划格局、是否坚守生态红线、是否符合海洋生态系统保护要求并未做严格管控。地方政府对违规围填海行政处罚力度较低，围填海工程能够取得的经济效益远高于罚款，这种惩罚力度不但对违法者无法产生规制效果，反而变为"反向激励"，加剧了海湾生态功能失衡问题。沿海自然岸线保有率不达标，自然海岸线长度缩减的同时，海湾珊瑚礁退化、海洋渔业资源减少、红树林和海草床等典型生态系统功能衰退等问题不断出现。同时，海湾水体富营养化程度高，海洋生态灾害风险仍然较大，如山东胶州湾和江苏苏北浅滩等海湾容易发生绿潮灾害。总体上看，我国海湾生态环境保护状况尚未达到环境质量好、生态系统健康、亲海环境品质优良等层面上的"美丽海湾"目标。

（二）陆海空间利用格局与"陆海统筹"理念仍有冲突

陆海空间利用格局是体现国土空间规划效果的关键，尤其是检验海岸带专项规划实践成效的重要指标，目前二元对立发展模式表现出的陆海主体功能划分标准各异、管理界限模糊和空间利用冲突等问题违背了"陆海统筹"理念。一是技术层面的难题决定了顶层设计存在缺陷。国务院机构改革后，生态环境部的组建解决了"环保部门不下海，海洋部门不上岸"的问题，国土空间规划体系的重构与协调也产生了部分制度红利，但陆海交互影响下的空间利用产生的适宜性评估、复合性测度和资源配置方案问题更为复杂，如何认识复杂的生态系统要素结构，保证陆域空间规划和海域空间规划的功能定位一致性存在较大困难。技术困境还体现在不同部门和相关条例在海洋生态环境质量监测指标和衡量标准方面的冲突，和对陆海工程项目的生态影响评价方法各异，测评工具不一、统计信息有壁垒，造成了陆海评估结果冲突问题。

二是海洋生态修复工作的陆海分离问题。我国针对海洋环境问题开展了

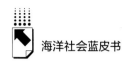

多项生态修复工程，如对红树林、海草床等典型海洋生态系统的专项修复工程、渤海污染整治专项行动计划、蓝色海湾整治和海岸带修复工程等。但修复工程实施过程中没有结合陆海交界的生态系统特性，海岸线人工修复和湿地恢复仍未充分考虑海湾综合整治模式，陆海修复方案各异。

三是陆海统筹机制不健全问题。例如，海洋产业发展过程中缺乏对陆海生态系统的整体性考虑，沿海地区城市化、工业化和现代化进程不断加快，流动人口也大量聚集，海洋生态环境承载能力不断下降，脆弱性也同步上升，海洋生态修复投入的边际效益逐步递减，形成"开发—破坏"的恶性循环。沿海各省市涉海管控部门分散，部门利益分化造成的空间规划冲突也时有发生，陆海统筹治理缺乏统一的生态环境保护目标，跨部门协调机制尚不成熟。

（三）多元主体共治现状与现代环境治理体系仍有出入

中共中央办公厅和国务院办公厅印发的《关于构建现代环境治理体系的指导意见》明确提出，要构建党委领导、政府主导、企业主体、社会组织和公众共同参与的现代环境治理体系。[1]《"十四五"海洋生态环境保护规划》中也强调，"建立政府、企业、社会多元化资金投入机制，鼓励各类投资主体采取多种投资形式参与海洋生态环境保护"，"推动形成海洋生态环境治理的全民行动体系"。[2] 但从目前海洋生态环境保护治理各主体参与实际情况来看，与国家所提目标尚有差距，在海洋碳汇交易市场和排污权交易市场中存在较多资源配置不合理、投机转让和违规排放等问题。而企业作为市场化主体远未承担应尽责任，反而为防止生产成本增加而降低生产工艺升级要求和绿色产业转型速度，对海洋生态补偿实践所需补偿资金的筹集缺乏应有的支持，等等。

社会组织作为海洋生态环境保护正外部性的主要贡献者，在合法性、影

---

① 参见《中共中央办公厅、国务院办公厅印发〈关于构建现代环境治理体系的指导意见〉》，http://www.gov.cn/zhengce/2020-03/03/content_5486380.htm，2020 年 3 月 3 日。
② 参见《关于印发〈"十四五"海洋生态环境保护规划〉的通知》，https://www.mee.gov.cn/xxgk2018/xxgk/xxgk03/202202/t20220222_969631.html，2022 年 2 月 22 日。

响力和持续性等问题上还存在诸多困境。政府出台的《社会团体登记管理条例》给社会组织设置了一定成立标准，通过预审制、"归口登记"和"分级管理"等措施严格限制了社会组织参与，将部分发挥了实际治理作用却限于条件支持未向相关主管部门申请的草根组织排除在外。另外，社会组织参与海洋环境治理过程中，其影响力尚未得到充分凸显，上海仁渡公益发展中心、蓝丝带海洋保护协会、自然之友和无境深蓝潜水员海洋保护联盟等分别在海滩垃圾清理、环境公益诉讼和海底垃圾清理等方面发挥了重要作用，其每年开展的志愿服务活动有一定成效，但缺乏对施害者的惩处，政府也未足够重视相关行动。上海仁渡海洋公益发展中心每年统计公布的《海岸垃圾品牌监测报告》展示了各类海洋垃圾中品牌垃圾数量排名，以期引导品牌商和消费者遵循绿色生产消费理念，主动承担海洋垃圾清理责任，但并未得到多数品牌商官方回应。另外，公众参与海洋生态环境治理也存在机制不完善问题。例如，青岛市胶州湾海域内出现浒苔，并影响了虾池养殖区，养殖户发现该情况后，迅速向街道办和相关部门反映，请求开展浒苔治理工作，但并未得到相关部门的回应，导致绿潮灾害迅速扩散。

四　中国海洋生态环境发展的对策建议

针对中国海洋生态环境保护与治理过程中出现的问题，各级党委和政府应以习近平新时代中国特色社会主义思想为指导，不断完善相关政策措施，创新海洋生态环境保护与治理制度，具体可以从以下几个方面开展工作。

（一）构建"美丽海湾"系统治理格局和保障机制

一是要科学解读"美丽海湾"的时代内涵。在地理层面，美丽海湾是一个广义性概念，从海洋生态系统的整体性特征考虑，应包括除海湾以外的河流入海口、潟湖和平直海岸等地的近岸海域，空间范围拓展决定了治理措施应兼顾陆海双重影响；在功能定位上，美丽海湾是一个动态性概念，不同海湾所处海域的自然资源禀赋和地理区位差异巨大，对满足休闲娱乐、港口

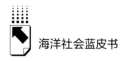

运输、渔业交易和矿产开发等不同需求的海湾应分类制定生态环境保护和修复方案，按照海湾具体生态特征做到"一湾一策"，科学谋划；在目标设定上，美丽海湾是一个立体性概念，它不仅指水质良好、生态良好和公众亲海场所品质优良，还包括抵抗海洋生态环境灾害的风险预防预警和协调控制机制完善，这要求基于海湾功能区划差异确定海湾生态红线、海湾环境质量底线、海湾自然资源开发上限，根据海湾自然条件异质性设定人类海洋实践活动的环境准入清单和负面清单，对海洋自然保护区和典型海洋生态系统修复区应加强环境管理。

二是要以海湾为核心建立空间管控体系和长效保障机制。要结合海湾自然特征和"美丽海湾"时代内涵开展网格化管理，把海湾及其近岸海域纳入综合管控单元，治理责任严格落实到相关主管部门，形成海湾分级治理体系。同时要注意完善制度层面的协调机制，避免"条块分割"的碎片化治理，纵向上按照"省（市）—市（区）—海湾"的分级模式确定海湾生态保护目标，横向上推进跨部门和跨海域协作模式。衔接好"河长制"创新经验和责任划定，逐级设立"湾长"，建立协商议事机构和科学考评监督体系，做到河海一体化治理。要综合运用好海洋生态补偿制度，坚持由政府主导原则下的第三方监测机构平台对海湾建设做出精准判定，识别正外部性贡献者和负外部性施害者，以经济补偿、资源补偿、生境补偿、政策补偿和技术补偿等方式达到激励相容。努力探索建立智慧化海湾生态环境质量监管平台和市场化海湾生态环境保护融资平台，充分调动各主体参与积极性，形成长效治理机制。

（二）健全陆海空间多维冲突识别和调控措施

陆海统筹理念最关键的部分是摒弃陆海二元划分治理模式，在生态系统要素认知和人类海洋实践互动两个层面上兼顾海洋和陆地双重特征，从生产、生活和生态空间角度科学制定陆海一体的国土空间规划。未来应更加关注陆海空间冲突识别和调控问题，这需要在技术上按照陆海生态环境典型特征，结合陆域土地总体利用规划及其专项规划和海洋国土空间规划方案与实施情况，通过相关地理要素空间投影和实地调研构建空间数据库，以此确立冲突识别矩阵和评价体系。① 例如，海岸带管理上要重点监测向海向陆一定范围内的空间利用，总结陆海交互作用机理、典型特征和影响因素等治理前端储备知识，尤其要注重陆海交互胁迫影响的敏感区域。要落实新时代国土空间规划体系，将陆域城市规划、土地利用规划、主体功能区划和海域功能区划相衔接。按照以海定陆方针，结合滨海旅游、渔业开发、矿产开发、港口运输等用海功能划分，科学确定陆域耕地、林地、草地、湿地、城市用地、工业用地和交通运输用地等土地总体利用规划方案，减少陆海空间冲突。

要建立陆海空间冲突的长效调控机制必须切实贯彻陆海统筹理念。例如，解决填海造地与土地管理制度衔接问题时，首先要考虑如何将围填海形成的土地纳入国家总体土地管理政策。应该严格执行项目审批许可制度，围填海造地项目实施前应申请获得海域使用权，当规划内容符合土地利用总体规划、规划条件与城乡规划的控制性详细规划一致时，海域使用权可以转化为土地使用权。② 应重点解决处于城镇开发边界以外的围填海项目因控制性详细规划无法覆盖、规划条件不达标影响使用权转换的问题。③ 同时，加快编制历史围填海区域的控制性详细规划，做好用途管制，将"多规合一"落到实处。

（三）发挥多元主体参与海洋生态环境治理效能

海洋环境治理理论上要求政府转变用强制性权力包揽所有生态环境监管、修复和调控任务的做法，应按照中国特色社会主义民主协商机制，加快推动政府、企业、社会组织和公众多元主体协商共治格局形成，在非国家强

① 李建春等：《陆海统筹视域下国土空间多维冲突识别与分区调控——以莱州市为例》，《地理科学》2022年第7期。
② 张晓玲、吕晓：《国土空间用途管制的改革逻辑及其规划响应路径》，《自然资源学报》2020年第6期。
③ 冯振洲等：《陆海统筹背景下填海造地与土地管理制度衔接问题与对策探析——以浙江省为例》，《海洋开发与管理》2022年第12期。

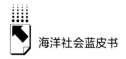

制性契约中形成权力多向度运行、开展多手段合作和监管多维度覆盖等方面的治理合力。企业作为市场主体应明确自身营利性和社会性多重身份，承担好海洋生态环境治理的社会责任，在兼顾企业发展定位和收益成本问题的基础上，自觉推动产业绿色转型，减少废弃物向河流、海洋和大气排放，严格遵循"双碳"目标的绿色约束底线；要以海洋生态环境保护者的身份，减少与政府的博弈投机行为，做好生产工艺升级和环境影响评估工作；面对公众和政府的环境监督和投诉，要坚守实事求是原则，摒弃不顾受害者利益和转移污染成本等不利于海洋环境保护的行为。

国家和社会需要营造让社会组织能够参与海洋生态环境治理的良好环境，在保证国家安全和社会稳定的大前提下，降低具有实际治理价值的"草根组织"的准入门槛，在明确其"合法性"法律地位的基础上，进一步简化登记和执行程序；加强对社会组织的资金筹集、活动环境、技术协助和议事协商等方面的政策扶持力度，保障社会组织持续运行。在参与海洋生态环境治理时，社会组织应深入结合海洋生态系统特征和具体海洋环境问题，探索更多成功治理模式，多渠道做好宣传和示范工作，扩大自身社会影响力。要注重调动社会公众的环保参与意识，通过志愿服务和募捐活动激发公众自觉意识，并以社区作为基层治理单元，从日常生活方式和生产行为等方面探索社区居民共同参与机制，丰富多元合作形式。

B.3

2022年中国海洋教育发展报告

赵宗金 郭晓娟*

摘 要： 2022年度，我国海洋教育事业稳步推进，同时迎来了新的发展机遇，呈现新的发展特征。海洋教育政策不断丰富，多个中央部委和沿海省份出台了一系列海洋教育相关的政策文件，进一步明确了海洋教育事业的目标与任务。在海洋教育实践方面，各类海洋教育内容日益丰富、方式逐渐多样化。中小学海洋教育将体验式学习作为主要的学习方式；各高等海洋教育机构之间不断推进合作共建，助力海洋教育普及；公众海洋教育主体更加多元化，目标群体覆盖范围扩大；海洋教育研究稳中有进。基于此，本报告提出了关于海洋教育政策、海洋教育实践及海洋教育研究的发展策略。

关键词： 海洋教育 海洋素养 海洋教育政策

海洋是助力我国高质量发展的战略要地，是实现高水平对外开放的重要载体，是我国国家安全的战略屏障，也是国际竞争与合作的关键领域。我国的海洋事业从新中国成立初期的极端落后，到改革开放时期的依海而兴，再到新时代的向海图强，经历了由弱变强的发展历程。① 党的十八大以来，我

---

* 赵宗金，哲学博士，中国海洋大学国际事务与公共管理学院副教授，研究方向为教育政策；郭晓娟，中国海洋大学国际事务与公共管理学院硕士研究生，研究方向为教育管理。
① 《党领导新中国海洋事业发展的历史经验与启示》，https：//www.mnr.gov.cn/dt/hy/202201/t20220107_ 2716913.html，2022年1月7日。

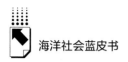

国不断加快由海洋大国向海洋强国转变的步伐，海洋事业发展取得了历史性成就，海洋综合实力也不断提升，跃上了新台阶。习近平总书记指出："经过多年发展，我国海洋事业总体上进入了历史上最好的发展时期。"① 在我国迈向第二个百年奋斗目标的新征程中，总结回顾我国海洋教育事业的年度进展，有利于我们认清现实、发现问题、及时纠正发展中存在的问题，推动海洋教育事业发展更上一层楼。

一　中国海洋素养概念界定

海洋素养是我国为实施海洋强国战略而对国民素质提出的内在要求，我国海洋教育的实施效果也取决于国民的海洋素养水平，故海洋素养这一概念是当前我国各级各类海洋教育实践体系中的一个核心概念。因此，围绕该概念进行分析和探讨具有深刻的现实意义，能够有效推动我国海洋教育事业的发展。

《2021年中国海洋教育发展报告》梳理了中国学界对于"海洋素养"这一概念的界定，同时对中国海洋素养的理论体系进行了总结。中国海洋素养是一种动态的、国情相联系的、不断与时俱进的体系，是对公民了解海洋的基础要求。中国海洋素养体系包括四个维度：社会素养、人文素养、科学素养、生态素养。社会素养是基础素养，体现了国家主权与社会意识；人文素养是根本属性，体现了海洋对人的影响与熏陶；科学素养是关键素养，国人应强化科学意识与科学行为；生态素养是保障，是保护人海关系的重要形态。中国海洋素养侧重于海洋，最终指向人与海洋的和谐发展。刘训华教授的最新研究成果指出，中国海洋素养是指国民在日常生活中形成的、体现中国发展特征并适应个人和社会发展需要的、与海洋相关联的知识、价值观、必备品格和关键能力的总和。在突破欧美海洋素养体系局限性，并结合中国

---

① 《为建设海洋强国和能源强国贡献力量》，http：//theory. people. cn/n1/2022/0427/c40531-32409715. html，2022年4月27日。

民众的实际情况和中国海洋事业发展的现实需求后，我国海洋素养体系得以构建。从中国海洋素养体系的四个维度又衍生出 12 项具体素养，同时形成了 24 种表现形态①，由此构成了具有中国特色的中国海洋素养体系。

中国海洋素养是在结合其他国家和地区已有的研究成果的基础上，立足于我国学生核心素养提升的内在要求而提出的。它结合了海洋的自然属性、社会属性、科学属性，以"人海和谐发展"为价值导向，具有科学性和合理性，能助力我国海洋教育质量的提升和海洋教育事业的发展。

二　中国海洋教育年度进展

（一）海洋教育政策进展

海洋教育政策是指国家、政府部门等为推动海洋教育事业发展而颁布的一系列用来规范、指导海洋教育主体实施海洋教育实践的法令、法规、政策、措施、计划等。② 海洋教育政策对我国海洋教育实践的开展起到了重要的指导和规范作用，系统梳理过去一年我国在海洋教育政策领域的进展，有利于了解我国海洋教育事业的发展趋势和发展要求。

2022 年，习近平总书记在考察中国海洋大学三亚海洋研究院时强调，建设海洋强国是实现中华民族伟大复兴的重大战略任务。要推动海洋科技实现高水平自立自强，加强原创性、引领性科技攻关，把装备制造牢牢抓在自己手里，努力用我们自己的装备开发油气资源，提高能源自给率，保障国家能源安全。③ 这充分体现了总书记对海洋强国建设的高度重视，对海洋科教

---

① 刘训华：《中国海洋素养：理念、体系与逻辑演进》，《深圳大学学报》（人文社会科学版）2023 年第 4 期。
② 马勇、王婧、周甜甜：《我国海洋教育政策的发展脉络及其内容分析》，《中国海洋大学学报》（社会科学版）2014 年第 6 期。
③ 《建设海洋强国是实现中华民族伟大复兴的重大战略任务》，https://ocean. cctv. com/2022/04/16/ARTI46UD2JrlD1IWGFEGj9jb220416. shtml，2022 年 4 月 16 日。

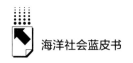

事业发展的殷切期待。①

2022 年度，我国中央政府并未颁布专门的海洋教育政策，与海洋教育相关的政策表述一般包括在海洋领域和教育领域的相关政策之中。

第一类是对人大、政协建议提案的答复。2022 年度中，教育部、自然资源部等多个部门都做出了海洋教育相关的答复。

教育部在《对十三届全国人大五次会议第 1351 号建议的答复》中指出，教育部于 2022 年在原国家中小学网络云平台基础上，改版升级上线了国家中小学智慧教育平台，在科普教育专栏设置了海洋板块，并链接漫游科技馆，提供了大量优质的科普教育资源，满足学生学习的需要。②

自然资源部在对《关于加强海洋生态文明建设的提案》的答复中，提到了习近平总书记关于海洋生态文明建设重要意义的论述。举办海洋生态文明论坛，有助于展示新时代我国海洋生态文明建设成果，交流海洋生态文明建设的新经验、新模式、新路径和新理念。下一步，自然资源部将继续推动和支持海洋生态文明相关论坛的举办，努力推进海洋生态文明建设。③

第二类是有关部委在重要政策文件中对海洋教育做出的重要布局。

农业农村部在《关于促进"十四五"远洋渔业高质量发展的意见》中，明确了远洋渔业发展的重点任务，提出要构建多层次的人才培养体系，要探索远洋渔业人才"订单式"产教融合培养模式。④ 这为我国高等海洋教育事业的发展提供了指导。

根据教育部印发的《关于公布 2021 年度普通高等学校本科专业备案和

① 《建设海洋强国贡献智慧力量——习近平总书记考察中国海洋大学三亚海洋研究院引发中国海洋大学师生热烈反响》，http：//www. moe. gov. cn/jyb＿xwfb/s5147/202204/t20220414＿617630. html，2022 年 4 月 14 日。
② 《对十三届全国人大五次会议第 1351 号建议的答复》，http：//www. moe. gov. cn/jyb_xxgk/xxgk_jyta/jyta_jijiaosi/202208/t20220831_656893. html，2022 年 8 月 31 日。
③ 《关于政协十三届全国委员会第五次会议第 03987 号（资源环境类 316 号）提案答复的函》，http：//gi. mnr. gov. cn/202207/t20220712_2742093. html，2022 年 7 月 12 日。
④ 《远洋渔业明确"十四五"发展目标》，https：//www. mnr. gov. cn/dt/hy/202202/t20220228_2729496. html，2022 年 2 月 28 日。

审批结果的通知》，哈尔滨工程大学智慧海洋技术专业获批，这是此专业在我国高校首次设立。为满足宽基础、重交叉、智能特色突出的未来船海领域科技领军人才培养的需求，结合未来船海领域发展趋势，哈尔滨工程大学在未来技术学院设置智慧海洋技术新工科专业。该专业面向海洋强国战略，针对我国海洋工程领域对信息化、智能化技术的迫切需求，围绕海洋智能感知、海洋大数据和海洋智能系统等，在海洋科学、人工智能、海洋工程等方向深度交叉融合，培养引领智慧海洋科技发展的领军人才。①

地方政府的海洋教育政策则主要分布在各省市海洋经济发展、生态环境保护、科技创新等领域的政策中，主要沿海省份的综合规划和与海洋经济相关的专项规划都对海洋教育事业发展直接或间接地提出了任务和需求。

《广东省海洋经济发展"十四五"规划》指出，要深入推进粤港澳大湾区"智慧海洋"工程，开展海洋数据资产化研究，探索数据资产化标准体系建设，开发和挖掘海洋信息咨询、海洋目标监测、海洋资源开发、渔场渔情预报、海洋防灾减灾、航运保障、海洋生态环境保护等海洋大数据应用服务。②

《辽宁省"十四五"海洋经济发展规划》指出，到2035年，海洋科技创新要取得重大进展，智慧海洋工程建设有效推进，高端装备制造科技自主创新能力达到国际先进水平，建设一批省级以上涉海科技创新平台，海洋科技研发经费投入逐步提升，科技创新驱动海洋经济高质量发展作用增强。③

《江苏沿海地区发展规划（2021—2025年）》指出，江苏沿海要大力推进海洋科技创新，科学利用海洋资源，培育海洋新兴产业，努力建设成为

---

① 《我国高校首设智慧海洋专业》，https：//www.mnr.gov.cn/dt/hy/202203/t20220310_2730357.html，2022年3月10日。

② 《广东省海洋经济发展"十四五"规划》，http：//www.gd.gov.cn/attachment/0/476/476500/3718595.pdf，2021年12月14日。

③ 《辽宁省"十四五"海洋经济发展规划》，https：//www.ln.gov.cn/web/zwgkx/lnsrmzfgb/2022n/zk/zk5/szfbgtwj/039EE7CCFFBC4354ABEE17635BFD8307/index.shtml，2022年1月1日。

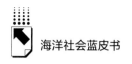

我国海洋经济创新发展的高地。①

　　引进和培养海洋人才队伍是山东省的工作重点。山东省海洋发展委员会第五次会议报告指出，要建设海洋重大科技创新平台，打通科研成果转化通道，打造高水平海洋人才高地。② 山东省内沿海城市青岛市印发的《关于加快建设国家海洋科技自主创新领航区的实施意见》指出，要建设国家海洋科技自主创新领航区。③《青岛市支持海洋经济高质量发展 15 条政策》指出，要强化海洋人才集聚与科技创新，加大海洋人才集聚和培育力度，实施海洋科技创新示范工程。④

（二）海洋教育实践活动开展情况

1. 中小学海洋教育

　　"教育要从小抓起"，中小学海洋教育是中国海洋教育的基石，是提高全民海洋素养的重要途径。中小学海洋教育是指由各中小学校有目的、有计划、有组织地对中小学生施以由有关海洋自然特性与社会价值认识、海洋专业能力与人的海洋意识、海洋道德与人的海洋行为等素质要素构成的海洋素养培养活动。⑤ 目前，我国的中小学海洋教育已经开展了 30 多年，具有了一定的广度和深度，取得了较好的成效。

　　2022 年，我国中小学海洋教育的发展体现在以下几个方面。

　　第一，目前中小学海洋教育主要采用"以课堂学习为主，学科渗透为

① 《国家发展改革委关于印发〈江苏沿海地区发展规划（2021—2025 年）〉的通知》，https：//www.ndrc.gov.cn/xxgk/zcfb/ghwb/202112/t20211227_1310017.html，2021 年 12 月 27 日。

② 《山东全面增强向海图强发展优势》，https：//www.mnr.gov.cn/dt/hy/202202/t20220223_2729290.html，2022 年 2 月 23 日。

③ 《青岛西海岸新区将建国家海洋科技自主创新领航区》，https：//www.mnr.gov.cn/dt/hy/202201/t20220105_2716607.html，2022 年 1 月 5 日。

④ 《青岛：政策"组合拳"赋能海洋高质量发展》，https：//www.mnr.gov.cn/dt/hy/202204/t20220422_2734618.html，2022 年 4 月 22 日。

⑤ 马勇：《何谓海洋教育——人海关系视角的确认》，《中国海洋大学学报》（社会科学版）2012 年第 6 期。

辅"的模式来开展。在目前开展了海洋教育的中小学中，有很多学校设置了专门的海洋教育课程，甚至开发了特定的海洋教育教材，通过课程设置有计划、有目的地传播和教授海洋相关知识，让学生们在课堂上系统地学习和掌握海洋知识，提升海洋素养。其他中小学虽然未设置专门的海洋教育课程，但是也让各学科教师充分挖掘现有学科教材中的海洋教育素材，并对其进行进一步的加工、整合，将海洋知识与日常的学科教学相结合，通过这种方式来开展海洋教育。

第二，体验式学习成为海洋教育的极好载体。体验式学习是指学生通过亲身实践认识周围事物的学习方式，即通过参与式学习过程，使学生成为课堂的真正主角。在体验式学习的过程中，教师不再是单纯传授知识的角色，而是成为学生学习的引导者和支持者。2022年，青岛三十九中、青岛同安路小学、曾营小学、邢庄小学、永福庄乡中心小学、曲江第十六小学、福建省河田中学、云南怒江独龙江中心学校、海南华侨中学、重庆市万州高级中学等全国各地中小学校开展了一系列海洋教育活动，形式丰富多样，具体包括海洋科普教育、海洋课题探讨、参观海洋科技馆、海岸保护环保志愿活动、主题班会教育、夏令营、研学活动、文化探索大赛、海洋文化创意设计大赛、海洋知识竞赛、海洋主题征文比赛、绘画比赛，等等。各式各样的海洋教育活动很好地激发了学生对于海洋类知识的学习兴趣，有效提升了中小学生的海洋素养。

第三，中小学海洋教育开发了大量有价值的海洋教育资源。从2022年我国中小学海洋教育的开展情况来看，全国各地中小学依托当地拥有的丰富自然资源和海洋人才资源，充分挖掘了大量有意义的海洋教育素材。例如：河北省自然资源厅利用各种资源和技术，连续举办了多年"山里孩子看大海"的活动，为海洋知识进内陆搭建了桥梁；海洋二所与杭州市的中小学合作开展了"科学家进校园"科普活动；南海环境监测中心与广州小学共建海洋科普教育基地；青岛同安路小学与中国地质调查局联合开展了网络直播课；等等。这一系列活动极大地增加了中小学海洋教育活动的趣味性和专业性，满足了学生的多元化需求。2022年中国中小学海洋教育发展事件详见表1。

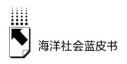

表 1　2022 年中小学海洋教育发展事件

类型	事件
中小学海洋教育	·全国大中学生海洋文化创意设计大赛启动
	·河北省自然资源厅"山里孩子看大海"活动已连续举办多年,为海洋知识进内陆搭建桥梁
	·海洋二所在杭州开展"科普助力双减 点亮科学梦想"——科学家进校园科普活动
	·南海环境监测中心与广州小学共建海洋科普教育基地
	·由中国海洋发展基金会和中国海洋大学联合主办的"助力海洋育苗项目建设暨海洋教育智慧教学平台捐献仪式"在线上举办
	·山东在东营举行 2022 年世界海洋日暨全国海洋宣传日山东主场宣传活动,主题为"保护海洋生态系统 人与自然和谐共生"
	·山东省第二届中小学生海洋知识竞赛顺利举办
	·山东省首届"守护蔚蓝海洋"公益海报设计大赛顺利举办
	·"我和海洋的故事"征文与绘画大赛顺利举办
	·青岛三十九中开展海洋日活动,观看海洋宣传片、举行海洋科普宣讲、参观学校海洋科技馆并探究海洋课题
	·青岛同安路小学组织开展了主题为"探知海洋里的细菌"的海洋科普教育活动,同学们通过网络直播课,与中国地质调查局青岛海洋地质研究所李晶博士一起探知海洋里的细菌的秘密
	·大亚湾区蔚蓝公益协会在广东省环境保护宣传教育中心、惠州市生态环境局大亚湾分局支持下,在黄金海岸开展"环保有你!'保护海洋——向海洋垃圾宣战'亲子海洋环保志愿活动"
	·"喜迎二十大,科普向未来"——2022 年广州市全国科普日一区一品牌活动暨番禺区全国科普日活动在广东海启星科普基地开展
	·第十八届深圳国际海洋清洁活动如期在大鹏新区大澳湾启动
	·曾营小学举办"赋彩蔚蓝·守护海洋生物多样性"科普进校园活动
	·邢庄小学开展"保护海洋生态系统 人与自然和谐共生"主题教育活动
	·永福庄乡中心小学线上开展了"世界海洋日"主题教育活动
	·曲江第十六小学海洋科普教育辅导员们为"小石榴"带来了一堂与众不同的海洋课程——"喜迎二十大 科普创未来"
	·太平小学教育集团与温岭团市委、市青年志愿者协会携手,共同开展了为期半年的"守护海岸线 助力蓝碳汇"系列净滩活动
	·中国海洋发展基金会一行来到山东省招远市出席"捐建海洋图书馆,培养青少年人才"海洋育苗项目落户辛庄学校仪式
	·福建省龙岩市长汀县河田中学海洋图书馆揭牌仪式在学校礼堂举行
	·云南怒江独龙江乡中心学校在学校报告厅举行了科普小课堂——"神奇的海洋动物"活动

类型	事件
中小学海洋教育	·海南华侨中学蓝色书香节之"为海洋读诗"双语有声朗读活动在该校图书馆举行
	·重庆市万州高级中学开展了以"保护海洋生态系统 人与自然和谐共生"为主题的海洋知识宣传活动
	·青岛香港路小学以"保护海洋生态系统 人与自然和谐共生"为主题,开展了海洋科普实践活动,引导学生从不同维度知海、爱海、探海,进一步提升学生的科学探究和创新实践能力
	·青岛市中小学海洋教育集团、青岛三十九中(海大附中)于高中校区成功举办了"蓝色畅想海洋探秘"海洋科普夏令营研学活动
	·济南泉景中学小学部开展海洋意识教育进校园公益活动
	·"国家中小学智慧教育平台"上线试运行,中小学海洋教育资源也正式上线"生态文明"专题教育栏目,面向全国中小学生
	·潍坊市教育局主办的潍坊市第二届中小学生海洋知识竞赛在潍坊市实验学校成功举行
	·"青少年海洋法治教育基地"揭牌成立仪式在青岛海事法院举行,这是全国首家融合了法治教育和海洋教育的实践基地
	·"第五届国际儿童海洋节·中国深圳"顺利开展,以"从深启航、与海童游"为主题
	·上清路小学通过网络云课堂开启了"海洋生态系统中的大人物还是小角色"专题课程
	·洛阳路第二小学以"珍惜海洋资源 保护海洋环境"为主题,开展了"海洋知识小科普""海洋环境我来绘"等实践活动
	·嘉定路小学开展"了解海洋知识,争做保护海洋小卫士"活动,组织学生们观看海洋科普宣传教育片,参观线上水族馆

资料来源：根据国家自然资源部官网、海洋信息网信息整理。

2. 高等海洋教育

高等海洋教育是由大学、科研院所、高职院校等高等教育机构组织实施的，通过海洋学科和海洋类专业的人才培养平台，来培养社会需要的具备海洋领域专业知识和技能的高质量专业人才的活动。[①] 根据高等海洋教育面向的对象来划分，高等海洋教育可以大体分为高等海洋专业教育和高等海洋通识教育。高等海洋专业教育是指面向全体海洋类专业学生开展的海洋教育活动，主要传授海洋类学科领域内的专业知识，使学生掌握海洋领域的基础知

---

① 申天恩、勾维民、赵乐天：《中国海洋高等教育发展论纲》，《现代教育科学》2011 年第 6 期。

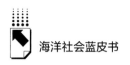

识，具备从事海洋类行业的技术和能力。高等海洋通识教育是指面向全体非海洋类专业的大学生开展的海洋教育活动，主要传授与海洋议题相关的内容，使大学生对海洋类知识或议题有一个大体的了解，具备一定的海洋素养。二者相比而言，高等海洋专业教育规模较小、难度较大、专业性较强，而高等海洋通识教育规模较大、难度较小、专业性较弱。

2022年，我国高等海洋教育的发展体现在以下几个方面。

首先，高等海洋专业教育学科体系不断完善。由于我国高校的海洋学科建设起步较晚，因此海洋领域的学科设置存在一些不完善的地方。很多涉海高校仅开设了部分海洋类专业，这无法满足社会对海洋类专业人才的需求。2022年，我国涉海高校的海洋类专业结构呈现不断完善的趋势。例如：哈尔滨工程大学获批新增智慧海洋技术专业和智能制造工程专业，且智慧海洋技术本科专业为我国高校首次设立；江苏海洋大学新增了海洋信息工程专业；等等。总之，各涉海高校通过不断完善海洋类专业的学科设置，不断推进海洋领域的相关研究以及专业人才培养，为我国海洋教育事业发展奠定了坚实的基础。

其次，高等海洋教育机构不断推进合作共建。我国的涉海高校和海洋类研究机构数量较多，且各具特色，每个组织都有自己的优势研究领域和不太擅长的领域，因此加强组织间的合作共建是非常有必要的，这样可以实现优势互补、合作共赢，共同推动我国高等海洋教育事业的发展。例如：新建国家海洋环境预报中心-河海大学研究生培养基地；海洋三所与厦门大学达成科教融合共建合作，建立了全面长效的战略合作伙伴关系；海洋四所与浙江大学海洋学院开展联合培养项目；南海局与汕头大学深化产学研用融合；南海局与中山大学合作共建，开启"科教融合"新阶段；海洋四所与南宁师范大学共助海洋领域广西实验室建设；海洋三所与福建农林大学签署合作协议；等等。

最后，涉海高校、机构坚持助力海洋教育普及。目前我国海洋教育的影响力和宣传力度不够，使得海洋教育的影响范围不够广泛，较多停留在沿海地区。为了扩大海洋教育的影响，推动海洋教育普及，涉海高校和机构各出奇招，开展了形式多样的海洋教育活动。例如：厦门海洋经济公共服务中心

不断助力海洋事业发展；中国海洋大学、江苏海洋大学等 5 所涉海高校开展
"同唱一首歌"活动，将亲海爱海的情怀融入《海洋人》的词曲之中；哈尔
滨工程大学、浙江大学海洋学院、江苏科技大学海洋学院举办了"云游"
海洋文化馆活动；在江苏海洋大学举办了第十一届全国海洋航行器设计与制
作大赛金陵区域赛；哈尔滨工程大学青岛创新发展基地开展了首届世界大学
生水下机器人大赛；浙江海洋大学举办了"6·8"世界海洋日海洋科普进校园
活动；等等。这一系列活动大大宣传了海洋知识，扩大了海洋教育的影响力，
推动了海洋教育事业的普及。2022 年中国高等海洋教育发展事件详见表 2。

表 2　2022 年高等海洋教育发展事件

类型	事件
高等海洋教育	·厦门海洋经济公共服务中心自运营以来,已有来自高校、科研机构的 4 个项目签订入驻协议
	·国家海洋环境预报中心-河海大学研究生培养基地揭牌
	·海洋三所与厦门大学签署了科教融合共建合作协议,建立了全面长效的战略合作伙伴关系
	·国家海洋信息中心获批国家社科基金重大项目,申报过程中,中心统筹并组织中国海洋大学、重庆工商大学、南京财经大学等相关单位协同配合
	·国家卫星海洋应用中心与南京信息工程大学、广东海洋大学签订自然资源部空间海洋遥感与应用重点实验室共建协议
	·哈尔滨工程大学智慧海洋技术和智能制造工程 2 个本科专业获批,计划 2022 年开始招生。其中,智慧海洋技术本科专业为我国高校首次设立
	·江苏海洋大学新增海洋信息工程专业
	·海洋四所与浙江大学海洋学院联合培养东盟国家海洋人才
	·浙江大学、澳门大学实施澳门海域灾害预警报技术项目
	·南海局与汕头大学深化产学研用融合
	·西太平洋科考航次第二航段起航,来自中国海洋大学、厦门大学、中国科学院海洋研究所 3 家单位的 44 名科考队员参加
	·国家海洋环境预报中心-河海大学科教融合课程"海洋数据处理与分析""海流数值分析"正式开课,河海大学 60 余名师生参加了课程学习
	·哈尔滨工程大学、浙江大学海洋学院、江苏科技大学海洋学院举办科技文化周、"云游"海洋文化馆(博物馆)等活动

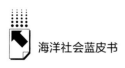

类型	事件
高等海洋教育	·中国-国际海底管理局联合培训和研究中心以线上形式举办了第一期培训班,来自国际海底管理局、中国大洋事务管理局、自然资源部第二海洋研究所、国家海洋信息中心、香港科技大学、中国海洋大学、长沙矿冶研究院等机构的18位专家进行了授课和互动交流
	·南海局与中山大学签约合作共建,开启"科教融合"新阶段
	·海洋四所与南宁师范大学共助海洋领域广西实验室建设
	·中国海洋大学推动中挪涉海高校交流合作,进一步明确了联盟的战略定位、建设目标、发展方向和协作模式
	·第十一届全国海洋航行器设计与制作大赛金陵区域赛在江苏海洋大学举行
	·第二届CLIVAR-FIO(气候变率及可预测性项目-自然资源部第一海洋研究所)暑期学校和UNESCO/IOC-ODC中心(联合国教科文组织政府间海洋学委员会海洋动力学和气候区域培训与研究中心)第十一期培训班在青岛西海岸新区开班
	·首届世界大学生水下机器人大赛在哈尔滨工程大学青岛创新发展基地开幕
	·国家海洋技术中心支撑高校海洋能装置研发试验
	·海洋三所与福建农林大学签署合作协议
	·浙江海洋大学举办"6·8"世界海洋日海洋科普进校园活动

资料来源:根据国家自然资源部官网、海洋信息网信息整理。

3.公众海洋教育

公众海洋教育是指由社会多元主体面向普通社会大众组织开展的海洋教育活动。公众海洋教育的主体涉及各个组织部门,如政府、高等院校、民间团体、社会组织、企事业单位等。[1] 公众海洋教育的任务主要是向公众宣传海洋知识,使之对海洋有大致的认识和了解,通过各式各样的学习活动来培养其海洋意识和海洋责任。雷切尔·卡森在研究中指出,提高公众对海洋的认知水平有十分重要的意义,可以使社会公众和与之生活息息相关的海洋间的联系得到加强。[2] 同时,海洋认知能力的提升有助于提高人们做出保护海洋的积极行为的动机水平,并且可以减少或防止人类做出伤害海洋环境或浪费海洋资源的行为。由此可以看出开展公众海洋教育的重要性。

---

[1] 马勇:《何谓海洋教育——人海关系视角的确认》,《中国海洋大学学报》(社会科学版)2012年第6期。

[2] 雷切尔·卡森:《寂静的春天》,吕瑞兰、李长生译,上海译文出版社,2008。

2022年，我国公众海洋教育的发展主要体现在以下几个方面。

首先，公众海洋教育的主体多元化。我国组织公众海洋教育活动的主体包括国家机构、社会组织、高等教育机构等，其中非国家级机构的民间力量在数量上占主导地位。国家机构组织开展了一系列公众海洋教育活动，例如：广东建成海岛保护信息服务体系，可快速实现三维场景可视化，面向政府部门和公众提供智能化数据产品；厦门市未来将加强对海滩保护的宣传教育，普及海滩保护知识，增强公众对海滩的保护意识；河北省自然资源厅将海洋生态、海洋经济、海洋防灾减灾知识搬到"云"上，举办"云主场"海洋宣传日活动；等等。各社会团体也充分利用自身有利资源，组织开展了丰富多样的公众海洋教育活动，例如：在深圳举行了未来海洋无人系统及产业发展论坛；在江苏盐城举办了以"和谐共生，携手构建人与自然生命共同体"为主题的全球滨海论坛；海南国际蓝碳研究中心举行了第一届学术会议；等等。各高等教育机构也依托其拥有的高等教育资源和海洋专业知识，在海洋日期间开展了各式各样面向社会公众的海洋教育活动。

其次，我国公众海洋教育的目标群体十分丰富。各式各样的活动项目面向的目标群体覆盖了所有社会公众，如我国各地的海洋馆、水族馆、博物馆等均是面向所有社会公众开放的，不同的活动项目会有针对性地考虑不同目标群体的审美与兴趣，从正式教育到非正式教育，我国公众海洋教育活动均有涉及，体现出其目标群体之丰富以及受众之广泛。

最后，我国公众海洋教育的形式非常多样。近年来，我国公众海洋教育不再拘泥于以往单一的授课和单向宣传形式，而是更加注重体验式学习。在政府部门的支持、各主体的创新和公众的积极参与下，公众海洋教育形式更加贴合实际，各主体、各参与者的想法皆得到了重视与落实。目前我国公众海洋教育的形式有系列培训课程、非正规教育产品、在线教育资源、展览活动、系列论坛、讲座、科普活动、海洋知识竞赛、海洋生态主题摄影展、绘画展、短视频大赛、政策宣讲活动、环保公益活动等，呈现多样发展的趋势。2022年中国公众海洋教育发展事件详见表3。

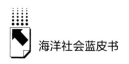

表3 2022年公众海洋教育发展事件

类型	事件
公众海洋教育	·全球滨海论坛在江苏盐城举办,论坛以"和谐共生,携手构建人与自然生命共同体"为主题
	·广东开展海洋产业政策知识普及活动
	·厦门市未来将加强对海滩保护的宣传教育,普及海滩保护知识,增强公众对海滩的保护意识
	·海南国际蓝碳研究中心举行了第一届学术会议
	·海洋三所与厦门市海洋发展局签订协议,共建国家级海洋生物遗传资源创新平台
	·广东印发海洋公园建设技术指引
	·2022中国海洋经济博览会在深圳开幕,本届海博会以"科创赋能,共享深蓝"为主题,展示中国海洋经济发展成就以及海洋科技创新成果
	·海洋三所召开野外站学术年会
	·自然资源部海洋战略规划与经济司、深圳证券交易所联合举办海洋经济碳中和专题培训
	·南海局组织策划海洋生态主题直播、海洋生态系统小课堂、第三届短视频大赛等活动
	·海洋二所的海洋开放日,"院士专家做科普"成为每年的固定项目
	·拥有珍贵海洋生物标本和活体珊瑚的海洋三所鲸豚馆、珊瑚馆在海洋日期间开放
	·国家海洋信息中心依托业务优势,精心准备了"蓝色档案"展览
	·江苏省自然资源厅出品的《走向蔚蓝》唱响江苏海洋之歌,并围绕珍惜海洋资源、保护海洋环境、共享海洋发展,组织发起线上倡议有奖签名活动
	·河北省自然资源厅将海洋生态、海洋经济、海洋防灾减灾知识搬到"云"上,举办"云主场"海洋宣传日活动
	·福建省厦门市开展以"蓝碳(海洋碳汇)"为主题的研学活动,在红树林公园进行广场宣讲,由"海洋讲师团"向公众普及海洋知识
	·广西海洋局面向公众开展海洋防灾减灾知识在线答题活动,通过直播间的有奖答题互动,邀请专家讲解海洋科普知识、开展前沿科技讲座
	·厦门开展"增殖放流·海洋科普"活动
	·广东开展海洋产业政策知识普及活动
	·"做蓝色市民亲海护海,助蓝色经济高质量发展"为主题的"蓝色市民"公众活动在厦门和泰国哒叻同步举办
	·海洋卫星科普进西藏
	·第六届全国净滩公益活动(深圳站)举行,助力蓝色碳汇,发展蓝色经济

续表

类型	事件
公众海洋教育	·广西壮族自治区北海市举办2022年"文化北海"建设活动周。活动周举办了"流下盛宴·山海相约"第三届流下村文化艺术节、"向海之约"——百名作家写北海采风创作等活动
	·2022厦门国际海洋周开幕,以"打造蓝色发展新动能,共筑海洋命运共同体"为主题,由海洋大会论坛、海洋专业展会、海洋文化嘉年华三大板块共40项活动组成
	·第13届全国海洋知识竞赛在海南省海口市顺利收官
	·中国海洋发展基金会与中国(海南)改革发展研究院联合主办的"2022构建蓝色伙伴经济关系论坛"在海口召开,论坛以"加强蓝色经济合作 共促海洋可持续发展"为主题
	·深圳开展红树林湿地清洁活动

资料来源:根据国家自然资源部官网、海洋信息网信息整理。

(三)海洋教育研究不断丰富

学术界对海洋教育的关注度以及学者所关注的研究热点问题也可以从侧面反映海洋教育事业的发展,因此回顾2022年我国海洋教育的研究进展可以进一步掌握我国海洋教育事业的推进情况。

在"中国知网"以"海洋教育"为主题词,检索发表时间在2022年1月1日至12月31日的文献情况可知,相关中文文献共计121篇,其中学术期刊57篇,学位论文22篇,会议论文1篇,报纸文章5篇,特色期刊文章35篇,学术辑刊1篇。文献内容涵盖了海洋意识教育、海洋素养教育、中小学海洋教育、海洋知识教育、海洋文学、海洋地理、海洋强国、海洋人才培养等与海洋教育息息相关的各个领域。

从数量上看,2022年发表的有关海洋教育的文献数量较前一年略有增加。从文献来源上看,包括《上海教育》《航海教育研究》《教育教学论坛》《宁波大学学报》等涉海期刊和教育期刊。从研究者来源上看,主要包括中国海洋大学、宁波大学、华东师范大学、浙江海洋大学、天津师范大学等涉海高校和海洋教育教学相关院校。从研究层次上看,涵盖了开发研究、技术研究、应用研究、学科教育教学研究、工程研究等各个层次。从教育类

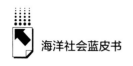

型上看，涵盖了初等教育、中等教育、高等教育、职业教育、成人教育与特殊教育等。

综上，海洋教育研究呈现稳中有进态势。

三 海洋教育发展存在的问题

过去一年，我国海洋教育事业无论是在海洋教育政策、海洋教育研究方面还是在海洋教育实践方面都有不同程度的发展。总体来看，我国的海洋教育事业处于稳步推进过程中。在海洋教育政策方面，相关政策不断丰富，基本能在一定范围内起到指导和规范作用，这也体现了国家和地方对海洋教育事业的重视。在海洋教育实践方面，各类海洋教育均在发展过程中体现出新的发展趋势：中小学海洋教育采用"以课堂学习为主，学科渗透为辅"的模式开展教学，且将体验式学习作为主要的学习方式，并且开发了大量有教育价值的海洋教育资源；高等海洋教育的专业教育学科体系不断完善，各机构之间不断推进合作共建，且坚持助力海洋教育普及；公众海洋教育的主体十分多元，目标群体覆盖范围较广，教育形式多样。海洋教育研究方面与往年相比没有太大的变化，基本保持稳定发展，研究内容广泛，研究群体、研究影响力也在不断扩大。尽管在过去的一年里，我国海洋教育的发展态势平稳，且取得了一定的成绩，但是仍然可以从中发现一些有待继续改进的问题和不足。

（一）海洋教育政策存在的问题

1. 缺少专门的海洋教育政策

通过对现有的海洋教育政策进行收集和整理，可以发现，目前我国的海洋教育政策分散分布于国家和地方的各类政策文件中，并没有一部专门用来指导和规范我国海洋教育事业发展的、国家层面的，具有系统性、全面性、综合性的海洋教育政策文件。这导致了我国开展海洋教育的机构没有专业政策的指导，各地区机构只能根据分散在各级各类政策文件中的海洋教育政策来开展相关活动，而各地政策不统一甚至互相矛盾的情况不利于我国海洋教育事业的发展。

2. 海洋教育政策内容分散且空泛

通过分析现有的海洋教育政策可以发现，相关政策分布非常分散，同一领域的政策可能散落于不同的文件中。这种情况使得公众在政策了解方面很难搜集齐所有关于某一问题的政策文本，且自行搜集的信息成本较高，并且很难完全了解现行的海洋教育政策，公众的履职行为受到阻碍。此外，多数海洋教育政策在政策文本中仅仅是简略地提了几句，多是原则性、方向性的表述和规定，内容空泛，没有明确指导人们如何开展海洋教育活动的条款，无法给予各履职主体实际的指导。并且，海洋教育政策内容存在空间分布的不均衡性，大多数海洋教育政策是沿海地区颁布的，其具体内容也是和沿海地区的实际情况相适应的，而内陆地区颁布的海洋教育政策较少，涉及的内容也少，使得在内陆地区开展海洋教育更加困难。

3. 海洋教育政策的宣传力度不够

由于海洋教育政策的内容分散，普通社会公众如果想收集完整的海洋教育政策是比较困难的，且需要花费较高的时间成本，因此，面向社会公众开展海洋教育政策宣传活动是十分必要且有意义的。从目前的海洋教育实践活动开展情况来看，全国各地组织开展了各式各样的实践活动，一定程度上起到了宣传海洋教育的作用，使大家了解到了海洋教育的重要性和必要性，但是关于海洋教育政策的宣传活动却少之又少。大部分民众不了解海洋教育政策，意味着民众无法通过政策的导向性和规范性约束、控制自己的行为，这无疑会极大地影响我国国民海洋素养的提升。

（二）海洋教育实践存在的问题

1. 中小学海洋教育

（1）课程设置不合理

一是海洋教育课程的课程目标设置方面。目前一些学校不能清楚地区分海洋知识教育与海洋意识教育这两个概念，将二者混为一谈。在各教育阶段

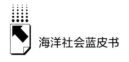

均没有建立明确的目标体系，学校仅仅将向学生传授海洋知识作为课程目标，却并没有激发学生对海洋的兴趣，严重阻碍了学生海洋素养的提升。二是在课程设置方面存在极大的不均衡性。在浙江省、山东省、广东省、福建省等沿海省份和城市，海洋教育课程设置较早，且已经取得了较好的效果，但是在一些内陆省份和城市，甚至很少有学校设置专门的海洋教育课程，更不用说海洋教育课程的开发和研究。三是在海洋教育的内容方面，除少数地区和学校有专门的海洋教育教材外，大部分学校的海洋教育内容均分布、渗透于其他学科教材之中，虽然通过这种方式也能使学生学习到一些与海洋相关的知识，但是使得海洋教育这一具有专业性、领域性的学科失去了其独特性和系统性，也使海洋教育课程无法达到增进海洋知识、培养海洋素养的目的。

（2）师资力量较为薄弱

根据我国中小学目前开展海洋教育的情况来看，很多老师并不是"科班"出身，甚至在上课之前完全没有过海洋教育相关的学习经历，或是只经过短期培训便开始教授海洋教育课程，大部分老师也只能通过教材、网络资料等渠道来获得相关海洋知识。这一方式的弊端在于：一是课堂讲授内容的准确性和科学性有待考究；二是老师在课堂上对于学生提出的一些疑问难以给予详细、准确的解答；三是老师对于学生感兴趣的内容也不具备延伸学习的能力，没有办法调动学生的学习热情，真正提升学生的海洋素养。

（3）海洋教育资源有限且未充分利用

我国中小学学生数量较多，但是较大型的海洋馆数量有限，人员密度较大，门票价格也较高，并且面向中小学的海洋教育服务也有限。此外，海洋教育宣传不够，使很多海洋教育资源没有得到充分利用，本来就较紧张的海洋教育资源没能发挥其最大的作用。虽然部分海洋大学、海洋局、海洋博物馆和海洋研究院与一些中小学签订了合作协议，开展了长期的海洋教育合作，但是其覆盖率有限，大部分中小学仍未能与海洋相关机构建立长效合作机制，使得一些专业的海洋教育资源惨遭浪费。

2. 高等海洋教育

（1）高等海洋教育发展不均衡

将我国高等海洋教育开展情况进行统计分析可以发现：一是在涉海高校的空间分布上，我国高等海洋教育发展极不平衡，山东、江苏、上海、福建等沿海省份的高等海洋教育发展速度较快，质量也较好。有些沿海省份如河北、海南等地的高等海洋教育发展较为落后，并没有充分利用好其拥有的得天独厚的海洋教育资源。而在一些内陆省份，高等海洋教育在一定程度上可以说处于缺位的状态。二是在全国性的海洋学科布局上，由于近年来国家对于海洋专业人才的迫切需要和对海洋类专业的大力支持，很多高校设置了海洋类专业，但是从全国来看，可以发现海洋类专业设置趋同性明显，各涉海高校皆设置了一些传统的、通用性强的专业，但是一些新兴的、国家短缺的专业方面，开设的高校较少，海洋学科布局存在不合理、不均衡的现象。三是在高校内部的学科专业分布上，只有少数综合性海洋类高校可以做到专业覆盖广泛，且海洋类专业协调发展，其他涉海高校仅仅开设了一小部分海洋类专业。各海洋类专业在综合实力方面存在较大的差距，出现了极不平衡的"长短板"现象。

（2）高等海洋教育专业人才培养体系有待完善

在高等海洋教育专业人才培养的数量方面，相关数据统计显示，拥有本科及以上学历的人在整个海洋产业从业人员中占比较少，由此可以看出我国高等院校向整个社会输送的海洋专业人才数量是不足的，不能满足当前及未来海洋事业发展的需要。在高等海洋教育专业人才培养的结构方面，我国高等海洋教育未能培养我国海洋事业发展所需的各类海洋专业人才。高等海洋教育是一个内涵丰富且具有交叉性学科特征的高等教育领域，包含了与海洋事业相关的各个领域，涉及自然科学、人文社会科学、工程技术科学等。[1]但是目前，在我国的涉海高校中存在重视海洋自然科学和海洋工程技术科

---

[1] 苏勇军：《国家海洋强国战略背景下海洋高等教育发展的问题与对策》，《中国高教研究》2015年第2期。

学、忽视海洋人文社会科学的现象，使得海洋社会、海洋历史、海洋文化等学科的发展较为缓慢，进而造成了相关领域专业人才的缺乏。

（3）大学生海洋素养有待提高

我国高等海洋教育开展的主要目的就是提高大学生的海洋素养，然而根据研究者的调查结果发现：一是高校大学生海洋素养整体不高，大部分大学生不了解有关海洋的基本知识，如海洋历史、海洋战略等。二是沿海地区和内陆地区高校大学生的海洋素养存在十分明显的差异，沿海地区高校大学生获取海洋信息的渠道更加多元且方便，学生本身对海洋信息的关注度也更高，而内陆地区的大学生则恰恰相反。三是高校大学生获取权威海洋信息的渠道较少。大部分大学生通过报纸、互联网、电视等渠道来获取有关海洋的信息，只有极少数同学是从课堂上了解到海洋信息的，而从其他渠道自主了解到的海洋信息的真实性和可靠性无从判断。① 综上，我国大学生的海洋素养亟待提高。

3. 公众海洋教育

（1）公众海洋教育活动时间分布不均衡

2022 年，我国开展的有大规模公众参与的公众海洋教育活动大部分集中在"世界海洋日"前后。在"世界海洋日"前后，多地多部门和各涉海高校均策划开展了丰富多彩的海洋主题活动。但是在其他时间，诸如此类的大型活动开展得较少，与海洋有关的信息很难进入大众视野，这种时间分布上的不均衡很容易使得公众海洋教育变成一种"一年一次"或"一年几次"的形式，不利于海洋知识的普及和公众海洋素养的提高。

（2）公众海洋教育活动不够深入

2022 年，我国针对普通大众开展的公众海洋教育活动大部分停留在较浅显的层面，活动不够深入，不能真正地提升公众的海洋素养。例如海洋馆参观活动、展览活动、海洋清洁活动等，由于其趣味性可以吸引很多公众参

---

① 高超、陆心怡：《涉海高校在海洋专业教育中的学科性策略思考》，《宁波大学学报》（教育科学版）2021 年第 3 期。

与进来，但是活动效果均停留在表面，不能真正实现海洋教育的目标。虽然我国组织开展的很多与海洋议题有关的学术论坛和会议都是面向普通大众开放的，但是就实际参与情况来看，参与主体还是以高校教师、学生、海洋研究机构的专业人员和海洋从业人员为主，普通公众很少参与。

（三）海洋教育研究存在的问题

第一，海洋教育研究成果不能适应海洋强国战略的实施。近年来，国家持续推进海洋强国战略的实施，海洋教育也引起了国家的重视，但是关于海洋教育的研究却没有大幅度增加，不利于我国海洋强国战略的实施和海洋教育事业的发展。第二，对海洋教育理论的研究不够深入。从目前已有的关于海洋教育的研究成果来看，可以发现大多数研究只聚焦在海洋教育实践上，较少有人关注到海洋教育理论层面的研究，而理论研究是任何一项研究都不可缺少的，只有有了正确的、科学的理论做指导，实践活动才能向正确的方向发展，因此需要加深对海洋教育理论的研究。第三，海洋教育研究机构设置不够广泛。目前对海洋教育的研究依然集中在一些海洋类大学和海洋研究机构中，而很多涉海大学、师范大学还没有关注到海洋教育这一研究领域。

四　海洋教育发展建议

有研究者提出，中国海洋教育需要三种推进逻辑：一是将海洋素养作为海洋强国战略教育资源，从国家层面推动海洋教育实践由大众性向专业性跨越；二是将海洋素养作为面向大中小学生学校海洋教育的有机组成部分，重新建立海洋教育知识体系、课程标准、质量评价依据等；三是从海洋素养培养的角度去探索海洋教育的目标、效益、方法等。[①] 结合 2022 年度海洋教

[①] 刘训华：《中国海洋素养：理念、体系与逻辑演进》，《深圳大学学报》（人文社会科学版）2023 年第 4 期。

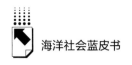

育的进展，我们还可以从海洋教育政策、海洋教育实践乃至海洋教育研究的角度构建发展策略。

（一）基于海洋教育政策创新的发展建议

1.加快出台专门的海洋教育政策

海洋教育政策是我国海洋教育事业发展的依据和指路明灯，要想提高我国海洋教育的质量就必须在国家层面给予战略支持，而专门的海洋教育政策就起到了战略指导的作用。有了专门的海洋教育政策，就能够规范全国范围内的海洋教育活动，引导全国各地的海洋教育活动向着正确的方向发展和前进，并且可以对全国的海洋教育工作进行全局指导和统筹安排，非常有利于我国海洋教育事业的长远发展。因此，相关部门需要尽快从海洋强国战略实施的角度出发，加快出台专门的海洋教育政策，保障海洋教育工作的开展。

2.完善海洋教育的政策内容

第一，从政策内容的方向性来说，相关政策制定者要结合当地的自然地理环境、人文环境、国家海洋教育事业的整体发展趋势、上层的海洋教育相关政策以及当地目前海洋教育开展的实际情况，有针对性地制定适合当地海洋教育发展的政策。同时，要持续追踪当地海洋教育政策实施的实际情况，及时调整和修正一些实施过程中发现的不合理、不适合当地实际发展情况的政策，从而保证政策的科学性。第二，从政策内容本身来说，要提高其系统性、一致性。由于各级各类部门均有涉及海洋教育的相关政策，因此各级各类政策的制定者在制定政策时要保证政策内容的系统性、一致性。系统性是指上级政策要为下级政策提供方向性指引，下级政策是对上级政策的具体化，需要给出完成上级政策目标的具体措施和方案，形成一个政策系统。一致性是指上下级政策内容要保持一致，不可出现相互"打架"的情况，同级政策要尽量避免内容重复、内容相悖等问题。

3.加大对海洋教育政策的宣传力度

目前我国的海洋教育政策系统发展还不健全，公众对海洋教育政策的了解度不高。因此，需加大对海洋教育政策的宣传力度，强化公众对政策的认识和了解，提高公众参与海洋教育活动的自觉性和主动性，并且能够自觉根据政策要求约束自身的行为，从而推动海洋教育工作的开展，促进民众海洋素养的提升。各海洋教育机构可以充分利用线上线下的媒介平台，设计各式各样的宣传海报、宣传课程、趣味视频等，从而向公众宣传一些有关海洋教育政策的知识，使得民众对相关海洋教育政策有正确的认识和解读。

（二）面向各类海洋教育实践的发展建议

1.关于中小学海洋教育的发展建议

（1）完善海洋教育课程体系

第一，在课程目标方面，要将提升学生的海洋素养作为教育目标，建立明确的目标体系。同时，在设置教育目标的过程中，要根据各年龄段、学段儿童的身心发展特点来设置具体目标，使之具有层次性、渐进性，进而提高海洋教育的质量和效率。第二，在课程设置方面，不仅要打破沿海地区与内陆地区的不平衡性，还要在课程目标的指导下设置课程，建立与海洋素养培养相适应的课程体系，并保持课程的整体性和系统性。[1] 在课程设置上要保证既有用来提升海洋知识素养的学科课程，又有用来提升海洋情感等素养的活动课程，还有用来提升学生综合海洋素养的环境课程。第三，在教育内容方面，要形成体系化的教学内容。可以充分挖掘各个学科中涉及海洋教育的相关内容，以海洋学科的核心知识为主线，将多学科知识进行系统的收集和整理，进而形成一门专门的、独立的综合课程。同时，在学习过程中引入体验式海洋教育实践活动，培养学生在海洋情感、海洋行为等方面的素养。

（2）促进海洋教育教师的专业发展

教师在海洋教育课程教学过程中起到的作用是相当重要的，教师是激发孩子对海洋的好奇和兴趣的领路人，也是向孩子传授海洋教育知识、提高孩子海洋素养的指导者，因此教师的专业性十分重要，教师的素质严重影响到

---

① 马勇、马丹彤：《中小学海洋教育的进展、偏差及矫正》，《宁波大学学报》（教育科学版）2019 年第 3 期。

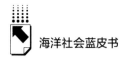
海洋教育的开展和海洋教育的质量。由于海洋教育开展的时间较短，且各中小学对于海洋教育领域专业教师的需求量大，教师素养难以满足教学需求，因此要充分调动一切积极因素为海洋教育教师的专业发展提供帮助与支持。首先，需要国家支持海洋教育专业教师的发展，可以定期组织一些大型的助力海洋教育教师专业能力提升的培训活动，开展一些海洋教育前沿领域培训，使全国教师能及时掌握海洋教育领域的前沿动态，减少海洋教育的区域不均衡性。其次，各涉海大学可以充分发挥自己的学科优势，为当地的中小学教师提供指导和培训，使之具备良好的海洋教育理论知识，并具备扎实的海洋教育教学方法和技巧，切实提升教师的海洋教育能力和水平。最后，各中小学可以充分发挥本地的海洋资源优势，聘请涉海大学、海洋研究所、海洋博物馆等专业机构的专业人才作为学校的兼职教师，定期开展公开课展演等活动，使本校教师也能够从中学习到一些专业知识和授课技巧，或者请相关机构的专业人员定期为中小学教师做专业讲座、报告、培训等，有力地推动海洋教育教师专业能力的提升。

（3）有效利用海洋教育资源

首先，沿海地区的各中小学要根据自己所在地区的实际情况，挖掘当地的海洋文化、海洋情感等乡土资源作为自己独特的海洋教育资源，通过开展各种形式的教育活动让孩子们建立起海洋情感的概念，并结合当地的实际情况培养学生对海洋的情感，进而提升学生的海洋素养。其次，各中小学可以尝试与海洋大学、海洋博物馆、海洋研究机构等专业机构建立长效合作机制，通过开展讲座、参观、研学、夏令营等活动，为学生提供走近海洋、深入海洋的机会，进而激发学生对于探索海洋的兴趣和好奇心。最后，要学会利用丰富的互联网资源。在互联网上，可以打破海洋教育资源的时间、空间限制，实现互通和共享，为学生提供一个丰富的、自由探索海洋知识的平台，并且可以通过微信、微博等平台将海洋相关知识转发、传播出去，进而扩大海洋教育的影响，提升海洋教育的知名度，助力海洋知识普及和学生海洋素养提升。

2. 关于高等海洋教育的发展建议

（1）促进高等海洋教育均衡发展

首先，在涉海高校的空间分布上，要支持、鼓励内陆地区高等海洋教育事业的发展，推动沿海地区高校与内陆地区高校建立合作关系，实现优势互补。[①] 其次，在全国性海洋学科布局上，应大力支持和鼓励新兴海洋类专业的发展，完善全国的海洋学科布局。最后，在高校内部的学科专业分布上，大力推动弱势专业的发展，可以采用引进优秀师资力量、加大经费投入、加强国际交流与合作等方式促进海洋弱势专业的发展。

（2）完善高等海洋教育专业人才培养机制体制

首先，要完善我国高等海洋教育专业人才培养的结构，推进高等海洋教育多学科协同发展。各涉海高校需要纠正只重视海洋自然科学和海洋工程技术科学而忽视海洋人文社会科学的误区，从仅重视自然科学的培养模式向多学科并重的模式发展，培养具备海洋学、化学、历史学、文学、管理学等学科综合知识的全面型、复合型人才，为我国海洋事务部门输送多学科复合型人才，进而推动我国海洋强国战略的实施。其次，要促进海洋产业和海洋专业之间的衔接，推动产学研合作。[②] 海洋教育的目标之一就是为海洋领域培养优秀的人才，因此高校在设置专业课程、专业教学时需要考虑我国当前和未来海洋事业的发展状况和发展趋势，提高海洋产业与海洋教育的适配性，进而推动海洋产业的进步和发展。在教学模式上，可以推动产学研合作，鼓励各涉海高校与涉海企事业单位达成协议协作、成立共建联合培养基地等，通过课堂教学、课后实践等形式开展合作交流，实现互利共赢，培养创新型人才。最后，要加强国际交流与合作。鼓励各涉海高校推进与海外海洋领域知名高校的交流与合作，学习借鉴国外先进、可行的海洋教育经验，以及其人才培养模式、课程实施方式和科研发展措施等，不断取长补短，完善我国

---

① 吕扬、王颖：《我国海洋高等教育现状及学科分布统计分析》，《管理观察》2016年第34期。

② 苏勇军：《国家海洋强国战略背景下海洋高等教育发展的问题与对策》，《中国高教研究》2015年第2期。

的高等海洋教育。

（3）加强高等海洋通识教育

首先，要鼓励所有高等院校开设高等海洋教育通识课程，为一些非海洋类专业的大学生提供一个在校内学习权威、先进、前沿的海洋知识的机会，通过通识课的学习激发大学生对海洋的好奇心和兴趣，引导其进一步思考海洋问题、关心海洋动态，进而加强大学生对海洋的认知和理解，提升大学生的海洋素养。其次，要丰富海洋教育通识课程的内容。由于海洋知识覆盖范围较广，包括海洋经济、海洋生物、海洋人文、海洋产业等各个领域，可以满足不同专业学生对海洋知识的需求，大家都能学习到自己感兴趣的海洋知识。再次，在海洋通识教育课程的授课方式上要讲究方式方法，毕竟该课程的授课对象是非海洋类专业的学生，他们本身对海洋知识就缺乏了解，因此需要营造活泼的课堂氛围，更适合采用课堂讨论、影音结合、参观实践等体验式学习的方式，让学生在轻松的氛围内学习到海洋知识。最后，要加强高等海洋通识教育的师资力量，鼓励各高校引进海洋教育专业人才，提高海洋通识教育课程的质量，也可以邀请海洋研究机构的专业人员到校开展专题讲座，培养学生知海、亲海、爱海的素养。

3. 关于公众海洋教育的发展建议

（1）系统推动公众海洋教育活动

公众海洋教育活动需要强化顶层设计，有效衔接不同阶段的海洋知识内容，规避海洋知识碎片化的问题。一方面，系统开发面向公众的海洋通识教育课程和专题学习资源，构建系统分类、操作简便、明白晓畅的公众海洋教育知识体系；另一方面，响应网络时代的要求，借助网站、公众号、自媒体等，开展公众易于接触、乐于接受的海洋教育活动，持续提高民众的海洋素养。

（2）提高公众海洋教育活动的专业性

如果针对普通大众开展的公众海洋教育活动仅停留在一些较为浅显的参观、体验等活动的话，其活动开展效果也会停留在表面，不能真正地丰富公众的海洋知识，提升公众的海洋素养。建议公众海洋教育活动的策划者在策划活动时要综合考虑参与者的实际情况，根据参与者自身基础的不同，组织开展专业性程度不同的活动，或者在同一个活动中划分不同的模块，满足不同人群的需要。此外，可以推动公众海洋教育系列活动的组织和开展，活动内容不断深入、逐渐专业，通过这种方式提升公众海洋教育活动的专业性和深入程度，切实提高公众海洋素养。

（三）关于海洋教育研究的发展建议

我们还要加强对海洋教育理论的研究，从理论层面明确海洋教育的重要性、必要性以及实施逻辑等，从而为我国海洋教育实践活动的开展提供指导，推动海洋教育事业向科学、规范的方向发展。

B.4
2022年中国海洋管理发展报告

李强华　陈孜卓*

摘　要： 2022年是中国开启全面建设社会主义现代化国家新征程、向第二个百年奋斗目标进军的关键时刻，是中国共产党第二十次全国代表大会胜利召开之年。在踔厉奋发迈向新征程的一年里，中国逐步完善海洋立法与执法，加快蓝碳建设，构建现代海洋产业体系，开展海洋资源调查，传播海洋文化，深度推进海洋学术研究。未来中国的海洋管理工作呈现以下三个趋势：更加注重人海和谐，建设人与自然和谐共生的美丽海洋；向海图强，海洋经济坚持"稳增长"主基调；强化海洋科教，大力培养高水平科创人才。未来，还需进一步完善海洋灾害应急管理、加强海域综合管理、发展海洋科技、拓展深海科考。

关键词： 海洋管理　人海和谐　综合管理

一　海洋管理现状

近年来，党中央、国务院高度重视海洋工作，将海洋视为国家高质量发展的战略要地、高水平对外开放的重要载体、国家安全的战略屏障、国际竞

---

* 李强华，博士，上海海洋大学海洋文化与法律学院副教授，研究方向为海洋政策与海洋战略；陈孜卓，上海海洋大学海洋文化与法律学院硕士研究生，研究方向为渔业环境保护与治理。

争与合作的关键领域,① 优化蓝色空间、打造蓝色引擎、激发蓝色动能,为实现"两个一百年"奋斗目标、实现中华民族伟大复兴的中国梦不懈努力。② 党的二十大报告指出,要发展海洋经济,保护海洋生态环境,加快建设海洋强国。2022 年,中国海洋立法与执法、海洋生态环境管理、海洋产业管理、海洋资源管理、海洋科教管理、学术研究等海洋管理工作持续推进。

(一)海洋立法与执法

1. 政府关注的领域更加宽广,立法更加全面。2022 年 1 月 29 日,生态环境部、发展改革委、自然资源部、住房和城乡建设部、交通运输部、农业农村部和中国海警局联合印发《重点海域综合治理攻坚战行动方案》,对"十四五"时期的渤海、长江口-杭州湾和珠江口邻近海域等三大重点海域综合治理攻坚行动的总体要求、主要目标、重点任务和保障措施等作出了部署安排。③ 2022 年 3 月 18 日,中国海商法协会、中国海事仲裁委员会在北京联合召开新闻发布会,同步发布施行《中国海商法协会临时仲裁规则》《中国海事仲裁委员会临时仲裁服务规则》。④ 2022 年 5 月 15 日,《最高人民法院、最高人民检察院关于办理海洋自然资源与生态环境公益诉讼案件若干问题的规定》施行,充分发挥了海洋环境监督管理部门、人民检察院在海洋环境公益诉讼中的不同职能作用,构建了较为完善、独立的具有中国特

---

① 《党领导新中国海洋事业发展的历史经验与启示》,https://www.mnr.gov.cn/dt/hy/202201/t20220107_2716913.html#:~:text=%E6%96%B0%E4%B8%AD%E5%9B%BD%E6%88%90%E7%AB%8B%E5%88%9D%E6%9C%9F%E6%88%91,%E4%B8%9A%E5%BE%97%E5%88%B0%E5%BF%AB%E9%80%9F%E5%8F%91%E5%B1%95%E3%80%82,2022 年 1 月 7 日。

② 《夯实海洋文化 建设海洋强国》,https://www.workercn.cn/c/2023-01-26/7713161.shtml,2023 年 1 月 26 日。

③ 《生态环境部等 7 部门联合印发〈重点海域综合治理攻坚战行动方案〉》,https://www.nmdis.org.cn/c/2022-02-22/76389.shtml,2022 年 2 月 22 日。

④ 《中国发布〈海协临时仲裁规则〉〈海仲服务规则〉同步施行》,https://www.nmdis.org.cn/c/2022-04-01/76593.shtml,2022 年 4 月 1 日。

色的海洋环境公益诉讼制度。①

2. 中央和地方政府全年持续开展各项海洋执法活动。根据青岛市人民政府《关于切实做好水产品质量安全工作的实施意见》和《青岛市水产品质量安全执法联动工作机制》要求，2022年3月，青岛市海洋发展局会同市农业农村局、市市场监管局在全市范围联合开展了对养殖主体、水产养殖用投入品经营使用、产品上市、市场准入等方面的执法检查行动。② 同期，福建省海洋与渔业执法总队分别和宁德、厦门海洋中心签署合作协议，在执法协作、工作联络、信息共享、联查联核、支撑保障等领域加强合作，互补优势，共同推进海洋资源保护工作，积极为地方经济发展保驾护航。③ 2022年5月，广西海警局组织精干执法力量，在钦州港海域展开专项执法行动，一举查处6艘涉嫌非法向海洋倾倒废弃物的泥驳船，涉及海洋工程项目4个，有效遏制了该海域的违规倾废作业现象。④ 中国海警局与工业和信息化部、生态环境部、国家林业和草原局联合启动为期两个月的"碧海2022"海洋生态环境保护和自然资源开发利用专项执法行动，以更严格的执法监管支撑生态环境高水平保护，以更高效的执法服务助推地方经济高质量发展。⑤ 2022年，广西壮族自治区海洋部门把清廉海洋建设融入执法工作全过程、各方面，强化海域海岛执法监管，切实维护了海洋资源开发利用秩序，为大力发展向海经济、加快建设海洋强区提供了有力保障。⑥

———————

① 《"两高"发布司法解释 完善海洋环境公益诉讼制度》，https：//www.nmdis.org.cn/c/2022-05-11/76906.shtml，2022年5月11日。
② 《青岛市海洋发展局开展水产品质量安全联合执法》，https：//www.nmdis.org.cn/c/2022-03-30/76585.shtml，2022年3月30日。
③ 《福建加强海洋执法监管协作——早介入早查处，提高疑点疑区核查效率》，https：//www.nmdis.org.cn/c/2022-10-13/77731.shtml，2022年10月13日。
④ 《保护海洋生态环境 广西海警在行动》，https：//www.nmdis.org.cn/c/2022-05-30/76984.shtml，2022年5月30日。
⑤ 《"碧海2022"海洋生态环境保护和自然资源开发利用专项执法行动展开》，https：//www.gov.cn/xinwen/2022-11/02/content_5723850.htm，2022年11月2日。
⑥ 《广西强化海域海岛执法监管》，https：//www.nmdis.org.cn/c/2022-11-18/77902.shtml，2022年11月18日。

（二）海洋生态环境管理

加快蓝碳建设，助力碳达峰、碳中和目标实现。2021 年 12 月 31 日，青岛西海岸新区灵山岛省级自然保护区碳排放核算结果获得中国质量认证中心（CQC）认证，成为全国首个得到权威部门认证的自主负碳区域。[①] 2022 年 5 月 16 日，为深入贯彻党中央关于碳达峰碳中和重大战略决策，推动海洋低碳绿色发展，广西壮族自治区海洋局牵头编制了《广西蓝碳工作先行先试工作方案》。[②] 我国首个海洋领域国家基础科学中心——海洋碳汇与生物地球化学过程基础科学中心于 2022 年 5 月 23 日在厦门启动。[③] 2022 年 8 月 9 日，海南省政府印发《海南省碳达峰实施方案》，提出 8 大项、30 条重点任务，要求多措并举推动蓝碳（海洋碳汇）增汇，推动低碳技术成果应用示范和海洋碳汇生态系统建设工程，为推动实现碳达峰明确"路线图"。[④] 海南省自然资源和规划厅出台《海南省海洋生态系统碳汇试点工作方案（2022—2024 年）》，要求围绕海洋生态系统碳汇资源的调查、评估、保护和修复，以试点项目为抓手，切实巩固和提升海洋生态系统碳汇，探索海洋自然资源生态价值实现路径，创新海洋生态系统碳汇发展模式和途径。[⑤]

（三）海洋产业管理

产业强海，构建现代海洋产业体系。全国各船舶生产基地的重点海洋装

[①] 《灵山岛成为全国首个"负碳海岛"》，https：//www.mnr.gov.cn/dt/hy/202202/t20220225_2729395.html，2022 年 2 月 25 日。

[②] 《推动海洋低碳绿色发展 广西先行蓝碳交易工作》，https：//www.nmdis.org.cn/c/2022-05-25/76943.shtml，2022 年 5 月 25 日。

[③] 《我国首个海洋领域国家基础科学中心启动》，https：//www.nmdis.org.cn/c/2022-05-30/76979.shtml，2022 年 5 月 30 日。

[④] 《〈海南省碳达峰实施方案〉出台 推动海洋碳汇生态系统建设》，https：//www.nmdis.org.cn/c/2022-09-06/77448.shtml，2022 年 9 月 6 日。

[⑤] 《海南省出台海洋生态系统碳汇试点工作方案》，https：//www.nmdis.org.cn/c/2022-08-02/77337.shtml，2022 年 8 月 2 日。

备建造稳步推进。① 2022 年 1 月 20 日，青岛市海洋发展局、青岛市财政局联合出台《青岛市海水淡化项目建设奖补政策实施细则（试行）》，鼓励海水淡化项目建设，推动海水淡化规模化利用。② 2022 年 2 月 17 日，福建省发展和改革委员会与兴业银行围绕数字经济、海洋经济、绿色经济、文旅经济，聚焦现代产业体系和重点项目，达成 2000 亿元融资额度的战略合作。③ 2022 年 2 月 21 日，青岛市海洋发展局、青岛市财政局联合出台《青岛市海水淡化项目建设奖补政策实施细则（试行）》，鼓励海水淡化项目建设，推动海水淡化规模化利用。④ 2022 年 2 月 28 日上午，中国海油发布消息，我国自主设计建造的亚洲第一深水导管架——"海基一号"在广东珠海顺利完工，标志着我国在超大型海洋油气平台导管架设计建造技术上取得新突破，开创了我国中深海油气资源开发的新模式，对保障国家能源安全、提升深海资源开发能力具有重要意义。⑤ 2022 年 2 月底，三亚海底数据中心示范工程项目首个海底数据舱在天津港保税区临港特种设备制造场地开工建造，标志着全球首个商用海底数据中心示范工程项目开工建造。⑥ 经过 10 年的前期研究，世界级跨海工程——甬舟铁路（浙江宁波至舟山）于 2022 年 11 月 2 日全线开工。项目建成后，将诞生多项世界之最，并补齐浙江"市市通高铁"最后一块"拼图"。⑦

① 《全国各船舶生产基地一批重点海洋装备建造正稳步推进》，https：//www.nmdis.org.cn/c/2022-02-15/76365.shtml，2022 年 2 月 15 日。

② 《青岛海水淡化项目奖补最高千万元》，https：//www.nmdis.org.cn/c/2022-02-14/76359.shtml，2022 年 2 月 14 日。

③ 《海洋经济产融合作签约超 200 亿元》，https：//www.fujian.gov.cn/xwdt/fjyw/202202/t20220218_5841529.htm，2022 年 2 月 18 日。

④ 《青岛海水淡化项目最高一次性奖补 1000 万元》，https：//www.nmdis.org.cn/c/2022-04-06/76596.shtml，2022 年 4 月 6 日。

⑤ 《亚洲第一深水导管架"海基一号"建造完工》，https：//www.nmdis.org.cn/c/2022-03-01/76422.shtml，2022 年 3 月 1 日。

⑥ 《全球首个商用海底数据中心示范项目开工建造》，https：//www.nmdis.org.cn/c/2022-02-24/76401.shtml，2022 年 2 月 24 日。

⑦ 《世界级跨海工程全线开工》，https：//www.nmdis.org.cn/c/2022-11-11/77876.shtml，2022 年 11 月 11 日。

（四）海洋资源管理

开展生物生态调查，建立优质场所保护海洋生物资源。2022年6月14日，河北省出台《河北省海洋资源管理三年行动计划》。计划明确，通过三年行动，对重大项目的用海需求做到应保尽保，整治修复海岸线长度不低于21公里，整治修复滨海湿地面积不低于2900公顷，海洋综合管理能力显著增强，推动全省海洋经济高质量发展。[①] 2022年1月27日，福建省政府批复同意建立福清兴化湾水鸟省级自然保护区。该保护区位于福建省海湾内湿地面积最大、湿地生态系统优良的兴化湾湿地北岸，以黑脸琵鹭、黑嘴鸥等众多珍稀濒危动物物种、丰富水鸟资源和滨海湿地生态系统为主要保护对象，多项指标达到国际重要湿地标准。[②] 2022年3月30日，在山东烟台长岛海域，多座巨型深海智能网箱平台耸立海中开展养殖作业，宛如囤起一座座"蓝色鱼仓"。预计到2025年，烟台海洋生产总值有望达2500亿元人民币。[③] 2022年9月，自然资源部南海环境监测中心完成大亚湾造礁石珊瑚分布区生物生态调查。此次调查主要内容包括水文水质、沉积物以及生物生态等要素调查，其中生物生态调查又包含珊瑚礁生物（多毛类）、潮间带生物和底栖生物。[④]

（五）海洋科教管理

传播海洋文化，呼吁公众重视海洋环境保护，加强蓝色引领。2022年6月8日是第十四个"世界海洋日"和第十五个"全国海洋宣传日"。自然资

---

① 《河北制定海洋资源管理三年行动计划》，https：//www. nmdis. org. cn/c/2022－06－27/77105. shtml，2022年6月27日。

② 《福建新增水鸟省级自然保护区》，https：//www. nmdis. org. cn/c/2022-02-21/76387. shtml，2022年2月21日。

③ 《自贸区深海智能网箱加速运营 烟台海洋生产总值望达2500亿元》，https：//www. nmdis. org. cn/c/2022-03-31/76591. shtml，2022年3月31日。

④ 《大亚湾造礁石珊瑚分布区调查完成——主要包括水文水质、沉积物、生物生态等要素》，https：//www. nmdis. org. cn/c/2022-10-13/77732. shtml，2022年10月13日。

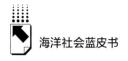

源部明确 2022 年世界海洋日暨全国海洋宣传日主题为"保护海洋生态系统 人与自然和谐共生",且"十四五"期间沿用该主题。① 2022 年全国海洋宣传日暨万人航海计划启动仪式于 2022 年 6 月 5 日在青岛举行。② 2022 年世界海洋日暨全国海洋宣传日主场活动于 2022 年 6 月 8 日在广西北海举行。③ 2022 年 6 月 21~23 日,2022 东亚海洋博览会在青岛世界博览城举办。④ 由上海博物馆与希腊文化和体育部共同主办的"塔拉萨:海洋文明与希腊艺术展"于 2022 年 7 月 19 日在上海博物馆开幕,展至 2022 年 10 月 9 日。⑤ 2022 年 7 月 28 日,2022"讲好中国故事"创意传播大赛海洋强国主题赛正式启动。本次赛事以"传承蓝色文明 共享开放合作"为主题,致力于讲好海洋故事,传播海洋文化,发展海洋经济,推进海上丝路建设,构建海洋命运共同体。⑥ 为推进海洋生态环境建设,改善我国近岸海域生态环境质量,着力推进净滩行动,传播海洋保护生态理念,中华环保联合会主办了"悠然共生"环保公益活动暨净滩行动。⑦ 2022 年 8 月 14 日,为期 10 天的 2022 第十四届青岛国际帆船周·青岛国际海洋节圆满落幕。⑧ 2022 年 9 月,自然资源部第二海洋研究所与杭州市拱墅区科协、浙江省青年高层次人才协会联

① 《今年世界海洋日暨全国海洋宣传日主题确定》,https://www.nmdis.org.cn/c/2022-05-17/76921.shtml,2022 年 5 月 17 日。
② 《2022 年全国海洋宣传日暨万人航海计划启动仪式在青岛举行》,https://www.nmdis.org.cn/c/2022-05-20/76933.shtml,2022 年 5 月 20 日。
③ 《2022 年世界海洋日暨全国海洋宣传日主场活动在广西北海举办》,https://www.nmdis.org.cn/c/2022-06-09/77049.shtml,2022 年 6 月 9 日。
④ 《2022 东亚海洋博览会将于 6 月 21~23 日在青岛举办》,https://www.nmdis.org.cn/c/2022-05-11/76905.shtml,2022 年 5 月 11 日。
⑤ 《上海迎来"海洋文明与希腊艺术展"》,https://www.nmdis.org.cn/c/2022-07-18/77305.shtml,2022 年 7 月 18 日。
⑥ 《2022"讲好中国故事"创意传播大赛海洋强国主题赛正式启动》,https://www.nmdis.org.cn/c/2022-07-28/77320.shtml,2022 年 7 月 28 日。
⑦ 《中华环保联合会举办"悠然共生"环保公益活动暨海洋净滩活动》,https://www.nmdis.org.cn/c/2022-08-09/77374.shtml,2022 年 8 月 9 日。
⑧ 《第十四届青岛国际帆船周·青岛国际海洋节收官》,https://www.nmdis.org.cn/c/2022-08-16/77385.shtml,2022 年 8 月 16 日。

合主办"科普助力双减 点亮科学梦想"——科学家进校园系列科普活动。①
2022 年 11 月 16 日，由自然资源部宣传教育中心、中国海洋发展基金会、
国家海洋局极地考察办公室、中国大洋事务管理局等部门联合承办的第十三
届全国海洋知识竞赛在海南省海口市顺利收官。②

（六）学术研究

在文献发表方面，我们通过中国知网（CNKI）对 2022 年海洋管理相关
领域文献进行了检索和分类，具体见表 1。

表 1　2022 年海洋管理相关领域文献分类

单位：篇

序号	主题	数量	序号	主题	数量
1	海洋资源	11	7	海洋经济	3
2	海洋法治	8	8	海洋科技	3
3	海洋管理体制	7	9	海洋科教	3
4	海洋数据	5	10	海洋综合管理	3
5	海洋安全	4	11	海洋灾害应急	2
6	海洋环境	4			

资料来源：由作者通过中国知网搜索并整理。

由表 1 可以看出，按照文献主题分类，可以将 2022 年海洋管理相关学
术研究细分为 11 类，其中海洋资源和海洋法治研究比较热门，文献数量较
为领先。

在相关学术研讨会方面，大多数会议都有特定的研讨主题，主要集中在
海洋合作、海洋环境、海洋资源等方面（见表 2）。除表 2 所示的会议外，
学术界还在 2022 年举办了"东北亚海洋经济创新发展论坛暨 2022 中国海洋

---

① 《海洋二所开展科学家进校园科普活动》，https：//www.nmdis.org.cn/c/2022 - 10 - 08/
77707.shtml，2022 年 10 月 8 日。
② 《第十三届全国海洋知识竞赛收官》，https：//www.nmdis.org.cn/c/2022 - 11 - 29/
78040.shtml，2022 年 11 月 29 日。

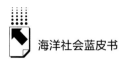

经济论坛"""2022构建蓝色经济伙伴关系论坛"""第八届海洋文明学术研讨会"等，以及与海洋经济、海洋科教相关的多个专项主题会议，但由于会议主要内容并不侧重于海洋管理，因此未在表2中列出。由此可以看出，在学术研究方面，2022年中国海洋管理贯彻落实加快建设海洋强国的战略举措，深度参与全球海洋治理，为构建海洋命运共同体贡献中国力量。

表2　2022年涉及海洋管理的学术研讨会

序号	会议名称	主办单位	研究主题	地点	时间
1	全球滨海论坛	自然资源部、江苏省人民政府	和谐共生：携手构建人与自然生命共同体	盐城	2022年1月10日
2	粤港澳大湾区海洋可持续发展研讨会	中国海洋大学、澳门科技大学、南方海洋科学与工程广东省实验室（珠海）	海岸带科学管理与可持续发展	线上	2022年4月2日
3	2022东亚海洋合作平台青岛论坛	自然资源部、山东省人民政府	携手"海洋十年"，合作共赢未来	青岛	2022年6月22日
4	"联合国海洋科学促进可持续发展十年"中国委员会成立会议	自然资源部	成立"海洋十年"中国委员会，制定《"海洋十年"中国行动框架》，组织实施和协调推动"海洋十年"相关重点工作	北京	2022年8月19日
5	2022年海洋合作与治理论坛	中国—东南亚南海研究中心、华阳海洋研究中心、中国海洋发展基金会和中国南海研究院	多边主义下的全球海洋治理、南海沿岸国合作及海上安全互信构建、气候变化与海洋合作等议题	三亚	2022年11月3日
6	中国—岛屿国家海洋合作高级别论坛	自然资源部和福建省人民政府	生态海岛蓝色发展	平潭	2022年11月9日

二　中国海洋管理发展趋势

（一）更加注重人海和谐，建设人与自然和谐共生的美丽海洋

党的二十大报告指出，中国式现代化是人与自然和谐共生的现代化。人与自然和谐共生既是中国式现代化的本质要求，也是中国式现代化的特色内容。它有助于提高人民生活品质，增进人民福祉，并且对以中国式现代化全面推进中华民族伟大复兴具有重大意义。海洋覆盖了地球表面的71%，是地球生命的摇篮与资源的宝库。人与自然和谐共生理念为我们科学把握和正确处理人与海洋的关系，以及应对海洋管理问题提供了理论指引。近年来，我国聚焦海洋生态，将人与自然和谐共生理念融入海洋生态工作，助力实现人海和谐共生。

1. 逐步完善海洋生态环境相关法律政策。2022年1月5日，生态环境部和农业农村部联合印发了《关于加强海水养殖生态环境监管的意见》，内容包括严格环评管理和布局优化、实施养殖排污口排查整治、强化监测监管和执法检查、加强政策支持与组织实施等4个方面10项举措。[①] 2022年3月1日起，《烟台市入海排污口管理办法》施行，明确了入海排污口的责任主体、管理方式、监督管理要求等内容。[②] 2022年5月13日，《自然资源部办公厅关于开展和美海岛创建示范工作的通知》发布，提出通过开展和美海岛创建示范工作，建设一批"生态美、生活美、生产美"的和美海岛，形成岛绿、滩净、水清、物丰的人岛和谐"和美"新格局。[③] 2022年5月，江苏省出台《近岸海域综合治理攻坚战实施方案》，加快解决存在的突出海

---

① 《两部门加强海水养殖生态环境监管》，https：//www.nmdis.org.cn/c/2022－01－24/76327.shtml，2022年1月24日。

② 《中国首部入海排污口管理办法出台 推进渤海入海排污口整治》，https：//www.nmdis.org.cn/c/2022-01-21/76321.shtml，2022年1月21日。

③ 《十件大事！2022海洋新闻回眸》，http：//ocean.china.com.cn/2023－01／04/content_85039532.htm，2023年1月4日。

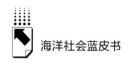

洋生态环境问题，推进美丽海湾建设，切实改善海洋生态环境质量。① 广西政府就《中共广西壮族自治区委员会关于厚植生态环境优势推动绿色发展迈出新步伐的决定》进行工作分工，要求自治区各级各部门从优化区域发展布局、构建具有广西特色的蓝绿空间、持续推进生态系统治理和修复等36 个方面，厚植广西生态环境优势，推动绿色发展迈出新步伐。② 2022 年12 月 1 日上午，烟台市政府召开《烟台市海洋生态环境保护条例》《烟台市安全生产监督管理条例》解读新闻发布会。前者以海洋生态环境保护为主线，共七章五十条，于当日起正式实施。③

2. 不断规范海洋行业标准，完善海洋生态保护依据。2022 年 5 月 19日，国际标准化组织（ISO）发布《船舶与海洋技术—海底地震仪主动源探测技术导则》，这是由中国主持制定的首项海洋地球物理调查国际标准。该标准的实施有利于促进各国海底地震仪技术性能的提高和数据格式的统一，并有效促进不同国家在海底资源调查、开发、利用领域的国际合作。④ 2022年 9 月 26 日，自然资源部发布《人为水下噪声对海洋生物影响评价指南》等 12 项推荐性行业标准。此 12 项标准已通过全国海洋标准化技术委员会审查，自 2023 年 1 月 1 日起实施。⑤ 2022 年 10 月 1 日，由国家市场监督管理总局、国家标准化管理委员会发布的 GB/T41339《海洋生态修复技术指南》系列国家标准的第 1 部分（总则）和第 2 部分（珊瑚礁生态修复）正式实施。⑥

① 《江苏构建"9+2"攻坚体系 推动改善海洋生态环境》，https：//www.nmdis.org.cn/c/2022-05-25/76945.shtml，2022 年 5 月 25 日。

② 《广西多措并举厚植生态环境优势》，https：//www.mnr.gov.cn/dt/dfdt/202209/t20220901_2758190.html，2022 年 9 月 1 日。

③ 《〈烟台市海洋生态环境保护条例〉正式实施》，https：//www.nmdis.org.cn/c/2022-12-05/78053.shtml，2022 年 12 月 5 日。

④ 《海洋地球物理调查国际标准发布》，https：//www.nmdis.org.cn/c/2022-05-25/76947.shtml，2022 年 5 月 25 日。

⑤ 《自然资源部发布十二项涉海行业标准》，https：//www.nmdis.org.cn/c/2022-10-12/77727.shtml，2022 年 10 月 12 日。

⑥ 《海洋生态修复国家标准开始发布》，https：//www.nmdis.org.cn/c/2022-04-15/76800.shtml，2022 年 4 月 15 日。

（二）向海图强，海洋经济坚持"稳增长"主基调

在百年变局叠加世纪疫情、世界经济面临下行风险的大背景下，海洋产业链供应链遭受较大冲击，海洋经济下行压力明显加大。面对多重超预期因素叠加冲击，在以习近平同志为核心的党中央坚强领导下，沿海地方和国务院有关部门认真贯彻落实党中央、国务院决策部署，坚持"稳增长"主基调，有力统筹疫情防控和经济社会发展，海洋经济发展总体平稳，新动能不断壮大，转型升级加快推进，主要指标运行在合理区间，海洋经济发展韧性彰显。①

2021年，中国海洋经济总量再上新台阶，首次突破9万亿元。2022年4月6日，自然资源部海洋战略规划与经济司发布《2021年中国海洋经济统计公报》。经核算，中国海洋经济总量达90385亿元，比上年增长8.3%，对国民经济增长的贡献率为8.0%，占沿海地区生产总值的比重为15.0%。②2022年11月24日，国家海洋信息中心在2022中国海洋经济博览会上发布了《2022中国海洋经济发展指数报告》，报告显示2021年中国海洋经济发展指数为114.1，比上年增长3.6%，中国海洋经济呈现稳中向好态势。③中国海洋发展基金会为助力蓝色经济发展，近几年正在实施"聚集海洋高技术资源，助力经济高质量发展"桥梁纽带项目和"推行海洋空间规划，助力蓝色经济发展"海上丝绸之路项目，并取得了阶段性成果。④

2022年，大力推进海洋强省和海洋中心城市建设。在2022年的政府工作报告中，山东明确要开展新一轮海洋强省建设行动，打造海洋高质量发展

① 《海洋经济"稳"的基础加固，"进"的动能集聚——解读2022年上半年海洋经济运行情况》，https://www.nmdis.org.cn/c/2022-08-04/77352.shtml，2022年8月4日。
② 《〈2021年中国海洋经济统计公报〉发布 2021年全国海洋经济首次突破9万亿元》，https://www.nmdis.org.cn/c/2022-04-06/76602.shtml，2022年4月6日。
③ 《〈2022中国海洋经济发展指数报告〉发布》，https://www.nmdis.org.cn/c/2022-11-28/78016.shtml，2022年11月28日。
④ 《搭建平台，聚集资源，助力蓝色经济发展》，https://www.nmdis.org.cn/c/2022-04-01/76594.shtml，2022年4月1日。

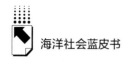

战略要地；浙江也提出大力推进海洋强省建设，支持联动宁波舟山建设海洋中心城市；福建则将全力发展海洋经济，为高质量发展培育新的增长极。①
2022年3月，宁波市委市政府印发《宁波市加快发展海洋经济 建设全球海洋中心城市行动纲要（2021—2025年）》，对海洋经济的中长期发展作出行动部署，目标剑指全球海洋中心城市。② 2022年4月8日，青岛市第十三次党代会上明确提出了加快迈向"活力海洋之都、精彩宜人之城"的城市愿景，并把打造"引领型现代海洋城市"作为"六个城市定位"之一。青岛市还制定了《关于加快打造引领型现代海洋城市助力海洋强国建设的意见》，提出要建设"五个中心"，争取到2035年，初步建成海洋科技领先、海洋经济发达、海洋生态环境优美、海洋文化繁荣、海洋国际交流合作活跃的全球海洋中心城市。③ 浙江海洋强省建设推进会提出，要努力建设国家经略海洋实践先行区，一批重大海洋产业项目在会上签约。④

（三）强化海洋科教，大力培育高水平科创人才

党的二十大提出，要发展海洋经济，保护海洋生态环境，加快建设海洋强国。建设海洋强国是实现中华民族伟大复兴的重大战略任务，这要求我们推动海洋科技实现高水平自立自强，加强原创性、引领性科技攻关。建设海洋强国、推动海洋科技创新的关键在于人才，尤其是高端创新人才。海洋科教事业为国家培养高水平海洋科技创新人才，是海洋强国战略的重要支撑。⑤

---

① 《拉动海洋经济增长新引擎》，https：//www.nmdis.org.cn/c/2022-02-28/76403.shtml，2022年2月28日。
② 《宁波市发力打造"全球海洋中心城市"》，https：//www.nmdis.org.cn/c/2022-04-11/76785.shtml，2022年4月11日。
③ 《青岛：围绕海洋建设5个中心24项工程》，https：//www.nmdis.org.cn/c/2022-04-13/76794.shtml，2022年4月13日。
④ 《浙江探索建设国家经略海洋实践先行区》，https：//www.nmdis.org.cn/c/2022-10-08/77703.shtml，2022年10月8日。
⑤ 方颖、孙梦伟、汤昊杰：《海洋强省战略下推动江苏海洋科教事业高质量发展的思考》，《大陆桥视野》2022年第12期。

1. 打造宣传阵地，建立研究中心。2022 年 7 月 6 日，广西海洋生态环境监测科普展厅开馆仪式在位于北海市的广西海洋环境监测中心站举行。该展厅的建成开馆，弥补了广西海洋生态环境科普的空白，是广西展示海洋生态环境保护成果以及普及海洋生态环境监测和污染防治科技知识的重要场所，也是向公众普及海洋生态环境科技知识、宣传生态文明建设成就、提高生态与科学文化素质的重要阵地。① 2022 年 7 月 25 日，大连市海岛非物质文化遗产研究与保护中心揭牌仪式在长海县举行，这也是我国首个在海岛设立的非遗中心。② 2022 年 9 月 23 日，江苏省发展和改革委员会下发同意建设 2022 年江苏省工程研究中心的通知，江苏科技大学海洋学院申报的"江苏省海洋智能感知工程研究中心"获批建设。③ 2022 年 9 月 2 日，自然资源部宁波海洋中心（自然资源部宁波海洋预报台）在浙江宁波正式挂牌。④

2. 重视人才培养。2022 年 1 月，由焦念志院士牵头，联合全球 22 个国家的 38 所高校及科研院所，将全球海洋负排放计划提交至联合国教科文组织政府间海洋学委员会，并通过评审，成为联合国海洋科学促进可持续发展十年行动计划、联合国十年倡议计划框架下的重要倡议，与其他多项可持续发展计划协同发展，加强应对气候变化等重大挑战的能力。⑤ 2022 年 5 月，中国—国际海底管理局联合培训和研究中心成功举办首期"深海资源勘探开发国际人才网络培训班"，为来自 20 多个发展中国家的 55 名学员提供深

---

① 《广西海洋生态环境监测科普展厅开馆》，https：//www. nmdis. org. cn/c/2022－07－18/77306. shtml，2022 年 7 月 18 日。

② 《我国首个海岛非物质文化遗产研究与保护中心落户长海》，https：//www. nmdis. org. cn/c/2022-08-02/77339. shtml，2022 年 8 月 2 日。

③ 《江苏省海洋智能感知工程研究中心获批》，https：//www. nmdis. org. cn/c/2022－11－03/77835. shtml，2022 年 11 月 3 日。

④ 《自然资源部宁波海洋中心挂牌》，https：//www. nmdis. org. cn/c/2022-09-09/77477. shtml，2022 年 9 月 9 日。

⑤ 《海洋负排放大科学计划总部启用》，https：//www. nmdis. org. cn/c/2022－04－18/76808. shtml，2022 年 4 月 18 日。

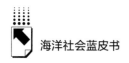

海矿产资源调查评估、深海生态系统特征与环境管理等培训。[1] 2022 年 9 月 6 日，青岛出台《青岛市现代海洋英才激励办法（暂行）》，精准激励海洋人才创新创业。青岛将加大资金奖励力度，被评为"青岛市现代海洋杰出英才"前 3 位的，每人发放一次性津贴 30 万元；第 4 位及以后名次的，每人发放一次性津贴 10 万元。[2] 2022 年 10 月 21 日，自然资源部第三海洋研究所与福建农林大学签署合作协议。双方将在人才培养、科研合作、资源共享等方面开展合作交流，助力福建农林大学海洋学院高质量发展，实现高校与研究所互利共赢。[3]

三　未来海洋管理发展建议

（一）完善海洋灾害应急管理

海洋环境突发事件主要包括突然发生的海洋自然灾害和事故灾难，如赤潮、海上溢油等。海洋不同于陆地，其环境和生态条件的复杂性、不确定性以及海洋区域边界划分的模糊性，使得海洋环境突发事件与陆域环境突发事件的处理有较大差别。因此，海洋环境应急管理具有跨地区、跨行业、跨部门且涉及多产业、多学科和多领域的大系统特征，若缺少强有力的制约监督和协调力量，将会导致海洋环境应急管理陷入无序状态。[4]

1. 应当加强海洋生态预警监测体系的建设。2022 年 2 月，海南省出台《关于建立健全海洋生态预警监测体系的意见》，提出到 2025 年，初步建成

---

① 《常驻国际海底管理局代表陈道江大使在牙〈观察家报〉发表国庆署名文章〈完善海洋治理，携手推进全球可持续发展〉》，http：//isa. china-mission. gov. cn/xwdt/202210/t20221002_ 10776756. htm，2022 年 10 月 2 日。
② 《最高津贴三十万元 青岛激励海洋人才创新创业》，https：//www. nmdis. org. cn/c/2022- 09-14/77481. shtml，2022 年 9 月 14 日。
③ 《海洋三所与福建农林大学签署合作协议》，https：//www. nmdis. org. cn/c/2022-10-31/ 77808. shtml，2022 年 10 月 31 日。
④ 王琪、赵璟：《海洋环境突发事件应急管理中的政府协调问题探析》，《海洋信息》2009 年 第 4 期。

统一有序、分工合理、协调高效的海洋生态预警监测体系，逐步形成以海南本岛近岸海域为重点，辐射省管辖其他海域的预警监测网络和技术支撑体系，逐步摸清全省海洋生态家底。① 2022 年 3 月，广东省自然资源厅印发《关于建立健全全省海洋生态预警监测体系的通知》，明确到 2025 年，基本完成珊瑚礁、海草床、红树林、牡蛎礁、海藻场、盐沼、泥质海岸、砂质海岸、河口、海湾等 10 类海洋典型生态系统的全省性调查。②

2. 应当从理论和实践两方面探索有效的应急措施。2022 年 2 月，浙江省自然资源厅印发《2021-2025 年浙江省海洋生态预警监测工作方案》，明确了浙江省"十四五"期间海洋生态预警监测工作的指导思想、工作目标、工作思路、工作布局、主要任务和预期成果清单。③ 2022 年 8 月 30 日，自然资源部办公厅印发通知，发布新修订的《海洋灾害应急预案》，旨在切实履行海洋灾害防御职责，加强海洋灾害应对管理，最大限度减轻海洋灾害造成的人员伤亡和财产损失。④ 2022 年 9 月 20 日，自然资源部东海局在江苏省组织开展了海区首次海洋生态预警监测质量监督检查，以进一步提升东海区海洋生态预警监测质量。⑤ 2022 年 11 月 4 日，国家海洋环境预报中心组织开展了国内海啸演习活动。该活动是联合国教科文组织政府间海洋学委员会太平洋海啸预警与减灾系统 2022 年环太平洋演习（PacWave22）的重要内容。⑥

3. 应当进一步推进海洋数据应用技术发展，借助科技力量减灾消灾。

---

① 《海南建立健全海洋生态预警监测体系》，https：//www. nmdis. org. cn/c/2022 - 02 - 10/76345. shtml，2022 年 2 月 10 日。

② 《广东健全海洋生态预警监测体系》，https：//www. nmdis. org. cn/c/2022-03-31/76588. shtml，2022 年 3 月 31 日。

③ 《浙江省印发 2021-2025 年海洋生态预警监测实施方案》，https：//www. nmdis. org. cn/c/2022-03-08/76510. shtml，2022 年 3 月 8 日。

④ 《自然资源部办公厅印发通知发布新修订的〈海洋灾害应急预案〉》，https：//www. nmdis. org. cn/c/2022-09-07/77454. shtml，2022 年 9 月 7 日。

⑤ 《东海区首次开展海洋生态预警监测质量监督检查》，https：//www. nmdis. org. cn/c/2022-10-08/77710. shtml，2022 年 10 月 8 日。

⑥ 《国家海洋环境预报中心组织参与联合国海啸预警演习》，https：//www. nmdis. org. cn/c/2022-11-17/77899. shtml，2022 年 11 月 17 日。

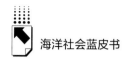
2022 年 4 月 7 日 7 时 47 分，中国在酒泉卫星发射中心用长征四号丙运载火箭成功发射了一颗 1 米 C-SAR 业务卫星。该星是中国第二颗 C 频段多极化合成孔径雷达业务卫星，可与已在轨运行的首颗 1 米 C-SAR 业务卫星及高分三号科学试验卫星实现三星组网运行，卫星重访与覆盖能力显著提升，标志着中国首个海洋监视监测雷达卫星星座正式建成。[1] 2022 年 11 月 9 日，山东省海洋卫星数据服务平台正式上线，旨在推动海洋卫星数据在海洋资源调查、海洋环境监测、海洋生态保护、海洋防灾减灾等领域的应用，并提供便捷的数据保障和服务。[2]

（二）加强海域综合管理

海域综合管理是对海域资源合理配置和治理的过程，新形势下应顺应时代要求，统筹考虑海域自然资源特性和区位条件、用海产业布局、社会经济发展需求以及生态文明建设要求等因素，改变传统的以项目审批为主的资源配置方式，充分发挥市场化配置和政府宏观调控的作用，以海域资源禀赋决定用海项目布局，进而突出综合管理的效能。[3]

在陆海统筹的背景下，更应当明确海域使用权，促进海洋开发与保护布局优化。2022 年 1 月 7 日，山东省自然资源厅、山东省发展和改革委员会等 11 部门联合发布《关于建立实施山东省海岸建筑退缩线制度的通知》，明确山东将划定"两线""两区"，加强海岸带管控，为开发与保护工作划出界线。[4] 2022 年 4 月 8 日，浙江省自然资源厅发布《关于推进海域使用权

① 《我国首个海洋监视监测雷达卫星星座正式建成》，https：//www.nmdis.org.cn/c/2022-04-07/76606.shtml，2022 年 4 月 7 日。
② 《山东海洋卫星数据服务平台上线》，https：//www.nmdis.org.cn/c/2022 - 11 - 18/77904.shtml，2022 年 11 月 18 日。
③ 王厚军、丁宁、岳奇、崔丹丹：《陆海统筹背景下海域综合管理探析》，《海洋开发与管理》2021 年第 1 期。
④ 《山东加强"两线""两区"海岸带管控》，https：//www.nmdis.org.cn/c/2022-02-28/76404.shtml，2022 年 2 月 28 日。

立体分层设权的通知》，提出推进海域空间分层确权使用。① 2022 年 8 月 2 日，自然资源部印发《关于积极做好用地用海要素保障的通知》，共包含 26 条政策措施，涉及国土空间规划、土地计划指标、用地用海审批、耕地和永久基本农田保护、节约集约用地、土地供应等内容，以用地用海等资源要素更好地服务于稳增长。② 2022 年 11 月 16 日，海南省政府印发《海南省海域使用权审批出让管理办法》，聚焦用海主体需求，进一步规范项目用海审批出让程序，在提高行政审批效率、减轻用海主体负担、优化营商环境等方面迈出了一大步。③ 自然资源部南海局组织实施了 2022 年度试点无居民海岛确权登记外业调查工作。截至 2022 年 10 月底，南海局已完成 60 个试点无居民海岛的确权登记。④

（三）发展海洋科技、拓展深海科考

1. 科技兴海，推动海洋科技向创新引领型转变。建设海洋强国是实现中华民族伟大复兴的重大战略任务。2022 年 4 月 10 日，习近平总书记在中国海洋大学三亚海洋研究院调研考察时，对建设海洋强国作出重要指示，强调要推动海洋科技实现高水平自立自强，加强原创性、引领性科技攻关，把装备制造牢牢抓在自己手里，努力用我们自己的装备开发油气资源，提高能源自给率，保障国家能源安全。⑤ 由青岛海洋科学与技术试点国家实验室在国产众核"神威"超算上创建的上千年高分辨率地球系统模式积分数据取

---

① 《浙江榷进海域使用权立体分层设权 海洋资源使用进入"立体"时代》，https：//www. nmdis. org. cn/c/2022-04-13/76795. shtml，2022 年 4 月 13 日。

② 《自然资源部出台"要素稳增长 26 条" 做好重大项目用地用海等要素保障》，https：// www. nmdis. org. cn/c/2022-09-13/77480. shtml，2022 年 9 月 13 日。

③ 《海南出台海域使用权审批出让新规》，https：//www. nmdis. org. cn/c/2022 - 12 - 07/ 78055. shtml，2022 年 12 月 7 日。

④ 《南海局完成试点无居民海岛确权登记外业调查》，https：//www. nmdis. org. cn/c/2022-11- 15/77885. shtml，2022 年 11 月 15 日。

⑤ 《求是网评论员：建设海洋强国是实现中华民族伟大复兴的重大战略任务》，https：//www. nmdis. org. cn/c/2022-04-18/76810. shtml，2022 年 4 月 18 日。

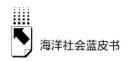
得了关于海洋热浪研究的创新性成果。① 2022 年 2 月，自然资源部极地科学重点实验室极地多圈层相互作用与气候变化研究团队联合北京工业大学和中科院空天信息创新研究院，提出了一种基于空间相关性的冰雷达数据成像算法，解决了现有算法中普遍存在的成像结果空间相关性偏低的问题。② 2022 年 8 月，天津市通过细化海洋装备科技创新四项举措，形成了《天津市海洋装备领域科技创新发展工作方案》，明确 10 项重点任务，提出 32 条具体举措，推动海洋装备领域科技创新。③ 2022 年 9 月 2 日，浙江省舟山市出台了《舟山市海洋科技创新三年（2022-2024 年）行动计划》，聚焦石化新材料、海洋电子信息、海洋生物、海洋装备制造四大区域性科创高地建设。④

2. 关心海洋、认识海洋、经略海洋，让大船走向深海大洋。中国第 38 次南极考察由"雪龙"号和"雪龙 2"号共同执行考察任务。"雪龙 2"号于 2022 年 4 月 20 日返回上海国内基地码头，行程 3.1 万余海里；"雪龙"号于 2022 年 4 月 26 日返回上海国内基地码头，行程 3.3 万余海里。⑤ 2022 年 6 月 10 日上午 10 时，新型深远海综合科考实习船"东方红 3"圆满完成科考任务顺利返航，靠泊中国科学院海洋研究所西海岸园区码头。⑥ 2022 年 9 月 16 日，"探索二号"科考船搭载着"深海勇士"号载人潜水器返航三亚。这标志着中国针对海洋地质灾害，开展深海原位观测的载人深潜航次

① 《海洋试点国家实验室在海洋热浪研究领域取得创新成果》，https：//www.nmdis.org.cn/c/2022-02-15/76366.shtml，2022 年 2 月 15 日。
② 《我国提出航空冰雷达数据高质量成像新算法》，https：//www.mnr.gov.cn/dt/hy/202210/t20221019_2762520.html#:～：text＝%E8%BF%91E6%97%A5%EF%BC%8C%E8%87%AA%E7%84%B6%E8%B5%84%E6%BA%90%E9%83%A8，%E5%85%B3%E6%80%A7%E5%81%8F%E4%BD%8E%E7%9A%84%E9%97%AE%E9%A2%98%E3%80%82，2022 年 10 月 19 日。
③ 《天津发力海洋装备领域科技创新》，https：//www.nmdis.org.cn/c/2022-09-05/77444.shtml，2022 年 9 月 5 日。
④ 《浙江舟山启动海洋科技创新三年行动计划》，https：//www.nmdis.org.cn/c/2022-10-09/77714.shtml，2022 年 10 月 9 日。
⑤ 《中国第 38 次南极科学考察圆满收官》，https：//www.gov.cn/xinwen/2022-04/26/content_5687388.htm，2022 年 4 月 26 日。
⑥ 《"东方红 3"船完成西太平洋科考任务》，https：//www.nmdis.org.cn/c/2022-06-24/77103.shtml，2022 年 6 月 24 日。

（TS2-10-1）取得圆满成功。① 2022 年 10 月 26 日，中国第 39 次南极科学考察队首批队员乘坐"雪龙 2"号极地科学考察船，从位于上海的中国极地考察国内基地码头出征②，山东科技大学海洋学院研发的两艘极地智能无人船跟随其奔赴南极执行科学考察任务③。2022 年 12 月，中国大洋 73 航次科学考察队搭乘"大洋号"科考船返航厦门。本航次在东太平洋克拉里昂-克里伯区国际海底区域开展了历时 105 天的资源勘探和环境调查，航程总计 2.3 万多公里，顺利完成中国大洋矿产资源研究开发协会多金属结核合同区和中国五矿集团有限公司多金属结核合同区年度任务。④ 2022 年 12 月 18 日，"海洋地质二号"多功能新型科考船缓缓抵靠中国地质调查局广州海洋地质调查局科考码头，标志着中国首座深水科考码头正式启用。⑤ 2022 年 8 月 19 日，自然资源部所属的中国极地研究中心与泰国国家科技发展局、朱拉隆功大学、泰国东方大学、泰国国立发展管理学院、泰国国家天文研究所等 5 家机构通过线上方式续签了《极地科研合作谅解备忘录》，同意继续在极地科研、考察、人员交流与信息共享等领域开展合作。⑥

---

① 《国内海洋地质灾害原位观测载人深潜航次"满载而归"》，https：//www. nmdis. org. cn/c/2022-01-25/76329. shtml，2022 年 1 月 25 日。
② 《中国第 39 次南极科学考察队出征》，https：//www. nmdis. org. cn/c/2022 - 10 - 27/77804. shtml，2022 年 10 月 27 日。
③ 《极地智能无人船随"雪龙"号出征》，https：//www. nmdis. org. cn/c/2022 - 11 - 07/77858. shtml，2022 年 11 月 7 日。
④ 《中国大洋七十三航次科考任务完成》，https：//www. nmdis. org. cn/c/2022 - 12 - 07/78056. shtml，2022 年 12 月 7 日。
⑤ 《中国首座深水科考专用码头正式启用》，https：//www. nmdis. org. cn/c/2023 - 01 - 03/78142. shtml，2022 年 1 月 3 日。
⑥ 《中泰科研机构续签〈极地科研合作谅解备忘录〉》，https：//www. nmdis. org. cn/c/2022-08-22/77399. shtml，2022 年 8 月 22 日。

B.5
2022年中国海洋文化发展报告

周显来　宁　波*

摘　要： 2022年，海洋文化发展在新冠肺炎疫情大背景下逆势而行，发展势头反较上一年有所提升。2022年，中国知网共收录海洋文化相关文献368种，其中学术期刊论文218篇、学位论文62篇、会议论文7篇、报纸文章27篇、图书1本、学术辑刊15篇、特色期刊38篇。通过对海洋文化相关文献进行计量分析，可以发现2022年海洋文化研究热点主要集中在海洋文化遗产、世界文化遗产、价值特征、海洋强国、海洋教育、海洋文学、海洋经济和海洋意识上。海洋文化发展的主要成就表现为海洋强国重要论述研究、海洋文化精神内驱力研究、多学科的研究关注、研究机构的范围类型4个方面有了新进展，而核心期刊刊用、高级人才培养、海洋文化教育、理论创新4个方面仍有待继续加强。因此，今后需要加强海洋文化国际交流、海洋文化应用、海洋文旅融合、海洋生态文化、海洋民间文化和海洋精神建构等方面的研究。

关键词： 海洋文化　海洋强国　海洋资源

2022年，在新冠肺炎疫情的大背景下，海洋文化发展逆势而行，反较

---

* 周显来，上海海洋大学经济管理学院硕士研究生，研究方向渔文化、文化经济学；宁波，上海海洋大学经济管理学院硕士生导师，海洋文化研究中心副主任、副研究员，研究方向为渔文化、海洋文化、文化经济。

上一年有很大提升。2022 年 10 月，习近平总书记在党的二十大报告中作出"发展海洋经济，保护海洋生态环境，加快建设海洋强国"的战略部署。① 这不仅能够促进区域协调发展，也为海洋文化的发展提供了强大推动力。

一　发展概况与发展历程

（一）发展概况

2022 年，海洋文化发展逆势而行，较 2021 年有所回升。笔者以"海洋文化"为关键词在中国知网上进行主题检索，发现 2022 年中国知网共收录相关文献 368 种（见表 1），其中学术期刊论文 218 篇，学位论文 62 篇（见图 1），核心期刊论文 31 篇。由表 1 可见，2019 年中国知网收录海洋文化文献数量较多，之后由于受到新冠肺炎疫情影响，收录文献数量连续两年下降，且 2021 年为近十年最低水平；2022 年较 2021 年有所回升，表明海洋文化开始增速发展，未来发展趋势比较乐观。

表 1　1987~2022 年中国知网收录海洋文化文献数量分布情况

单位：种

年份	种数	年份	种数	年份	种数	年份	种数
1987	0	1996	10	2005	100	2014	437
1988	3	1997	12	2006	96	2015	395
1889	5	1998	23	2007	182	2016	412
1990	1	1999	27	2008	181	2017	403
1991	4	2000	13	2009	165	2018	416
1992	3	2001	27	2010	241	2019	427
1993	3	2002	49	2011	306	2020	380
1994	6	2003	48	2012	394	2021	337
1995	9	2004	58	2013	472	2022	368

资料来源：笔者根据中国知网检索结果整理。

---

① 《高举中国特色社会主义伟大旗帜　为全面建设社会主义现代化国家而团结奋斗——在中国共产党第二十次全国代表大会上的报告》，《人民日报》2022 年 10 月 26 日。

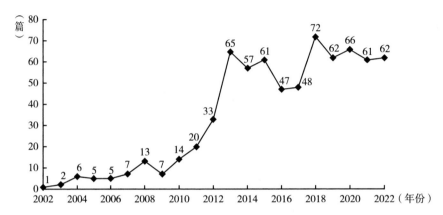

图1 2002~2022年中国知网海洋文化硕士/博士学位论文收录数量变化趋势

资料来源：笔者根据中国知网检索结果整理。

（二）发展历程

通过万方数据知识服务平台对关键词"海洋文化"进行主题检索，设定时间为2021年和2022年，分别得到2021年海洋文化关键词词云图（图2）和2022年海洋文化关键词词云图（图3）。可以发现，2021年海洋文化相关论文研究热点主要集中在海洋强国、乡村振兴、海洋命运共同体、海洋意识、海洋文化遗产和海洋文化产业等方面；2022年海洋文化相关论文研究热点主要集中在海洋文化遗产、世界文化遗产、价值特征、海洋强国、海洋教育、海洋文学、海洋经济和海洋意识等方面。关键词发生明显变化，海洋文化遗产关注度提升较大，同时海洋教育、海洋文学和海洋经济也获得较大关注。由此可以发现：2021年研究较为分散，除主题关键词"海洋文化"外，各个关键词占比不大；2022年部分关键词占比较大，研究较为集中，海洋文化遗产受到特别关注。

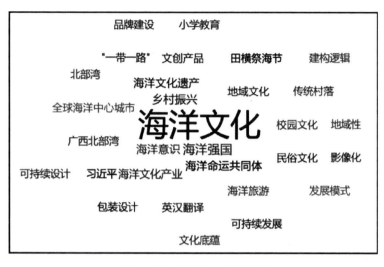

图 2　2021 年海洋文化关键词

资料来源：万方数据知识服务平台。

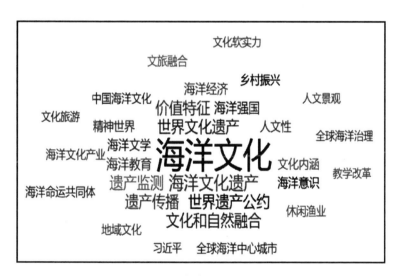

图 3　2022 年海洋文化关键词

资料来源：万方数据知识服务平台。

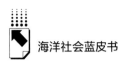

二 主要成就与特点

（一）海洋强国研究有新发展

21 世纪是海洋世纪，世界各国围绕海洋权益展开了激烈争夺与博弈，海洋的重要性前所未有地凸显。作为人类的"第二生存空间"，海洋的开发利用关乎一个国家与民族的兴衰。① 中国的和平发展与民族复兴同样需要走向海洋。

"海洋强国"是对中国共产党历代领导集体海洋思想的继承与发展，体现了中国共产党长期以来的不懈追求，而海洋强国意识则是实现海洋强国不可或缺的思想之基。海洋强国建设要顺利推进，提升国人海洋意识是关键。目前，中国大学生的海洋意识还比较薄弱，海洋意识教育资源也相对缺乏，而高校思政课具有课程所涉内容丰富、受众人数广泛等优势，更适合作为当前阶段国家海洋意识教育的载体。② 新时代大学生海洋强国意识的培养既是实践海洋强国的重要组成部分，又是丰富新时代爱国主义教育的关键内容，作为海洋强国的建设者和生力军，大学生海洋强国意识的强弱不仅关乎海洋强国建设的成败，而且影响中华民族伟大复兴目标能否顺利实现。因此，重点培养并全面提升新时代大学生的海洋强国意识，深刻把握和领会海洋强国的本质，就成为新时期高校思想政治教育理论与实践的重要组成部分。

建设海洋强国是一个长期工程，不仅需要海洋军事、海洋科技等硬实力的支撑，还需要海洋文化意识这一软实力保障。青年是未来海洋事业的建设者，是未来海洋科技的创新者，是未来海洋权益的保护者，他们的海洋文化意识直接关系海洋强国的实施。而且，青年的身心尚处于发展阶段，在复杂

---

① 钟鸣：《新时代大学生海洋强国意识培养研究》，博士学位论文，大连海事大学，2022，第 1 页。

② 信连涛、刘夕升、刘施施、杨小明：《海洋强国视域下高校海洋意识思政课程建设途径研究》，《才智》2022 年第 14 期，第 34~37 页。

的国际形势和网络舆论背景下很容易受到错误意识形态的误导，形成错误的海洋文化意识，若任之发展，则很有可能会被利用，以致损害国家利益。因此，帮助青年认识海洋强国背景下的角色担当，提高青年群体的海洋文化意识刻不容缓。[①]

高校是大学生思想政治教育的最前沿，开展新时代大学生海洋强国教育，是一项系统而复杂的"立德树人"工程，必须着眼于国家海洋战略和国际海洋形势，更新高校海洋教育理念，创新海洋教育形式，凝聚政府社会合力，探索一条符合新时代大学生个性特征、成长规律和发展需求的实践理路，使大学生正确理解海洋强国既要维护本国利益、更要维护世界和平，把中国的国家利益和人类共同利益辩证统一起来，将个人前途与国家命运紧密结合起来，在建设海洋强国的浪潮中，坚定理想信念，练就过硬本领，为实现海洋强国梦贡献蓬勃力量。

（二）海洋文化意识内驱力研究有新发展

海洋文化意识对国家的海洋事业有直接影响；青年的海洋文化意识对建设海洋强国有重要影响，而当代青年的海洋文化意识相对淡薄。马汉在《海权论》中强调："一个民族的强大与发展，将取决于这个民族的海洋文化建设，以及海洋意识观念的强弱。"所以说，海洋文化意识是中国制定海洋政策的内在依据，是海洋战略实施的先导，是海洋战略实现的助推器。[①]

青年是树立海洋文化意识的关键和主力军，其海洋文化意识直接影响海洋强国实施的成效。只有提高青年群体的海洋文化意识，使他们真正地认识到海洋的作用和地位，才能够激励他们在海洋资源开发、环境保护、权益维护等方面有所作为，积极投身于海洋强国建设。而且，青年群体海洋文化意识的提高具有重要的牵引作用，会产生相应的社会效应和外溢效果，由此推动整个社会海洋文化意识的提升，从而更进一步地迈向海洋强国。

---

① 王美琪：《试论海洋强国战略背景下青年海洋文化意识的培育》，《文化创新比较研究》2022年第26期，第186~189页。

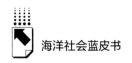

（三）多学科的研究关注有新发展

2022年，多学科探索海洋文化的格局继续延伸和拓展。由图4可知，2022年中国知网收录的海洋文化硕士、博士学位论文涉及中等教育、建筑科学与工程、旅游、美术、书法、雕塑、摄影、海洋学和音乐舞蹈等多种学科。2022年，中等教育机构较为关注海洋文化，海洋文化意识教育正在逐步向中学生转移，从学生时代开始培养海洋意识是实现海洋强国的关键。旅游占比位居第三，研究关注度提升较大，表明海洋旅游更加注重与海洋文化相结合，海洋文化是海洋旅游的灵魂，文化将会推动旅游更好发展。同时，中国政治与国际政治、经济体制改革和行政学及国家行政管理领域也开展了海洋文化相关研究，反映了海洋文化与政治学科之间的融合和互动。

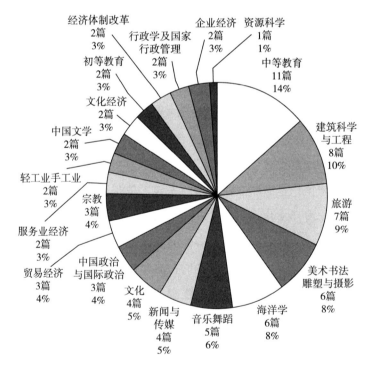

图4 2022年中国知网收录海洋文化硕士、博士学位论文学科贡献情况

资料来源：笔者根据中国知网检索结果整理。

（四）研究机构的范围类型有新发展

2022年，海洋文化硕士、博士学位论文主要贡献机构出现了一些新变化。由表2可知，在2002~2022年中国知网收录海洋文化硕士、博士学位论文主要贡献机构中，海洋高校、沿海高校占比较高，且大多位于北方。而在2022年中国知网收录海洋文化硕士、博士论文主要贡献机构中，部分内地院校也开展了海洋文化相关研究（见图5），如西南大学、华东交通大学、江南大学等。其中，海南大学、西南大学、集美大学和广西民族大学2022年研究海洋文化相关文献较多。这表明海洋文化研究机构的范围和类型有了进一步扩展，内地高校和南方沿海高校研究海洋文化的热情持续增长。由图6可知，海洋文化核心期刊文献的主要贡献机构为高校和研究所，广州番禺职业技术学院、深圳市规划和国土资源委员会也发表有核心期刊文献，这意味着海洋文化研究的潜力和层析空间正在扩大，研究范围不止于高等院校和科研机构，这丰富了海洋相关领域的研究。

表2　2002~2022年中国知网收录海洋文化硕士、博士学位论文主要贡献机构

单位：篇

学校	篇数	学校	篇数
中国海洋大学	56	广西师范大学	16
浙江海洋大学	45	曲阜师范大学	14
福建师范大学	27	青岛大学	13
山东大学	25	大连海事大学	13
海南大学	21	华侨大学	12
广东海洋大学	21	青岛理工大学	11
山东师范大学	19	华中师范大学	11
辽宁师范大学	18	宁波大学	10
厦门大学	18	浙江大学	8
华南理工大学	18	广西民族大学	8

资料来源：笔者根据中国知网检索结果整理。

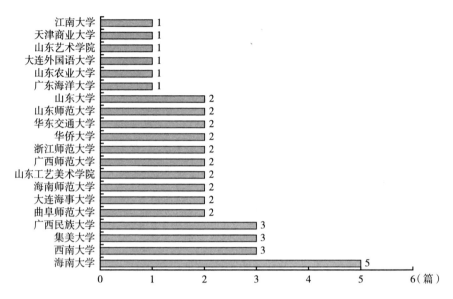

图5　2022年中国知网收录海洋文化硕士、博士学位论文主要贡献机构

资料来源：笔者根据中国知网检索结果整理。

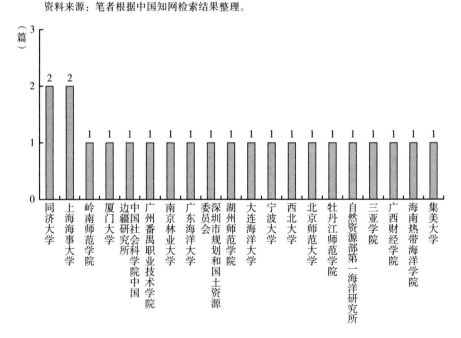

图6　2022年中国知网收录海洋文化核心期刊文献主要贡献机构

资料来源：笔者根据中国知网检索结果整理。

三 存在的问题与不足

（一）核心期刊刊用不足

2023年6月20日，笔者在中国知网以"海洋文化"为关键词进行检索，发现2022年收录海洋文化核心期刊文献31篇，仅占海洋文化发文总数的8%，这表明核心期刊群对海洋文化的关注有限。海洋文化研究经过数十年积累，虽然热度持续走高，但相较于其他学科仍显冷门，不仅需要学者投入更多的研究心思在海洋文化上，也需要学术期刊给予更多关注和支持，提供更多成长时间和发表空间。

在海洋文化学术期刊文献的学科贡献方面，经检索发现（见图7），

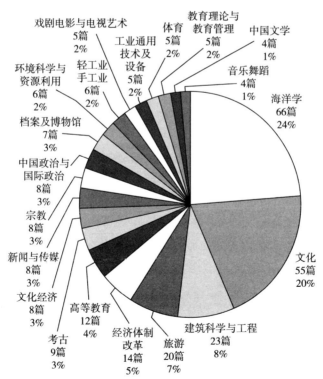

图7 2022年中国知网收录海洋文化学术期刊文献学科贡献情况

资料来源：笔者根据中国知网检索结果整理。

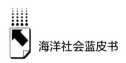

2002~2022 年海洋学、文化、建筑科学与工程、旅游和经济体制改革 5 个学科的文献收录占比均超过 5%，共占总体的 64%。其中，海洋学占比 24%，文化占比 20%。海洋文化研究主要集中在这 5 个学科，教育、文学、艺术和生态类学科的占比有待提升。

（二）高级人才培养有待关注

2023 年 6 月 20 日，笔者以"海洋文化"为关键词在中国知网进行主题检索，时间范围为 2002~2022 年，共查到学位论文 714 篇（见表 3），其中博士学位论文 64 篇，硕士学位论文 650 篇。从 2018 年开始，收录学位论文数量维持在 60 篇以上。2022 年，中国知网共收录硕士、博士学位论文 24.71 万篇，对比之下，海洋文化相关论文所占比重依然很小。由图 8 可知，中国海洋大学、浙江海洋大学、福建师范大学、山东大学等贡献突出，海南大学异军突起，共发表学位论文 21 篇，相较 2021 年提升最大。然而，总体而言，高层次人才培养即研究生教育对海洋文化的关注度依然较低，不同学科高层次人才对海洋文化的关注度也不均衡（见图 9），建筑科学与工程关注度最多，其次是文化和海洋学，但相关的文化经济、水产和渔业、农业经济关注度相对较少，海洋文化更需要从经济的视角去诠释。

表 3　2002~2022 年中国知网收录海洋文化硕士、博士学位论文数

单位：篇

年份	篇数	年份	篇数	年份	篇数
2002	1	2009	7	2016	47
2003	2	2010	14	2017	48
2004	6	2011	20	2018	72
2005	5	2012	33	2019	62
2006	5	2013	65	2020	66
2007	7	2014	57	2021	61
2008	13	2015	61	2022	62

资料来源：笔者根据中国知网检索结果整理。

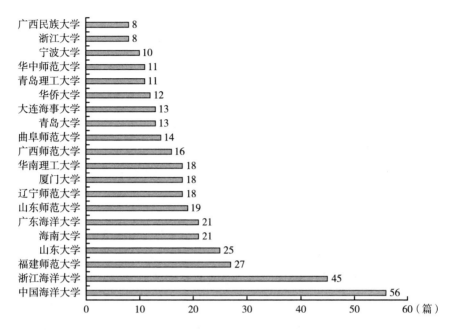

图8 2002~2022年中国知网收录海洋文化硕士、博士学位论文主要贡献机构

资料来源：笔者根据中国知网检索结果整理。

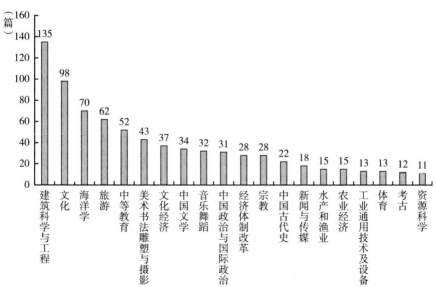

图9 2002~2022年中国知网收录海洋文化硕士、博士学位论文学科贡献情况

资料来源：笔者根据中国知网检索结果整理。

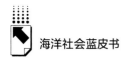

（三）海洋文化教育出现两极分化

一方面，中国社会海洋教育日趋活跃，海洋主题公园、海洋科普教育基地、海洋博物馆、水族馆在全国各地迅速发展壮大。2011~2017 年，中国分6 批次先后建设 46 个国家级海洋公园；连续 12 年举办全国海洋知识竞赛，分为大学生和社会公众两个组别，在全国范围内掀起学习海洋知识的热潮。另一方面，受高考指挥棒影响，中国普通中小学海洋教育严重不足，海洋高等教育依然有待重视。例如，中小学语文教育是思想和意识启蒙的重要载体，然而根据相关学者对教育部编 2020 年版义务教育阶段语文教材、人民教育出版社 2019 年修订版高中教育阶段语文必修教材的调查，小学语文教材中涉海文章占比仅为 1.68%，初中语文教材中涉海文章占比仅为 1.96%，高中语文教材中涉海文章占比也只有 5.61%。作为义务教育阶段和高中阶段国民语言文字和意识教育的主干课程，语文所涉海洋文章明显占比极低。而中小学阶段是海洋观形成的关键时期，也更容易产生对海洋的好奇心，这从一个侧面凸显了中国教材编写者和教育工作者的海洋意识依然比较欠缺，中小学教育体系中缺少海洋教育内容，海洋教育教材和内容亟待充实[1]。

（四）理论创新有待继续加强

海洋文化创新是近些年来一直被广泛关注的话题，创新对于海洋文化的发展极为重要。综观 2022 年部分海洋文化著作出版情况（见表 4），海洋文化应用创新点虽有所增加，但理论创新仍相对不足。詹姆斯·D. 斯皮雷克和德拉·A. 斯科特-艾尔顿的《水下文化遗产资源管理：海洋文化遗产保护及阐释》、蓝达居、刘家军和张志培的《梅村调查：东南汉人社区的人类学研究》、曲金良的《中国海洋文化遗产保护研究》等作品让人耳目一新，海洋历史文化遗产保护出现热潮。吴春明的《从百越土著到南岛海洋文化》、徐书业的

---

① 肖圆、郭新丽、宁波：《海洋教育：教育思想与实践的嬗变》，《海洋开发与管理》2022 年第 3 期，第 101~105 页。

《海上丝绸之路视野下的广西海洋文化研究（2011—2015 年）》、陈辉宗的《泉州与世界海洋文明》、王日根的《海润华夏：中国经济发展的海洋文化动力》等，都在理论创新方面做出了积极尝试。然而，这些成果与中国建设海洋强国的愿景、与中国作为海洋大国的地位、与中国致力于构建"海洋命运共同体"的国际担当仍不尽平衡，理论创新有待继续加强。

表4 2022 年部分海洋文化著作出版情况

作者/主编	著作名称	出版社
［美］詹姆斯·D. 斯皮雷克、［美］德拉·A. 斯科特-艾尔顿	《水下文化遗产资源管理：海洋文化遗产保护及阐释》	上海交通大学出版社
蓝达居、刘家军、张志培	《梅村调查：东南汉人社区的人类学研究》	厦门大学出版社
李伟刚、郭学东、谭汗青	《山东海洋文化古籍选编》	中国海洋大学出版社
《中国海洋文化》编委会	《中国海洋文化·浙江卷》	上海三联书店
徐文玉	《中国海洋文化产业主体及其发展研究》	中国社会科学出版社
曲金良	《中国海洋文化遗产保护研究》	福建教育出版社
崔凤、宋宁而	《海洋社会蓝皮书：中国海洋社会发展报告（2022）》	社会科学文献出版社
王日根	《海润华夏：中国经济发展的海洋文化动力》	厦门大学出版社
徐书业	《海上丝绸之路视野下的广西海洋文化研究（2011—2015 年）》	世界图书出版公司
吴春明	《从百越土著到南岛海洋文化》	中国人口出版社
郑玉香	《中国海洋文化旅游本土化模式创新研究：新时代海洋旅游经济高质量发展战略》	中国经济出版社
吴锡民	《广西海洋文化概论》	中国海洋出版社
陈辉宗	《泉州与世界海洋文明》	商务印书馆
李加林	《浙江海洋文化与经济（第七辑）》	中国海洋出版社
李加林、王杰	《浙江海洋文化景观研究》	海洋出版社
赵光珍、王太海、刘一	《辽宁海洋文化的形成与发展研究》	中国海洋出版社
苏勇军	《浙江海洋文化产业发展报告》	中国海洋出版社
曲金良	《中国海洋文化基础理论研究》	中国海洋出版社

作者/主编	著作名称	出版社
高乐华	《基于资源价值的山东省海洋文化与旅游多维融合发展研究》	经济管理出版社
曲金良、王海涛、杨立敏、李丽	《齐鲁海韵》	中国海洋大学出版社

资料来源：当当网。

四　发展趋势与建议

（一）加强海洋文化国际交流

一国文化的发展不仅需要自身积累，还需要吸收和融合他国文化，只有加强国际交流，才能增进了解和取长补短。文化是历史的积淀。西方海洋文化自古盛行，从斯堪的纳维亚半岛的维京海盗到哥伦布发现新大陆，再到西方殖民世界，都有着浓厚的海洋文化影子。西方的海洋文化虽充斥着掠夺，但也有着包容并进的一面。相对而言，受小农经济影响，中国海洋文化的发展氛围远不如西方浓厚，因此需要加强交流、学习和合作，以此丰富中国自身的海洋文化维度。海洋不是大陆的终点，而是一个纽带，连接着隔绝在大陆上的人们。面对广阔的海洋，各国人民相对容易形成文化认同，以海洋为纽带，拉近彼此之间的距离。2022 年 10 月 16 日，习近平总书记在党的二十大上指出，要"发展海洋经济，保护海洋生态环境，加快建设海洋强国"。海洋文化是海洋强国的基础，推进海洋文化领域的相互了解与互信，包容并进、吸收优秀的海洋文化成果，有利于促进海洋强国建设。

（二）加强海洋文化应用

海洋文化是一笔宝贵的资源，通过创新、转化和应用，可以化身为"活起来"的生产要素。比如，深圳要建设海洋中心城市，需要分析其海洋发展在世界格局和国家建设海洋强国中的角色和使命，提出建设全球海洋中心城市的战略目标、功能定位、发展策略和实施保障；提出科技、人才、航运、经济、生态、文化、合作、治理八大策略，并通过制度、空间、服务三大保障，探索发展路径和重点。① 又如，青岛是一座依山傍海的城市，宜居住、宜旅游。以海洋文化作为青岛方言的旅游文创设计支点，更能体现其对特色地域文化的传承。通过深入研究分析，设计出系列海洋文化下的青岛方言旅游文创，在使青岛本地的特色方言文化得以发扬、传承的同时，也为青岛城市软实力的建设锦上添花。② 再如将海洋文化应用于国家海洋博物馆展示空间的设计。海洋文化展示与教育是可持续开发与保护海洋资源的重要行动方向之一，海洋文化展示空间设计能促进观众积极参与海洋文化科普教育，从而提高人们的海洋意识，助力建设海洋强国。③ 这些都是海洋文化应用的例子。海洋文化只有用起来才会更有生命力，只有不断创新才会生生不息。海洋文化源于大海，应用好它才能够普惠大众。

（三）加强海洋文旅融合

海洋文旅作为中国蓝色经济的重要组成部分，既是当前国家重要战略的支撑点，又是人民生活的重要元素，在全球的战略地位日益显著。中国海洋文旅资源丰富、特色鲜明，对海洋文旅未来发展的高点定位和科学规划不仅有利于保护和传承中国海洋文化的整体性、活态性和生态性，还有利于建设现代化的海洋文旅产业体系、增强与沿线国家的文化互信。我们要依照大文化、大旅游、大生态、大文创、大健康的布局理念，借助现代信息技术和便捷的移动终端，以丰富的海洋文旅资源为基础，以挖掘、保护、传承、推介中国海洋文化为抓手，从加快完善海洋文旅基础设施建设、提升海洋文旅价

---

① 崔翀等：《"全球海洋中心城市"的内涵、目标和发展策略研究——以深圳为例》，《城市发展研究》2022年第1期，第66~73页。

② 宋美音、鲁鑫宇：《海洋文化基因下青岛方言的旅游文创设计初探》，《设计》2022年第12期，第126~129页。

③ 张岩鑫、陈颖莉：《海洋文化展示空间设计研究——以国家海洋博物馆为例》，《艺术与设计（理论版）》2022年第6期，第64~66页。

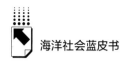

值内涵、延伸海洋文旅消费场景、推动海洋文旅扩容提质、健全文旅专业人才培育和流通机制五个层面拓展中国海洋文旅融合发展路径，推进中国海洋文旅产业专业化、产业化和智能化发展，统筹推进沿海各省市海洋文旅产业协调并进，引领海洋强国和文化强国建设，为中国在全球新一轮海洋竞争中抢占制高点做出积极贡献。①

（四）加强海洋生态文化研究

党的十八大以来，习近平总书记多次提出"建设海洋强国"，并强调海洋在国家生态文明建设中的重要作用。党的十九大报告明确指出，要加快海洋生态文明建设，助力海洋强国建设。党的二十大报告再次提出："发展海洋经济，保护海洋生态环境，加快建设海洋强国。"建设海洋强国不仅要求下大力气发展海洋经济、增强海洋安全，也应在保护海洋生态环境方面有所作为。海洋强国建设呼吁海洋生态文明建设，海洋强国之强势必蕴含着海洋生态文明之强。无法打造健康的海洋生态，必然不能国际化、高水平地推进海洋事业永续发展；缺少现代化的海洋生态治理体系，必然不能全面建设海洋强国。我们应当正确认识保护海洋环境与建设海洋强国之间的内在关系，坚持把绿色作为底色，在打造健康海洋的过程中助力海洋强国目标的实现。②

海洋生态文明建设是中国实施海洋强国、实现碳达峰碳中和的重要内容，也是人民享受碧海蓝天的内在要求。当前，人们的海洋生态意识淡薄，存在陆地污染物排放入海、海洋资源过度开发和全球海洋环境恶化等海洋生态问题。在这种环境形势下，加强海洋生态文化研究是当务之急，也是海洋文化发展的长久之道：一是在原有工作基础上，继续加强对海洋文化相关理论的研究；二是继续加强对海洋生态文明建设绩效评估指标体系的研究，构建更加科学的评估体系，促进海洋生态文明建设向更高水平、更高层次发

---

① 王琴、李肇荣：《海洋文旅创新发展——以广西为例》，《社会科学家》2021年第11期，第72~77页。

② 马妍婷：《海洋生态文明建设探析》，《福州党校学报》2022年第3期，第84~88页。

展；三是加强海洋生态文化应用研究，如海洋生态旅游发展、海洋公园建设、海洋生态文创产品开发等方面的研究。

（五）加强海洋民间文化研究

海洋民间文化是海洋文化发展最为广泛的热土，具有自发性、大众性、持久性和通俗性，海洋民间文化影响最广的就是妈祖文化。[①] 妈祖是中国最具影响力的海神，其影响力已传播到全球 46 个国家。妈祖文化对国际关系和构建"海洋命运共同体"的意义仍有极大研究空间。如何传播中国海洋文化、建构更加广泛的海洋文化认同，是中国建设海洋强国和 21 世纪海上丝绸之路需要研究的重要课题。妈祖是中国最有影响力的海上保护神，妈祖文化包含着海洋精神，妈祖文化传播也是建构中国海洋文化认同的重要实践。电视剧《妈祖》作为传播中国海洋文化的代表作品，是海神故事传说的影像再生产，是一部通过民间故事体现海洋精神的影视作品。《妈祖》通过怎样的影像修辞表达海洋文化观念和海洋文明意识？相关修辞如何建构中国海洋文化认同？这些话题的探讨对增强中国海洋文化国际传播效果有重要的参考价值，对建构中国海洋文化的国际认同有重要的理论意义和现实意义。[②] 民间文化厚植民间，生生不息，富有发展活力。例如，岭南文化是陆地文化与海洋文化的结合体，在民间喜庆活动中，从陆上的"舞龙"，到水上的"龙舟"，都可以看到文化的弘扬和精神的塑造。岭南疍家依水而生、以船为家，与海水浪花相伴，其舞蹈亦具有鲜明的以水为生、壮美开阔的海洋文化特质，充满朴实无华、摇曳荡漾的海洋文化元素。"海味"十足的京族已走上向海发展道路，京族文化也为中国建设海洋强国提供了经典样本。海洋民间文化是一座学术富矿，是取之不尽、用之不竭的知识创新源泉。

---

① 王子腾：《从民间信仰特征看妈祖信仰下中国古代海洋文化之缺憾》，《濮阳职业技术学院学报》2022 年第 2 期，第 105~108 页。

② 帅志强：《中国海洋文化影视国际传播的修辞实践与认同建构——以电视剧〈妈祖〉为例》，《当代电视》2022 年第 6 期，第 45~50 页。

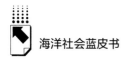

（六）加强海洋文化精神构建

海洋文化的核心价值表现是海洋精神。文化精神是人类在从事物质文化生产上产生的一种人类所特有的意识形态，它是人类各种意识观念形态的集合。文化精神的优越性在于其具有人类文化基因的继承性，还有在实践当中可以不断丰富完善的待完成性。海洋文化精神能够推动海洋物质文化的发展，增加海洋文化的丰富程度。由于文化精神是物质文明的观念意识体现，在不同领域，其具体文化精神有不同表现和含义。在当代海洋小说的叙事中，塑造了两类女性形象：一类是传统观念中"好女人"与"坏女人"的形象；另一类是打破性别预设、主动向海的女性形象。她们在集体海洋、商业海洋、文化海洋等视域下，从物质与精神两个维度找到了重建女性主体、释放自我的空间。海洋精神在女性自我意识投射、女性主体意识建构方面的意义是一个有趣且值得研究的方向。其实，从海洋精神出发，会发现很多值得探寻的研究主题。岭南文化在中国近现代文明进步思潮发展史上占有重要地位。广东是海上丝绸之路发祥地，又是对外开放先行地，凭海而立、因海而兴，而海洋文化是岭南文化的一个显著特征，结合海上丝绸之路和广东近现代历史的发展，挖掘和探讨岭南海洋文化精神的内涵特征，对于高质量建设文化强省、为构建更加开放的新发展格局提供精神动力和文化支撑有着重要意义。① 世界上所有的海洋国家成为强国无不是向海而兴、向海图强。建设海洋强国、构建"海洋命运共同体"，是中华民族实现伟大复兴的必由之路。海洋强国不仅表现为海洋经济、科技等硬实力强，而且突出表现为海洋文化强。因此，加强海洋文化研究正当其时，海洋文化的创新与发展决定着中国的未来、海洋世界的未来。

---

① 田丰：《岭南海洋文化精神与广东开放新格局》，《岭南文史》2022年第4期，第8~17页。

2022年中国海洋法制发展报告

刘以恒 褚晓琳*

摘　要： 2022年中国海洋立法工作在既有成绩的基础上取得了新突破，我国的海洋法律体系建设取得显著成果，通过了多项海洋专门立法，海洋立法体系初步形成：一是《中华人民共和国湿地保护法》于2022年6月1日生效；二是农业农村部门对多部涉海的部门规章或政策的修改；三是最高人民法院列出了2022年典型的涉海涉渔案例，为我国海洋司法执法和法制发展提供了良好的参考；四是发布了一系列的涉海规划，例如《红树林保护修复专项行动计划（2020—2035年）》《海岸带生态保护和修复重大工程建设规划（2021—2035年）》等政策和计划；五是2022年国际海洋法制发展中的中国参与和中国方案。

关键词： 海洋立法　涉海政策　海洋法制

中国作为最早签署《联合国海洋法公约》的国家之一，积极完善国内海洋立法，推动国际合作，严格履行公约义务。国际法律秩序离不开国内法的相辅相成，因此，构建完善的国内海洋法律制度体系至关重要。2022年，海洋立法工作在既有成绩的基础上取得了新突破，我国的海洋法律体系建设取得显著成果，通过了多项专门海洋立法，海洋立法体系初步形成：一是

---

* 刘以恒，上海海洋大学海洋文化与法律学院硕士研究生，研究方向为海洋法；褚晓琳，上海海洋大学海洋文化与法律学院副教授、硕士生导师，研究方向为海洋法。

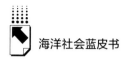

《中华人民共和国湿地保护法》于2022年6月1日生效；二是农业农村部门对多部涉海的部门规章或政策的修改；三是最高人民法院列出了2022年典型的涉海涉渔案例，为我国海洋司法执法和法制发展提供了良好的参考；四是发布了一系列的涉海规划①，例如《红树林保护修复专项行动计划（2020—2035年）》《海岸带生态保护和修复重大工程建设规划（2021—2035年）》等政策和计划；五是2022年国际海洋法制发展中的中国参与和中国方案。

一 《中华人民共和国湿地保护法》的施行

《中华人民共和国湿地保护法》自2022年6月1日起施行，是我国针对湿地保护的专门立法。

（一）指导思想和原则

《中华人民共和国湿地保护法》包括六项基本原则：一是保护优先、系统治理、科学修复、合理利用；二是尊重自然、回应自然；三是坚持问题导向，着力解决湿地保护中的主要问题；四是政府相关部门在湿地保护中的相互关系，做好与相关法律的衔接，增强法律的关联性和可操作性；五是坚持生态为民、科学使用，探索全民共享机制；六是坚持立法的稳定性和创新性。②

（二）编纂过程

2018年9月，《中华人民共和国湿地保护法》正式列入十三届全国人大常委会立法规划第三类立法项目。2018年12月13日，全国人大环境与资

---

① 涉海规划包括但不限于海洋环境治理、海域的立体分层、海洋经济绿色低碳发展、海洋生物多样性等。
② 张明祥：《〈中华人民共和国湿地保护法〉解读》，http://www.greenchina.tv/magazine/detail/id/7570.html，2022年11月18日。

源保护委员会正式发函，委托国家林业和草原局起草《中华人民共和国湿地保护法（建议草案）》。2019 年 7 月，国家林业和草原局向全国人大环境与资源委员会提交了建议草案。此后，又对其进行了多次修改，最终形成了《中华人民共和国湿地保护法（草案）》。2021 年 10 月 20 日，十三届全国人大常委会第三十一次会议对《中华人民共和国湿地保护法（草案）》进行第二次审议。2021 年 12 月 24 日，十三届全国人大常委会第三十二次会议审议通过《中华人民共和国湿地保护法》，并由第 102 号主席令颁布，自 2022 年 6 月 1 号起实施。

（三）主要内容①

1. 总则

总则或总论对于一部法律来说不可或缺。总则往往起到总领整部法律的作用，是阐释原则和进行法律解释的主要依据，具有不可替代性。本法第一章为总则，主要就立法目的、适用范围、基本原则等进行了原则性规范。

2. 湿地资源管理

依照环境建设的一般要求，第二章重点阐述了基本的资源管理结构，界定了一套重要系统，并巩固了湿地管理的基础。本章主要包括调查评估、湿地标准、确权登记等方面的规定。

3. 湿地保护与利用

本章主要对保护与利用要求、具体保护措施、禁止行为、有害生物监测、国家重点野生动植物保护、红树林湿地保护、泥炭沼泽湿地保护、湿地生态补偿等作出了完善规定。

4. 湿地修复

本章主要对修复原则、湿地生态用水、湿地修复措施、修复程序、修复责任等方面做出规范。

---

① 参见《中华人民共和国湿地保护法》，共 7 章 65 条。

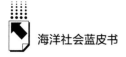

5. 监督检查

本章主要对湿地监督管理职责、监督检查措施、有关单位和个人的配合义务等方面作出规范。

6. 法律责任

本章对侵害法益行为的处罚种类和幅度作出了规范，还就监管部门及工作人员的法律责任、生态环境损害赔偿、与《中华人民共和国治安管理处罚法》以及《中华人民共和国刑法》衔接的问题作出了完善的规定。

7. 附则

本章主要对红树林湿地和泥炭沼泽湿地的概念、制定地方具体办法、生效日期等方面作出规定。

二　农业农村部对多部涉海部门规章的修改

"《农业农村部关于修改和废止部分规章、规范性文件的决定》于 2021 年 12 月 14 日第 17 次部常务会议审议通过，现予公布，自 2022 年 1 月 7 日起施行。"① 本次修改对多部部门规章进行了修正，改善了执法部门对模糊行为难以定性的问题，同时顺应推进了"放管服"改革、优化了营商和执法环境。

（一）对《中华人民共和国渔业船员管理办法》作出修改

对《中华人民共和国渔业船员管理办法》② 的修改旨在加强渔业船员管理，更有利于增强在国际上的竞争影响力。船员将向专业化、精英化、多功能化方向发展。具体修改内容见表 1。

---

① 参见《中华人民共和国农业农村部令 2022 年第一号》，https：//www. gov. cn/gongbao/ content/2022/content_5686034. htm，2022 年 1 月 7 日。

② 《中华人民共和国渔业船员管理办法》是根据《中华人民共和国船员条例》所制定的具体落实办法。

表1 《中华人民共和国渔业船员管理办法》修改条款

(一)将第七条第一款第一项修改为:"年满18周岁(在船实习、见习人员年满16周岁)且初次申请不超过60周岁。"
(二)将第八条第一款第二项修改为:"初次申请不超过60周岁。"
(三)将第十九条修改为:"中国籍渔业船舶的船长应当由中国籍公民担任。外国籍公民在中国籍渔业船舶上工作,应当持有所属国政府签发的相关身份证件,在我国依法取得就业许可,并按本办法的规定取得渔业船员证书。持有中华人民共和国缔结或者加入的国际条约的缔约国签发的外国职务船员证书的,应当按照国家有关规定取得承认签证。承认签证的有效期不得超过被承认职务船员证书的有效期,当被承认职务船员证书失效时,相应的承认签证自动失效。"
(四)将第二十一条修改为:"渔业船员在船工作期间,应当符合下列要求: 1. 携带有效的渔业船员证书; 2. 遵守法律法规和安全生产管理规定,遵守渔业生产作业及防治船舶污染操作规程; 3. 执行渔业船舶上的管理制度和值班规定; 4. 服从船长及上级职务船员在其职权范围内发布的命令; 5. 参加渔业船舶应急训练、演习,落实各项应急预防措施; 6. 及时报告发现的险情、事故或者影响航行、作业安全的情况; 7. 在不严重危及自身安全的情况下,尽力救助遇险人员; 8. 不得利用渔业船舶私载、超载人员和货物,不得携带违禁物品; 9. 职务船员不得在生产航次中擅自辞职、离职或者中止职务。"
(五)将第二十三条第五项修改为:"在渔业船员证书内如实记载渔业船员的履职情况。"将第六项修改为:"按规定办理渔业船舶进出港报告手续。"增加一项作为第七项:"船舶进港、出港、靠泊、离泊,通过交通密集区、危险航区等区域,或者遇有恶劣天气和海况,或者发生水上交通事故、船舶污染事故、船舶保安事件以及其他紧急情况时,应当在驾驶台值班,必要时应当直接指挥船舶。"
(六)将第四十条修改为:"违反本办法规定,以欺骗、贿赂等不正当手段取得渔业船员证书的,由渔政渔港监督管理机构吊销渔业船员证书,并处2000元以上2万元以下罚款,三年内不再受理申请人渔业船员证书申请。"
(七)将第四十一条修改为:"伪造、变造、买卖渔业船员证书的,由渔政渔港监督管理机构收缴有关证件,处2万元以上10万元以下罚款,有违法所得的,还应当没收违法所得。隐匿、篡改或者销毁有关渔业船舶、渔业船员法定证书、文书的,由渔政渔港监督管理机构处1000元以上1万元以下罚款;情节严重的,并处暂扣渔业船员证书6个月以上2年以下直至吊销渔业船员证书的处罚。"
(八)将第四十二条修改为:"渔业船员违反本办法第二十一条第一项规定,责令改正,可以处2000元以下罚款。违反本办法第二十一条第三项、第四项、第五项规定的,予以警告,情节严重的,处200元以上2000元以下罚款。违反本办法第二十一条第九项规定的,处1000元以上2万元以下罚款。"

（九）将第四十三条修改为："渔业船员违反本办法第二十一条第二项、第六项、第七项、第八项和第二十二条规定的,处 1000 元以上 1 万元以下罚款;情节严重的,并处暂扣渔业船员证书 6 个月以上 2 年以下直至吊销渔业船员证书的处罚。"
（十）将第四十五条修改为："渔业船员因违规造成责任事故,涉嫌犯罪的,及时将案件移送司法机关,依法追究刑事责任。"
（十一）将第四十六条修改为："渔业船员证书被吊销的,自被吊销之日起 2 年内,不得申请渔业船员证书。"

资料来源:作者整理。

（二）对《中华人民共和国管辖海域外国人、外国船舶渔业活动管理暂行规定》①作出修改

本次修改加强了对外国渔船在我国内水、领海、毗连区、专属经济区、大陆架进行非法捕捞或未经我国主管机关许可擅自捕鱼的处罚力度,更好地规约了侵犯中国生物资源专属权利的不法行为,对守护中国生物资源主权、推进中国渔业可持续发展具有重要意义。具体修改内容见表2。

表2 《中华人民共和国管辖海域外国人、外国船舶渔业活动管理暂行规定》修改条款

（一）将第十二条修改为："外国人、外国船舶在中华人民共和国内水、领海内有下列行为之一的,责令其离开或者将其驱逐,可处以没收渔获物、渔具并处以罚款;情节严重的,可以没收渔船。罚款按下列数额执行: 1. 从事捕捞、补给或转载渔获等渔业生产活动的,可处 50 万元以下罚款; 2. 未经批准从事生物资源调查活动的,可处 40 万元以下罚款。"
（二）将第十三条修改为："外国人、外国船舶在中华人民共和国专属经济区和大陆架有下列行为之一的,责令其离开或者将其驱逐,可处以没收渔获物、渔具,并处以罚款;情节严重的,可以没收渔船。罚款按下列数额执行。 1. 从事捕捞、补给或转载渔获等渔业生产活动的,可处 40 万元以下罚款; 2. 从事生物资源调查活动的,可处 30 万元以下罚款。"

---

① 本规定依据《中华人民共和国渔业法》《中华人民共和国专属经济区和大陆架法》《中华人民共和国领海及毗连区法》等法律法规制定而成。

（三）将第十六条修改为："未取得入渔许可进入中华人民共和国管辖水域，或取得入渔许可但航行于许可作业区域以外的外国船舶，未将渔具收入舱内或未按规定捆扎、覆盖的，中华人民共和国渔政渔港监督管理机构可处以3万元以下罚款的处罚。"

资料来源：作者整理。

三 最高人民法院发布2022年数起涉海涉渔典型案例

最高人民法院于2022年12月发布了15个生物多样性司法保护专题典型案例。① 笔者截取了其中数篇关于涉渔和保护渔业生态环境的案例，可见如今执法司法部门已将重心更多倾向于保护环境、保护生态。

（一）上海市人民检察院第三分院诉蒋某成等六人生态破坏民事公益诉讼案

1. 基本案情

2020年4月至5月期间，蒋某成、周某华联系蒋某平等三人在长江流域重点水域以及水产种质资源保护区内进行非法捕捞作业，由蒋某成、周某华统一收购渔获物，蒋某成还雇用夏某军接驳搬运渔获物并协助销售。上海铁路运输法院就此作出生效刑事判决，认定案涉六人非法捕捞长江刀鱼及凤尾鱼共计1470.9公斤，价值101673.7元，均构成非法捕捞水产品罪。经鉴定，该非法捕捞行为造成的渔业资源直接损失为101673.7元，渔业资源恢复费用为305021.1元，环境敏感区附加损失为406694.8元，共计813389.6元。

2. 裁判结果

法院认为被告在禁渔区、禁渔期使用禁用渔具从事非法捕捞，构成共同

---

① 《最高人民法院发布生物多样性司法保护典型案例》，https://www.court.gov.cn/zixun/xiangqing/381901.html，2022年12月5日。

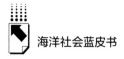

侵权，应承担连带责任。经鉴定，本案非法捕捞造成的生态环境损害包括天然渔业资源直接损失、渔业资源恢复费用，以及环境敏感区附加损失。遂判决被告承担连带赔偿生态环境损害 813389.6 元和鉴定费用 4000 元，并公开向社会赔礼道歉。

3. 典型意义

本案非法捕点位于资源保护区，地处上海市生态保护红线以内，是生态环境敏感脆弱地区。如果在这一地区进行非法捕捞，受损的渔业资源更难恢复，容易造成生物链的结构性破坏和生态系统功能的退化。人民法院依法判令侵权人在环境敏感区承担附加损失，旨在保护具有较高经济价值的水生生态，警告、威慑长江保护区内的非法捕捞活动，对于引导公众增强水生野生动物保护意识、推动绿色发展具有示范意义。

（二）北京市丰台区源头爱好者环境研究所诉石柱土家族自治县某港经济开发有限公司等生态破坏民事公益诉讼案

1. 基本案情

水磨溪湿地自然保护区于 2009 年建立，属于内陆湿地县级自然保护区，主要保护湿地生态系统和以国家一级保护植物、三峡库区特有种荷叶铁线蕨为代表的野生动植物资源。2011 年 6 月起，石柱土家族自治县某港经济开发有限公司（以下简称某港开发公司）擅自占用该保护区兴建移民生态工业园基础设施，导致该保护区湿地生态系统遭到严重破坏。2013 年，某港开发公司整体合并至石柱土家族自治县某盛经济发展有限公司（以下简称某盛开发公司），但该公司并未注销。2018 年 5 月起，石柱县人民政府启动水磨溪湿地自然保护区环境问题整改，并委托专业机构制定了生态修复方案。同年 10 月，北京市丰台区源头爱好者环境研究所提起公益诉讼，请求判令某港开发公司、某盛开发公司等停止侵权、恢复原状并赔偿生态服务功能损失。诉讼过程中，某港开发公司、某盛开发公司根据前述生态修复方案进行了整改，自然保护区内生态环境基本恢复。

2. 裁判结果

法院一审认为，某港开发公司、某盛开发公司在水磨溪湿地自然保护区内修建工业园区，严重损害湿地生态环境，应当承担侵权责任。虽然两公司在诉讼过程中已按照生态修复方案对受损生态进行了基本修复，但生态环境的功能损失客观存在，侵权人仍应予以赔偿。结合生态破坏的范围和程度、生态环境恢复的难易程度等因素，判令某港开发公司、某盛开发公司赔偿生态服务功能损失 300 万元并支付合理诉讼费用。

3. 典型意义

案件裁判时《中华人民共和国湿地保护法》尚未正式实施，法院通过环境侵权的方式责令破坏者承担恢复生态、修复受损生态的责任。目前《中华人民共和国湿地保护法》有效施行，则可以根据该法第 53 条[①]，由相关主管机构组织更好地履行保护环境之责，赋予行政机关在法定权限内更好地行使职权的权力，以保护生态资源、惩治违法破坏环境行为。

四 出台并实施多部发展规划及涉海政策

（一）发展规划

1.《红树林保护修复专项行动计划（2020—2025 年）》[②]（以下简称《行动计划》）

中国海洋生态保护和恢复工作稳步推进，开展珊瑚礁基线调查，监测评估红树林、海草床、盐沼三个主要海洋蓝碳生态系统，积极应对南海长棘海

---

① 《中华人民共和国湿地保护法》第 53 条规定：建设项目占用重要湿地，未依照本法规定恢复、重建湿地的，由县级以上人民政府林业草原主管部门责令限期恢复、重建湿地；逾期未改正的，由县级以上人民政府林业草原主管部门委托他人代为履行，所需费用由违法行为人承担，按照占用湿地的面积，处每平方米五百元以上二千元以下罚款。

② 参见《自然资源部、国家林业和草原局关于印发〈红树林保护修复专项行动计划（2020—2025年）〉的通知》，https://www.gov.cn/zhengce/zhengceku/2020-08/29/content_5538354.htm，2020年8月29日。

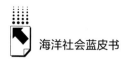

星暴发和黄海浒苔绿潮灾害。

《行动计划》坚持按照整体保护、系统恢复、综合治理的思路实施红树林保护与恢复，维护红树林栖息地的连贯性和生物多样性，实现红树林生态系统的整体保护；遵循红树林生态系统变化规律和内在机理，采取自然修复和适度人工修复相结合的方式进行生态修复，解决红树林保护与修复的突出问题，明确红树林自然保护区优先修复，建立健全红树林保护修复责任机制。

2.《海岸带生态保护和修复重大工程建设规划（2021—2035年）》

《全国重要生态系统保护和修复重大工程总体规划（2021—2035年）》于2020年6月11日由国家发展改革委和自然资源部联合印发，《海岸带生态保护和修复重大工程建设规划》是其部署的9大专项规划之一。[①] 海洋是推动碳增汇与碳减排的重要领域，自然资源部、生态环境部、农业农村部高度重视并加快推进海洋碳汇基础工作。《海岸带生态保护和修复重大工程建设规划（2021—2035年）》提出了依托海岸带生态系统修复工程提升海洋碳汇增量的目标和安排。

3.《深圳市国土空间生态保护修复规划(2021—2035年)》[②]（以下简称《规划》）

《规划》分为总则与分则，总则系统阐明了《规划》的编制目的、指导思想、基本原则以及规划范围期限和效力等问题；分则则从国土空间的不同角度、不同区域出发构建出完善的规划体系。

《规划》的总目标在于构建"四带八片多廊"生态保护格局，四带指"罗田—阳台山—大鹏半岛生态保育带""清林径—梧桐山生态保育带""珠江口—深圳湾滨海生态景观带""大鹏湾—大亚湾滨海生态景观带"；八片指"光明—观澜区域绿地""凤凰山—阳台山—长岭皮区域绿地""塘朗山—梅林山—银湖山区域绿地""平湖—甘坑—樟坑径区域绿地""梧桐山—布心山

---

① 《〈海岸带生态保护和修复重大工程建设规划〉重大问题专题成果研讨会在厦顺利召开》，http：//www.tio.org.cn/OWUP/html/zhxw/20200724/1531.html，2020年7月24日。

② 参见《市规划和自然资源局关于印发〈深圳市国土空间生态保护修复规划（2021—2035年）〉的通知》，http://pnr.sz.gov.cn/xxgk/ghjh/content/post10346003.html，2022年12月16日。

区域绿地""清林径—坪地—松子坑区域绿地""三洲田—马峦山—田头山区域绿地""大鹏半岛区域绿地";多廊则是指29条山水生态廊道网络,包括15条以山林绿地为主体的山廊和14条以河湖水系为主体的水廊。

同时,建立健全相关调查检测评估体系和国土空间生态保护修复监管系统,对实施生态保护修复的重点地区、流域和海域展开监控和评估,提升科技支撑力,为五年行动计划打下坚实基础。

(二)涉海政策

1.《浙江省自然资源厅关于规范光伏项目用海管理的意见(试行)》①(以下简称《意见》)

一是要坚持规划引领、统筹兼顾。各地的海上光伏项目②应符合规划管控,满足生态、生产、生活等各类空间管制的要求,综合考虑自然环境条件、海洋灾害隐患,兼顾其他用海行业,尤其要处理好与海水养殖、海上交通等利益相关者的关系。

二是坚持集约节约、生态优先。做好海上光伏项目空间布局引导,支持分层设权综合立体使用,鼓励远岸开发。集约节约利用海域和海岸线资源,提高资源利用效率;严守海洋生态保护红线,最大程度减少对海洋生态系统和海域自然属性的影响。

《意见》一再强调科学规划的重要性,优先在国土空间规划中允许或兼容光伏用海的功能区选址,不得损害所在规划分区的基本功能,并避免对国防安全和海上交通安全等产生影响。严禁在海洋自然保护区、重要滨海湿地等海洋生态红线以及其他相关法律法规禁止的区域内布局建设光伏项目。在开发过程中应当控制强度,避让重要自然生态空间,在资源环境承载力评估的基础上重点论证生态环境影响,实践并贯彻可持续原则。项目所在海湾涉及

---

① 《浙江省自然资源厅关于规范光伏项目用海管理的意见(试行)》,https://zrzyt.zj.gov.cn/art/2022/12/5/art_1229098242_2449904.html,2022年12月5日。
② 海上光伏项目的用海管理应当严格依据《中华人民共和国海域使用管理法》《浙江省海域使用管理条例》等有关法律法规进行管理,因地制宜、稳慎推进。

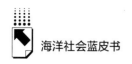
跨市县行政区域的，应征求相应海洋主管部门意见，做到互相配合、相互合作、相互制约。在已开发利用的养殖用海等适宜区域开展立体分层设权，推广生态友好型"渔光互补"等立体开发模式；在未开发利用海域建设光伏，应集约节约、远离岸线布置。同时，明确海上光伏项目的海域使用权的取得方式，并严格依照海域使用金征收和确权登记的相关规定，一次性缴纳相关支出。

2.《"中国渔政亮剑2022"系列专项执法行动方案》①（以下简称《方案》）

《方案》包括长江流域重点水域年度禁渔专项行动、海洋休渔专项行动、清理和禁止IUU渔船捕捞专项行动、水生野生动物保护和规范利用专项行动、涉渔船舶审批和船舶检查监管专项行动、黄河等重点内陆水域禁捕专项行动、水产养殖规范使用专项行动、外国渔业监管专项行动等10项具体执法行动。

《方案》深入贯彻党的十九大和农村工作会议精神，坚持问题导向、目标导向、结果导向，聚焦禁渔重点任务和渔业管理突出问题，公正明确执法，严厉打击各类涉渔违法行为，维护渔业生产秩序、渔区公平正义和国家渔业权益。为进一步规范渔业生产活动、强化渔业水域生态环境保护、全面推进乡村振兴和高质量发展做出了重要贡献。

3.《农业农村部关于调整海洋伏季休渔制度的通告》②（以下简称《通告》）

海洋伏季休渔制度是《中华人民共和国渔业法》所规定的重要的海洋渔业资源养护制度，从1995年开始实施以来，取得了卓越的成果和良好的经济环境效益，为保护我国海洋渔业资源立下汗马功劳。该制度实施20余年来，历经多次调整完善，休渔时间不断延长，休渔范围不断扩大。此次调整后，有利于加大海洋渔业资源保护力度，维护海洋伏季休渔制度的统一性、权威性，同时可以满足渔民群众生产作业需要，促进渔业资源合理利用，推进实施捕捞限额制度，提升渔业治理能力。

---

① 参见《农业农村部关于印发〈"中国渔政亮剑2022"系列专项执法行动方案〉的通知》，https://www.gov.cn/zhengce/zhengceku/2022-03/17/content_5679527.htm，2022年3月17日。
② 参见《农村农业部关于调整海洋伏季休渔制度的通告》，https://www.gov.cn/zhengce/zhengceku/2023-03/15/content_5746783.htm，2023年3月15日。

为进一步加强海洋渔业资源保护，促进生态文明和美丽中国建设，根据《中华人民共和国渔业法》有关规定和国务院相关法规的要求，本着"总体稳定、局部协调、减少矛盾、便于管理"的原则，《通告》决定调整和完善海洋季节性休渔制度。《通告》主要内容可见表3。

表3　农业农村部关于调整海洋伏季休渔制度的通告

休渔海域	休渔时间
渤海、黄海、东海、北纬12度以北的南海	北纬35度以北的渤海和黄海海域为5月1日12时至9月1日12时
	北纬35度至26度30分之间的黄海和东海海域为5月1日12时至9月16日12时
	北纬26度30分至北纬12度的东海和南海海域为5月1日12时至8月16日12时
	桁杆拖虾、笼壶类、刺网和灯光围（敷）网休渔时间为5月1日12时至8月1日12时
	小型张网渔船从5月1日12时起休渔，时间不少于三个月，休渔结束时间由沿海各省、自治区、直辖市渔业主管部门确定，报农业农村部备案

资料来源：笔者整理。

五　国际海洋法制发展的中国参与

（一）国际可持续渔业的最新政策发展

2022年，农业农村部发布了《"十四五"全国渔业发展规划》《关于加强水生生物资源养护的指导意见》等政策文件，提出以高质量发展为主要目标，根据我国渔业发展和管理实际，借鉴国际管理经验，进一步完善休禁渔、限额捕捞、总量管理等制度，建立养护与利用结合、投入和产出并重的管理机制，推进渔船渔港管理制度改革，加强执法监管。

为推动我国可持续渔业的发展，NRDC[①]根据公开资料梳理了重点渔业国家和地区2022年相关政策方面的进展，供决策部门参考。总体来看，各

---

① NRDC（Natural Resource Defense Council）即自然资源保护协会，是一家国际公益环保组织，成立于1970年。NRDC拥有700多名员工，以科学、法律、政策方面的专家为主力。

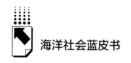

国都在推进可持续渔业的发展，加强与打击非法、不报告和不受管制（IUU）捕捞相关的监测、执法和可追溯制度，扩展和完善限额捕捞（TAC）管理，并在坚持渔业生态可持续原则基础上增加对社会和经济维度、管理效率以及应对气候变化等要素的考虑。

例如，2022年6月，欧盟委员会发布《欧盟迈向更可持续的渔业：现状和2023年方向》中指出：欧盟水域的渔业种群状态总体改善，东北大西洋首次实现了最大可持续产出水平之上的可持续捕捞；地中海的捕捞死亡率降至2023年以来最低，然而波罗的海的渔业种群状态岌岌可危甚至出现倒退的情况。①

（二）《中华人民共和国和菲律宾共和国联合声明》②（以下简称《声明》）

《声明》中有大量关于两国之间涉海问题的合作以及商议内容。两国元首重申1975年中菲建交联合公报等文件精神，包括通过和平方式解决一切争端、相互尊重国家主权和领土完整、互不干涉内政等。就南海问题，两国元首表示应当不计前嫌，共谋区域间的和平共同稳定发展，两国就南海局势深入坦诚交换意见，强调南海争议不是双边关系的全部，同意妥善管控分歧。双方重申维护及促进地区和平稳定、南海航行和飞越自由的重要性，同意在《南海各方行为宣言》以及《联合国宪章》和1982年《联合国海洋法公约》基础上，以和平方式处理争议。南海问题是《联合国海洋法公约》的争端焦点，双方明确表示将以和平方式解决问题，这不仅符合《联合国海洋法公约》序言③中和平处理海洋争端的愿景，也契合《联合国宪章》的

---

① 参见《国际可持续渔业的最新政策进展》，http：//www.nrdc.cn/news/newsinfo？id=1009&cook=2，2023年3月14日。
② 参见《中华人民共和国和菲律宾共和国联合声明》，http://www.moj.gov.cn/pub/sfbgw/gwxw/ttxw/202301/t20230105470255.html，2023年1月5日。
③ 《联合国海洋法公约》序言：……本着以相互谅解和合作的精神解决与海洋法有关的一切问题的愿望，并且认识到本公约对于维护和平、正义和全世界人民的进步作出重要贡献的历史意义……

宗旨目的。

双方同意进一步扩大环境保护、海洋经济等领域涉海务实合作，加强海洋垃圾、微塑料治理等领域合作，致力于在两国沿海城市间建立合作伙伴关系。

（三）联合国《生物多样性公约》日内瓦会议的中国参与

2022 年 3 月 12~29 日，联合国《生物多样性公约》（简称 CBD）会议在瑞士日内瓦召开。自然资源部海洋发展战略研究所所长、副研究员以及海洋减灾中心高级工程师作为中国政府代表团成员与会，参与涉海议题磋商。

本次会议是 CBD 第十五次缔约方大会（COP15）第二阶段会议的预备会议，中国政府代表团围绕各议题积极参与磋商，全面阐述我国在相关问题上的原则立场，并发挥主席国协调作用，呼吁各缔约方聚焦重点，共同努力推动达成平衡的"框架"。自然资源部代表重点参与"框架"的涉海问题以及"海洋与沿海生物多样性养护与可持续利用""具有重要生态学或生物学意义的海洋区域"等问题的磋商，全面阐述了我国立场和观点，并对相关文案草案提出修改建议、贡献中国方案。

2022 年 12 月 15 日，国家主席习近平以视频方式向在加拿大蒙特利尔举行的《生物多样性公约》第十五次缔约方大会第二阶段高级别会议开幕式致辞。[①] 习近平在开幕词中指出，人类是命运共同体。我们要凝聚生物多样性保护全球共识、推进生物多样性保护全球进程、维护公平合理的生物多样性保护全球秩序。

《生物多样性公约》第十五次缔约方大会（CBD COP15）、《卡塔赫纳生物安全议定书》第十次缔约方大会（CP-MOP10）和《名古屋议定书》第四次缔约方大会（NP-MOP4）（合称"联合国生物多样性大会"）第二阶

---

① 参见《习近平向〈生物多样性公约〉第十五次缔约方大会第二阶段高级别会议开幕式致辞》，https://mp.weixin.qq.com/s?__biz=MzI3MjM1NDIxNQ==&mid=2247484576&idx=1&sn=4708bf639177644475b0a6d6480185c2&chksm=eb329a68dc45137e64aee072144ac5adfcc0d3d49a143bc453dd49d8d798995944ab15298ad&scene=21#wechat_redirect，2022 年 12 月 16 日。

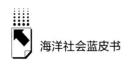

段会议于蒙特利尔时间 2022 年 12 月 20 日凌晨 1 点（北京时间 12 月 20 日 14 点）休会，会议通过了具有里程碑意义的《昆明-蒙特利尔全球生物多样性框架》（以下简称《昆蒙框架》）以及相关的一揽子文件。

《昆蒙框架》主要包括序言部分、两个阶段目标以及其他内容。[①] 序言由缔约背景、缔约宗旨等部分组成；两个阶段目标包括至 2030 年全球生物多样治理工作方略和 2050 年全球长期目标；其他内容则对资金技术能力、监测报告检查机制以及沟通和对外传播《昆蒙框架》做出了原则要求。《昆蒙框架》的达成在《生物多样性公约》进程中具有重要意义，各缔约国需要根据国家需求，采取措施执行《昆蒙框架》。对此，我国应当制定相关法律和政策以提升对于生物多样性的保护和可持续利用；强化监测和评估程序以达到《昆蒙框架》所确定的各项指标；增强对外传播交流，发展全社会参与生物多样性保护和可持续发展。

《卡塔赫纳生物安全议定书》作为《生物多样性公约》的补充协议，于 2003 年 9 月 11 日生效。该议定书旨在保护生物多样性免受现代生物技术产生的改性活生物体所带来的潜在风险。该议定书提到了预防方法，并重申了《里约环境与发展宣言》原则十五中的预防措辞。该议定书还建立了一个生物安全信息交流中心，以促进关于改性活生物体的信息交流，并协助各国执行该议定书。《卡塔赫纳生物安全议定书》第十次缔约方大会主要就预算、行动计划、检测报告、财政机制和资源方案、风险评估和管理、赔偿责任等细节进行了商议。

《生物多样性公约》COP15-2 续会于 2023 年 10 月 19~20 日在肯尼亚内罗毕举行。这既是《生物多样性公约》第十五次缔约方大会第二阶段会议续会，又是《卡塔赫纳生物安全议定书》缔约方专题会议第十次会议续会，还是《关于获取遗传资源和公正公平分享其利用所产生惠益的名古屋协定书》缔约方会议第四次会议续会。

---

① 参见徐靖、王金洲《〈昆明-蒙特利尔全球生物多样性框架〉主要内容及其影响》，《生物多样性》2023 年第 4 期。

专 题 篇
Special Topics

B.7
2022年中国全球海洋中心城市发展报告

摘 要： 近年来，深圳、上海、广州、大连、天津、青岛、宁波、舟山、厦门九个城市均加快了全球海洋中心城市建设，海洋创新平台建设力度加大，现代海洋产业提质增效，海洋综合管理强化。同时，全球海洋中心城市建设也存在着海洋科技水平落后，成果转化率低；海洋经济发展不充分、不平衡、不协调，海洋产业结构不完善；高影响力海洋交流平台与海洋治理相关国际组织较少，国际海洋事务参与度不高；海洋文化影响力不足，文化优势难以转化成海洋经济动力来源等问题。推进和加快全球海洋中心城市建设，必须实行科技创新驱动，自力更生巩固海洋科教基础；推动海洋产业的转型和区域海洋经济的和谐发展；积极介入国际海

---

* 崔凤，哲学博士、社会学博士后，上海海洋大学海洋生物资源与管理学院副院长，教授、博士生导师，研究方向为海洋社会学、环境社会学、社会政策、环境社会工作；孙辰宸，上海海洋大学海洋文化与法律学院2022级硕士研究生，研究方向为渔业环境保护与治理。

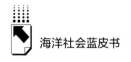

洋事务，增强国际影响力；兼顾软实力建设，全方位提升海洋综
合实力。

关键词： 全球海洋中心城市　海洋强国　海洋治理

2022 年，我国全球海洋中心城市建设速度加快，特别是青岛、深圳等
城市不断加大海洋创新平台建设力度，推动现代海洋产业提质增效，强化海
洋综合管理。在取得了一些成就的同时，全球海洋中心城市建设依然存在一
定的问题。

一　全球海洋中心城市建设的措施和成就

（一）全球海洋中心城市建设速度加快

2022 年初，青岛市为促进全市海洋经济高质量发展，创新性地推出精
准支持海洋经济发展的综合性产业政策《青岛市支持海洋经济高质量发展
15 条政策》。青岛市第十三次党代会提出"打造六个城市定位"，其中之一
就是"打造引领型现代海洋城市"，同时，市第十三次党代会部署出台了
《青岛市打造引领型现代海洋城市五年规划（2022—2026 年）》和《青岛
市打造引领型现代海洋城市三年行动方案（2022—2024 年）》，加快将青岛
建设成为海洋科技领先、海洋产业繁荣的引领型现代海洋城市，并积极推出
首个激励海洋人才创新创业的人才政策《青岛市现代海洋英才激励办法》。
青岛市还研究编制了引领型现代海洋城市指标体系，加快推进全国首个联合
国"海洋十年"合作中心建设，发布全国首个海洋经济运行监测与评估智
慧管理平台，探索与太平洋岛国开展渔业合作。2022 年，青岛市海洋生产
总值增长 7% 以上，总量超过 5000 亿元，占全市 GDP 比重超过 30%，稳居

沿海同类城市首位。①

2022 年 6 月,《深圳市海洋经济发展"十四五"规划》《深圳市培育发展海洋产业集群行动计划(2022—2025)》相继发布,将推进深圳海洋经济、海洋平台、海洋产业、海洋文明及海洋合作新一轮高质量发展。深圳市还发布了《深圳市现代渔业发展规划(2022—2025 年)》,明确指出要着力推动深圳现代渔业高质量发展,加快建设具有国际吸引力、竞争力、影响力的创造型现代渔业之都。2022 年,深圳海洋生产总值 3128.55 亿元,同比增长 3.9%,占 GDP 比重达 9.7%,涉海企业增至近 3 万家,海洋生产总值增速、占 GDP 比重两个指标显著高于全国水平。②

宁波市委市政府 2022 年 3 月印发《宁波市加快发展海洋经济 建设全球海洋中心城市行动纲要(2021—2025 年)》,提出构建"一核、三湾、六片"的陆海统筹发展新格局,加快建设全球海洋中心城市的进程。宁波市海洋生产总值从 2003 年的 177.4 亿元攀升至 2022 年的 2307 亿元,年均增速达 14.4%,占全市 GDP 比重达 14.7%,占全省海洋经济增加值比重达 21%,排名全省第一。③

2022 年 12 月,舟山市人民政府出台《舟山远洋渔业高质量发展三年攻坚行动方案(2023—2025)》《进一步加快推进舟山市远洋渔业高质量发展若干政策》,助力推动新时期舟山远洋渔业高质量发展,加快完成"打造中国远洋渔业第一市"的目标。

浙江省第十五次党代会报告指出要"推动宁波舟山共建海洋中心城市"。2023 年 1 月 16 日,两地市政府共同召开"宁波舟山共建海洋中心城

---

① 《5014.4 亿元! 看青岛"经略海洋"答卷》,http://qdlg.qingdao.gov.cn/xwzx_112/xwzx_112/202306/t20230609_7220649.shtml,2023 年 6 月 9 日。

② 《深圳近 3 万涉海企业掘金深蓝,全市海洋总产值去年突破 3000 亿元》,https://new.qq.com/rain/a/20230508A01TKQ00,2023 年 5 月 8 日。

③ 《推进港产城文融合发展 加快建设现代海洋城市——访宁波市发展和改革委员会主任何国强》,http://fgw.ningbo.gov.cn/art/2023/5/19/art_1229019915_58963507.html,2023 年 5 月 19 日。

市推进会"视频会议，为新的融合发展谋篇布局。① 2022 年 3 月，甬舟一体化联合办公室印发《宁波舟山一体化发展 2022 年工作要点》，提出依托甬舟合作先行区，在基础设施互联互通、产业创新协同发展、社会民生普惠共享、社会管理共商共治、对外开放创新合作等方面加强全方位、多领域、深层次合作，合力建设全球海洋中心城市。② 作为沪舟甬跨海通道重要组成部分的宁波舟山港主通道已建成通车；甬舟铁路、甬舟高速公路复线金塘至大沙段、六横公路大桥均在 2022 年 11 月开工建设。③

《2023 年大连市政府工作报告》再次提出，要把"打造海洋强市"作为全市重点发展方向④；辽宁省在同年的政府工作报告中也明确提出，要"强力推动以大连为龙头的沿海经济带高质量发展，支持大连建设海洋强市"⑤。大连市还制定出台了《大连海洋强市建设三年行动方案（2022—2024）》和《大连海洋强市建设 2022 年工作要点》，开展了支持海洋经济高质量发展的政策研究，积极筹建大连海洋领域项目库，并启动编制《大连海洋发展重点项目清单》。

（二）海洋创新平台建设力度加大

2023 年 1 月 11 日，青岛市海洋发展局在其发布的 2022 年工作总结和 2023 年工作思路中提出，青岛"深海三大平台"建设作为国家"蛟龙探海

① 《宁波舟山共建海洋中心城市推进会召开》，https：//www.zhoushan.gov.cn/art/2023/1/20/art_1276165_59082746.html，2023 年 1 月 20 日。
② 《甬舟一体化 42 项年度任务来了 2022 年宁波这样干》，http：//zyhzj.ningbo.gov.cn/art/2022/3/17/art_1229144782_58898462.html，2022 年 3 月 17 日。
③ 《甬舟这样锚定"海洋中心"》，http：//fgw.ningbo.gov.cn/art/2023/1/17/art_1229662413_58962581.html，2023 年 1 月 17 日。
④ 《2023 年大连市政府工作报告》，https：//www.ln.gov.cn/web/zwgkx/zfgzbg/shizfgzbg/dls/8A5F4D41AB7C4F568363D4062277259A/index.shtml，2023 年 1 月 16 日。
⑤ 《2023 年省政府工作报告——2023 年 1 月 12 日在辽宁省第十四届人民代表大会第一次会议上》，https：//www.ln.gov.cn/web/zwgkx/zfgzbg/szfgzbg/EE9395E0C27941F89E476E1B07369A44/index.shtml，2023 年 1 月 12 日。

二期"项目内容之一,被纳入国家"十四五"规划重大工程项目清单。① 青岛市海洋发展局支持中国海洋工程研究院(青岛)建设,制定并贯彻《关于支持建设中国海洋工程研究院(青岛)推动海洋科技创新发展的意见》,加快推进我国海洋科学与技术创新发展;筹建全国首家自然碳汇领域交易中心,成立"自然碳汇研究院(青岛)有限公司",交易软件系统研发基本完成;联合中国海洋大学、黄海水产研究所等科研院校和市重点水产苗种企业,组建中国蓝色种业研究院(青岛);成立蓝色金融发展联盟,着力提升青岛海洋经济高质量发展水平,不断深入建设引领型现代海洋城市;在2022年山东省海洋科技创新奖评选中,青岛市奖项占比达60%。②

近年来,厦门市的中国科学院第三海洋研究所在海洋药物和生物制品领域中,有30余项成果实现转化应用,与130余家单位开展产学研合作,以共建联合实验室、选派科技特派员等合作模式为企业提供服务,促进一批面向大众的海洋功能食品、饮料、保健品以及医用级壳聚糖、岩藻黄质等原料走向市场。③ 由厦门南方海洋研究中心秘书处创建了海洋产业公共服务平台并发布了共享机制,有效地解决了企业科研设备短缺、高校和科研机构重复建设的难题。南方海洋创业创新基地则作为"厦门市级科技企业孵化器"和"福建省级专家服务基地",吸引55个涉海项目入驻,累计产值约1.45亿元,入驻企业和团队共取得专利58个,建成生产线8条。④ 2022年4月,海洋负排放国际大科学计划总部落地厦门,为实现海洋负排放的重大技术突破提供了智慧方案,推动了海洋碳汇国际核算标准体系的发展。

---

① 《海洋经济"驶"向纵深,"蓝色青岛"活力更足》,http://qdsq.qingdao.gov.cn/xwdt_86/jjqd_86/202211/t20221129_6524373.shtml,2022年11月29日。

② 《青岛市海洋发展局2022年工作总结和2023年工作思路》,http://www.qingdao.gov.cn/zwgk/xxgk/hyfz/gkml/ghjh/202301/t20230111_6600487.shtml,2023年1月11日。

③ 《向海逐浪 厦门强力打造海洋科技创新示范体系——厦门海洋高新产业"政产学研用"融合模式探析》,https://www.zgswcn.com/article/202306/202306090916011003.html,2023年6月9日。

④ 《向海逐浪 厦门强力打造海洋科技创新示范体系——厦门海洋高新产业"政产学研用"融合模式探析》,https://www.zgswcn.com/article/202306/202306090916011003.html,2023年6月9日。

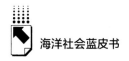

深圳对标世界一流，不断强化国际海洋领域合作，提升海洋科技创新能力。清华大学国际研究生院、南方科技大学、深圳大学、哈尔滨工业大学（深圳）、鹏城实验室等科研机构和高校均拓展海洋领域研究，已建及在建国家、省、市级涉海创新载体约70个，以涉海龙头企业和高校科研院所为引领、各级各类创新载体为补充的创新平台体系渐趋完善①；推动组建国家深海科考中心，提升海洋科技创新能力。深圳致力于打造海洋拔尖创新人才培养基地、海洋科技创新高地，以提升深圳在海洋领域的国际影响力。

宁波、舟山两地每年联合出台《甬舟人才一体化发展重点任务》，持续推进人才服务同城化，对入驻的舟山人才企业给予"不改变注册地、三年租金补贴"等优惠政策，累计吸引超过17家舟山高层次人才企业入驻宁波，常驻办公人员中硕士、博士人才占比约50%。② 结合两地创新资源优势和产业发展需求，中科院宁波材料所中试基地落户舟山市岱山县，该基地旨在实现"创新链、产业链、资金链"三链融合。宁海县与位于舟山的浙江省海洋开发研究院两地共建海洋生物产业中试基地，积极实现技术成果产业化。以海洋生物产业为重心的海洋生物医药基地共建也在推进中，两地共同推进海洋生物资源领域的全面合作。③

自然资源部天津临港海水淡化与综合利用示范基地项目于2022年9月在一期中试实验区完成验收工作，这个基地是全国最大规模的海水淡化与综合利用示范基地，目前已基本具备投用条件。④ 该基地的建成也将提升天津海水淡化科技创新水平，依托该示范基地建设的国内首个集研发、测试、检

---

① 《深圳市政府新闻办新闻发布会（2022中国海洋经济博览会暨深圳国际海洋周）文字实录》，http：//www.sz.gov.cn/cn/xxgk/xwfyr/wqhg/20221110/zB/content/post_10228728.html，2022年11月10日。

② 《甬舟一体化，"亲如一家"渐行渐近》，http：//zcom.zj.gov.cn/art/2022/8/30/art_1384592_58936761.html，2022年8月30日。

③ 《甬舟一体化，"亲如一家"渐行渐近》，http：//zcom.zj.gov.cn/art/2022/8/30/art_1384592_58936761.html，2022年8月30日。

④ 《天津临港海水淡化示范基地加快建设》，https：//www.mnr.gov.cn/dt/hy/202210/t20221010_2761427.html，2022年10月10日。

测、验证于一体的"新型海水淡化装备创新孵化平台"也将促进优势产业资源向临港区域聚集。

2022年，广州海洋产业创新联盟成立，支撑广州打造全球海洋中心城市，对标国际领先水平。联盟首批发起单位共30家，涵盖广州市城市规划勘测设计研究院、21世纪经济报道、广东省粤科金融集团、广州中海达卫星导航技术股份有限公司等涉海企业，以及广州航海学院、中国科学院南海海洋研究所等涉海高校和科研院所，将成为广州推动海洋产业创新发展、促进交流合作的重要平台。①

上海自建设全球海洋中心城市以来逐步打造了临港、长兴岛两大海洋产业支柱，其发展驱动效应突出：临港逐步成为海洋工程装备产业和战略性新兴产业集聚区域，在特种船舶、海底观测和探测设备等领域获得了遥遥领先的产品成果；长兴岛则是中国重要的船舶、海洋装备制造基地，江南造船、沪东中华等产业基地均集聚于此。②

（三）现代海洋产业提质增效

2022年，青岛全力推进总投资2000多亿元的88个海洋重点项目建设。据统计，2022年1~10月，青岛海洋重点项目开工在建率达93.2%，年度累计完成投资308.4亿元，投资完成率130.9%。③ 全球首艘10万吨级智慧渔业大型养殖工船"国信1号"交付运营，获全国首个养殖工船运营管理试点，首批大黄鱼已经起捕上市④，我国深远海人型养殖工船产业实现了由0到1的突破性发展。我国唯一的国家级深海生态养殖试验区不断创新发展，

---

① 《千年商港向海而兴 广州加快建设海洋强市》，https：//www.gz.gov.cn/zt/nsygahzfa/gzxd/content/mpost_8997201.html，2023年5月25日。
② 《临港打造世界级海洋智能产业集群》，https：//www.shanghai.gov.cn/nw15343/20210312/e941ffb2a4ea4dd7ac04f0fca9b5f161.html，2021年3月12日。
③ 《海洋经济"驶"向纵深，"蓝色青岛"活力更足》，http：//qdsq.qingdao.gov.cn/xwdt_86/jjqd_86/202211/t20221129_6524373.shtml，2022年11月29日。
④ 《世界首艘！10万吨级智慧渔业大型养殖工船"国信1号"交付运营 走向深蓝的"海上粮仓"》，https：//www.ccdi.gov.cn/yaowenn/202206/t20220606_197264.html，2022年6月6日。

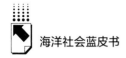

实现了世界上首次低纬度大西洋鲑鱼的大规模捕捞。青岛制定了《青岛市海洋牧场管理条例》，完成了18个国家级海洋牧场示范区建设，并新增加2个；深化"走出去"战略，支持建设马达加斯加最大、最先进的冷链基地项目。亚洲第一个圆柱形FPSO是世界上自动化、智能化、数字化水平最高、设计理念最先进的一种浮式生产储卸油装置。其在青岛建成并交付，标志着我国已完全掌握了各类型FPSO的建造和集成总装工艺，对于推动我国成为制造强国具有十分重要的意义。[1] 青岛编制《青岛市海水淡化项目建设奖补政策实施细则（试行）》，青岛水淡化设计研究院（国内第一个海淡工业设计研究院）正式成立，并成功发行了国内第一单蓝色债券，其海水淡化运营规模达30万吨/日，是国内海水淡化规模最大的投资运营商[2]，旨在为国内海水淡化产业协同发展提供智力支撑，推进海水淡化规模化利用，促进全国海水淡化产业高质量发展。

厦门市通过核心技术的突破，将产业链上的各种资源集中起来，构建起"两带三园"的新型海洋战略新兴产业发展模式，以厦门海洋高新技术产业园和厦门水产种子公司为依托，引进了29个市级投资平台，总投资额达50.22亿元；新签21个项目，总投资40.84亿元，为厦门"强链补链"提供了强有力的支撑。厦门于2022年通过了《厦门海洋高新产业园控制性详细规划》，提出以二产为主、三产为辅，建设10.27平方公里的海洋高新技术产业示范区。

深圳在传统产业持续转型升级的同时，加快了港口的扩容和智能化、绿色化升级，妈湾的5G绿色智慧港和盐田港的5G智能港口相继建成并投入运营，进一步夯实了深圳国际航运中心的地位。2022年，南海东部油田年产油气首次突破2000万吨油当量，较上年增产超过220万吨油当量，海洋

---

① 《我国建造的最大圆筒型FPSO完工交付》，http://www.chinacpc.com.cn/info/2022-11-29/news_6869.html，2022年11月29日。

② 《全国首家海淡产业研究院在青挂牌成立》，http://www.shandong.gov.cn/art/2022/2/23/art_116200_525428.html，2022年2月23日。

原油产量较上年增长 8.0%[1]；全省沿海港口货物吞吐量 175517 万吨，集装箱吞吐量 6490 万标准箱，稳居全国首位[2]；对共建"一带一路"国家进出口总额约 2.25 万亿元，同比增长 10.3%，位居全国前列[3]；2022 中国海洋经济博览会达成签约及意向合作 420 余项，金额 193 亿元[4]。

深圳的海洋产业发展重点已从传统的石油和天然气海洋工程扩展到了海上风力发电等新兴海洋能源领域，全球最大的海上风力发电打桩船"三航桩 20 号"以及"长山号""舟山号"波浪发电装置顺利交付，中集集团自主研发的"蓝鲸"系列和汇川科技自主研发的国内第一套变频器设备也成功应用。深圳还聚焦海洋科技与产业融合，加速陆海统筹，向深海感知与探测、海洋电子信息、水下智能机器人、海洋大数据、水下无线通信等领域发展；同时充分发展海洋现代服务业，加快筹建国际海洋开发银行，初步构建起以海洋融资、海洋保险、海洋信贷、海事法律、检测认证等为主的海洋现代服务业支撑体系[5]。而四部门联合下发《关于印发深圳银行业保险业推动蓝色金融发展的指导意见》意味着深圳绿色航运基金将率先落地[6]。

广州海洋经济产业结构呈"三二一"稳定状态。海洋第三产业对海洋经济增长的拉动作用最大，涉海企业数量超过 2.9 万家，省级"专精特新"企业 80 余家。广州传统海洋产业竞争力比较强，海洋旅游业、海洋交通运

① 《中国海油南海东部油田年产油气突破 2000 万吨油当量》，http：//obor. nea. gov. cn/detail2/18746. html，2022 年 12 月 30 日。
② 《深圳推动"全球海洋中心城市"建设》，http：//www. sz. gov. cn/cn/xxgk/zfxxgj/content/post 10637951. html，2023 年 6 月 8 日。
③ 《深圳与"一带一路"沿线国家贸易额创新高》，http：//www. sz. gov. cn/cn/xxgk/zfxxgj/zwdt/content/post_10830427. html，2023 年 9 月 12 日。
④ 《深圳市政府新闻办新闻发布会（2022 中国海洋经济博览会暨深圳国际海洋周）文字实录》，http：//www. sz. gov. cn/cn/xxgk/xwfyr/wqhg/20221110/zB/content/post _ 10228728. html，2022 年 11 月 10 日。
⑤ 《全球海洋中心城市建设开新局创未来》，http：//www. sz. gov. cn/cn/xxgk/zfxxgj/zwdt/content/post_10054158. html，2022 年 8 月 26 日。
⑥ 《首场渔业招商大会"渔获"满满》，http：//www. sz. gov. cn/cn/xxgk/zfxxgj/zwdt/content/post_10584443. html，2023 年 5 月 11 日。

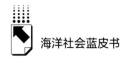

输业、海洋批发零售业增加值占海洋生产总值比重达 50%。①

2022 年 3 月，宁波舟山港的高端海洋能源装备系统应用示范项目临时码头工程顺利通过交工验收，解决了浙江省智能海底电缆建设材料、生产设备的运输难题；北仑港区通达 7 号 10 万吨级集装箱泊位通过对外启用验收，设计年吞吐量 63.6 万标准箱，将进一步提高港口的加工和贸易服务水平。②2022 年，宁波舟山港货物吞吐量达 12.6 亿吨、集装箱吞吐量达 3335 万标准箱，稳居全球港口第一位和第三位，"宁波舟山"连续两年跻身国际航运中心全球十强。③

（四）海洋综合管理强化

青岛完成国家海域使用金非税划转试点任务，出台《关于进一步推进海域使用权抵押贷款工作的意见》，探索海域使用权立体分层设权，提高海域资源利用效率。实施"蓝色海湾"整治行动，灵山岛海洋生态修复项目通过国家评审，争取中央资金 4 亿元。开展禁养区、限养区清理整治，组织完成胶州湾滩涂环境整治可行性研究；开展"净湾行动"，保障胶州湾贝类养殖安全；坚决打好浒苔处置"主动仗"，构筑前置打捞防线，实施标准化外海投放，累计出动船只 1.34 万艘次，打捞清理浒苔 30.58 万吨。持续开展渔业资源增殖放流，投入资金 1097 万元，完成放流苗种 6.7 亿单位。④2022 年 11 月 24 日，青岛率先推出"海洋经济运行监测与评价智能管理平

① 《千年商港向海而兴 广州加快建设海洋强市》，https://www.gz.gov.cn/zt/nsygahzfa/gzxd/content/mpost_8997201.html，2023 年 5 月 25 日。
② 《建设全球海洋中心城市 宁波如何发力？》，http://kab.ningbo.gov.cn/art/2022/3/21/art_1229104354_58893740.html，2022 年 3 月 21 日。
③ 《2022 年宁波口岸年鉴》，http://zjjcmspublic.oss-cn-hangzhou-zwynet-d01-a.internet.cloud.zj.gov.cn/jcms_files/jcms1/web3443/site/attach/0/eeaf2026204146e09e5aa890a42bb8a7.pdf，2023 年 6 月 28 日。
④ 《青岛市海洋发展局 2022 年工作总结和 2023 年工作思路》，https://ocean.qingdao.gov.cn/zfxxgk/gzbg/202301/t20230111_6600419.shtml，2023 年 1 月 11 日。

台"，实现了对青岛市海洋经济运行监测与评价的全链条、全过程管控与应用①，为推进我国海洋经济运行监测与评价工作迈入数字时代、服务于世界海洋中心城市建设提供助力。

深圳不断完善海洋空间规划体系，构建以国土空间规划（海洋）和重点海域详细规划两层级法定规划为框架、以专项规划为支撑的海洋空间规划体系，印发实施《深圳海岸带综合保护与利用规划》，完成海洋"两空间一红线"试划，推进重点海域详细规划编制，研究完成《无居民海岛保护利用标准与准则》②，旨在保护无居民海岛的海洋生态环境，促进海洋资源合理利用。推进《深圳经济特区海域使用管理条例》的颁布，为深圳市海域管理提供基础性、纲领性法律法规，同时制定《深圳市海域使用权招标拍卖挂牌出让管理办法》《深圳市沙滩资源保护管理办法》《深圳市海域管理范围划定管理办法》等一系列配套制度，进一步完善了我国海洋管理法规体系。未来，深圳将继续加强海洋生态保护，构建"海域-流域-陆域"一体化的海洋生态保护总体格局，并建立首个国家级海洋牧场示范基地，启动福田红树林国家级湿地保护和修复项目等。

截至2022年底，浙江省90%以上的远洋渔船都在舟山，舟山有远洋渔业资格的企业共37家，远洋渔船达620艘，均为全国地级市之最；年捕捞量67.51万吨，约占全国的30.1%，全年远洋渔业全产业链总产值达350亿元，地位影响位居全国前列。③2022年，宁波、舟山两地开展了渔政联合执法行动，共开展联合执法行动4次，登临检查渔船78艘，立案查处安全违规渔船26艘，驱离在公共航路上生产渔船11艘。④

---

① 《海洋经济"驶"向纵深，"蓝色青岛"活力更足》，http://qdsq.qingdao.gov.cn/xwdt_86/jjqd_86/202211/t20221129_6524373.shtml，2022年11月29日。

② 《全球海洋中心城市建设开新局创未来》，http://www.sz.gov.cn/cn/xxgk/zfxxgj/zwdt/content/post_10054158.html，2022年8月26日。

③ 《〈舟山市人民政府办公室关于印发进一步加快推进舟山市远洋渔业高质量发展若干政策的通知〉政策解读》，https://www.zhoushan.gov.cn/art/2022/12/28/art_1229286717_1650099.html，2022年12月28日。

④ 《甬舟一体化，"亲如一家"渐行渐近》，http://zcom.zj.gov.cn/art/2022/8/30/art_1384592_58936761.html，2022年8月30日。

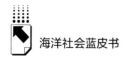

2022 年，大连积极推动海洋发展管理体制改革，设立市委海洋发展委员会，组建大连市海洋发展局，召开市委海洋发展委员会第一次会议，对各部门进行了优化重组，修订了《中共大连市委海洋发展委员会工作规则》《中共大连市委海洋发展委员会办公室工作细则》[1]，确保了各项工作的规范、高效、有序开展。推动建立市县两级党委海洋发展议事协调机构工作体系，加快形成上下联动、协同作战的海洋统筹工作新格局。

二　全球海洋中心城市建设过程中存在的问题

2022 年，中国全球海洋中心城市建设取得了较为明显的成就，但不可否认的是，中国全球海洋中心城市的建设过程中还存在着一些问题。

（一）海洋科技水平落后，成果转化率低

海洋科技创新能力是全球海洋中心城市建设的动力，西方国家海洋科技对海洋经济增长的贡献率已达到 60% 以上，海洋科技是海洋开发的主导力量，但中国海洋科技对海洋经济的贡献率多年来一直徘徊在 30% 左右[2]，海洋科技自主创新能力相对较弱、竞争力不强。2017~2022 年我国海洋生产总值情况如图 1 所示。科学技术是第一生产力，海洋科技创新是构建全球海洋中心城市发展新格局的根本支撑，全球海洋中心城市的竞争力较量离不开海洋科技的创新与进步。

一方面，我国海洋科技基础较弱，自主创新能力不足，具有高技术含量、能够创造高附加值产品且适应市场需求的成果较少；另一方面，促成成果转化的中间环节的作用没有得到充分体现，科技中介服务体系存在较多问题。目前，上海、青岛、深圳的海洋科技实力水平排名靠前，宁波、舟山现

---

① 《向海图强谱新篇——大连市深入推进海洋经济高质量发展纪实》，https：//lndj. gov. cn/portaluploads/html/info/45724. html，2023 年 3 月 10 日。

② 《我国海洋经济高质量发展存在的问题》，https：//aoc. ouc. edu. cn/_t719/2023/0301/c9821a424672/page. htm，2023 年 2 月 6 日。

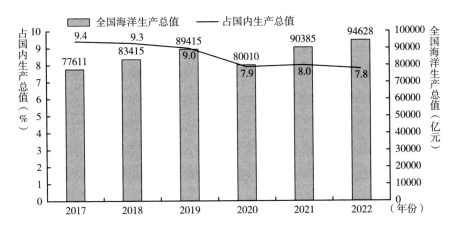

图1 2017～2022年我国海洋生产总值

数据来源：2017～2022年《中国海洋经济统计公报》。

有的海洋科技比较稚嫩，政府对海洋科技的资金投入还有待提高，海洋科技创新人才和科研项目少；缺乏有效的国家政策对海洋科技创新的扶持，一直以来都是以比较粗放的方式发展海洋经济，且以技术为主要支撑的海洋高新技术产业和海洋服务产业的发展相对比较滞后，导致海洋经济发展缓慢。[①]我国多数城市在新型海洋船舶及工程装备设计、海洋新能源开发、新型海洋观测设备研发、海洋空间利用及深海装备研制等领域均存在严重的人才短缺问题。在这一制约下，我国海洋观测体系高科技配套设备的整体研发能力严重不足，在深海和极地的探测与利用能力相对滞后。目前，我国海洋科技人才队伍的不足严重影响了我国海洋科研水平的提高，同时也限制了海洋新兴产业的发展和未来产业的布局。要加强海洋企业在科技创新中的主导作用。尽管国家已从战略性角度将海洋科技创新企业定位在主体地位，但大部分涉海企业仍面临着创新意识薄弱、创新动力不足、创新成效不明显等问题。目前，我国海洋科技发展还不够成熟，国家在海洋科技方面的经费投入还不够多，研究课题和创新人才也不够多；由于缺少有效的支持海洋科技创新的政

---

① 《我国海洋经济高质量发展存在的问题》，https：//aoc. ouc. edu. cn/_t719/2023/0301/c9821a424672/page. htm，2023年2月6日。

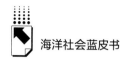

策，我国的海洋经济发展模式一直较为粗放，同时，以技术为主导的海洋高新技术产业和海洋服务业的发展也较为落后，造成了海洋经济发展迟缓。与新加坡、伦敦、汉堡等国际海洋城市相比，我国主要海洋城市仍然以资源驱动型的传统海洋工业为主，海洋战略新兴工业所占比例较低；而一些高附加值的技术，如基础设计、核心系统以及核心设备的支持却一直被欧美发达国家所垄断。与此同时，在海洋科技储备、研究经费投入等方面，我国与国际海洋强市相比，还存在着很大的差距。此外，涉海学科建设也很不完善，在人才的储备和引进上还存在着一些不足之处。

（二）海洋经济发展存在不充分、不平衡、不协调的现象，海洋产业结构不完善

我国的海洋经济还没有得到很好的发展，主要表现为海洋资源的利用率不高，特别是海洋工业对资源的利用率不高，以海洋渔业为代表的传统资源型行业附加值仍然很低。我国水产品加工业还处在发展初期，对水产品进行深加工的程度较低。我国港口业已具备一定规模，但还需要进一步增强国际竞争力。目前，我国的港口服务业综合性物流服务与世界先进的港口相比还有一定的差距。当前，我国海洋资源的开发主要集中在近海及近岸，远洋渔业、深水油气勘探等深海资源的开发起步较晚，基础相对薄弱。虽然相关行业发展迅速，但总体来说，其在我国海洋工业中所占比重并不大。

从内部环境来看，内部产业结构的不协调是导致地方海洋经济发展不协调的主要原因。尽管目前沿海工业三次产业结构初步实现了"三二一"的格局，但是高科技、高附加值产业在沿海工业中的地位并不突出，这是一个不可忽视的问题。从外部环境来看，多数地区在海洋管理方面存在着许多现实问题，如海洋经济活动管理混乱、参与主体参差不齐、利益冲突纠缠不绝、权威政策缺位以及环境规制有待健全等，地方海洋经济协调发展也因此困难重重。我国海洋产业结构调整成效显著，2022 年，海洋第一、二、三

产业占海洋生产总值的比例为 4.6∶36.5∶58.9[①]，但是海洋第三产业产值占主导地位不能说明海洋经济发展水平高，也不能用海洋产业结构的变化来说明海洋经济的发展水平，因为我国海陆产业剥离难度大，统计资料粗略、统计面广、多重统计等问题十分突出。例如，滨海旅游在我国第三产业产值中占比较大，但它不仅包括海洋旅游业，也包括沿海城市旅游业。另外，尽管国家不断加强对传统海洋工业的提升、投资海洋新兴工业，但不同区域的海洋经济发展特征与过程不同，导致不同区域的海洋工业发展存在着明显的差别，如青岛、天津的海洋主导产业仍然以第一、第二产业为主，而这种以海洋资源消耗为代价的经济增长并不能带来长远的发展。当前，我国大多数海洋产业处于产业链的低端，没有形成新的经济增长点。

（三）高影响力海洋交流平台与海洋治理相关国际组织较少，国际海洋事务参与度不高

在已经提出"全球海洋中心城市"建设计划的城市中，青岛、上海、厦门等已经举办过上合组织峰会、APEC 海洋部长会、蓝色经济论坛等高级别国际涉海会议，但其他地方尚未举办过国际主要涉海组织高级峰会。天津依托天津大学，与新加坡国立大学等海洋强校合作共建"中国-东盟智慧海洋教育中心"，打造"亚太能源可持续发展高峰论坛"和"APEC 可持续城市研讨会"两大国际论坛[②]；上海于 2013 年成立"中国-北欧北极研究中心"，成员机构包括来自中国和北欧 5 国的 11 家科研机构，定期举办北极研究合作论坛[③]。与海洋强市相比，深圳、宁波和舟山等城市缺少原创性国际交流平台，也暴露出其参与国际海洋治理的时间较晚、经验不足、参与程度较低、在国际和国内都没有获得较大的话语权的问题。

[①] 《2022 年中国海洋经济统计公报》，https：//m. mnr. gov. cn/gk/tzgg/202304/P020230414443078 2331822. pdf，2023 年 4 月 14 日。

[②] 《天津大学加强与"一带一路"沿线国家大学间交流合作》，http：//www. moe. gov. cn/jyb_xwfb/ s6192/s133/s157/201901/t20190129_368364. html，2019 年 1 月 29 日。

[③] 《中国-北欧北极研究中心成立 召开首次成员机构会议》，https：//www. gov. cn/gzdt/2013- 12/12/content_2546677. htm，2013 年 12 月 12 日。

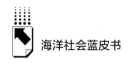

国际海洋领域的合作和矛盾日益增多，海洋领域的国际组织和多边海洋领域的国际组织出现了新的发展趋势。国际海洋治理相关机构和组织如国际海事组织（IMO）、国际海运联合会（ISF）、国际移动卫星组织（IMSO）、国际船级社联合会（IACS）、国际北极科学委员会（IASC）等的总部主要设立在伦敦、汉堡、奥斯陆等传统海洋城市，当前，国际涉海组织在我国设立总部或分支机构的数量极少。这也表明，从中长期来看，我国在国际海洋中心城市的建设中缺少协调日常国际海洋事务和解决复杂涉海纠纷的经验和机会。国内海洋治理民间组织或机构如中远渔业推广示范中心、中国海洋工程咨询协会、中国海油海洋环境与生态保护公益基金会、中国远洋渔业协会等民间涉海组织大部分在北京、上海等城市聚集，也能看出政府层面与民间层面涉海组织或机构的双重缺位。

（四）海洋文化影响力不足，文化优势难以转化成海洋经济动力来源

自从汉堡于 2008 年推出的"蓝色港口"主题灯饰表演成为游轮嘉年华中规模最大的经典节目，沿海城市的观光节庆计划进一步加强了港城之间的密切联系。上海海洋非物质文化遗产资源丰富，2007～2022 年，上海市共公布了六批 251 项非物质文化遗产项目，其中，58 项属于海洋非遗项目，占上海市级名录的近一半；12 项海洋非遗被列入国家级名录，占上海市国家级名录的约 17%。2022 年，澎湃新闻推出《上海的海·海洋非遗守"沪"人》专题报道，品味海洋非遗的韵味，求索"海"于上海的深刻意义[1]；2022 年 11 月 10 日，厦门国际海洋周开幕，由海洋大会论坛、海洋专业展会、海洋文化嘉年华三大板块共 40 项活动组成。厦门国际海洋周自 2005 年以来已成功举办 16 届[2]，海洋周与斯德哥尔摩"世界水周"共同成为国际上两大"水"题材活动。

---

[1] 《上海的海 | 海洋非遗，折射出人与海的关系》，https：//www.thepaper.cn/newsDetail_forward_16426661，2022 年 2 月 1 日。

[2] 《2022 厦门国际海洋周开幕》，https：//www.mnr.gov.cn/dt/ywbb/202211/t20221111_2764525.html，2022 年 11 月 11 日。

  海洋作为全球最大的地理单位，其文化的影响远大于陆地，而海洋文化的进取性、外向性、包容性和开放性更能满足新时期人类的发展需求，也较少受到宗教、种族等复杂的历史纠纷的困扰，更容易成为"海丝纽带"，将世界各国联系在一起。妈祖是流传于中国沿海地区的传统民间信仰，妈祖文化遍布45个国家和地区，信众超过3亿人。2022年12月18日，第七届世界妈祖文化论坛暨妈祖文化旅游节在福建莆田湄洲岛开幕，传播"和平之海、合作之海、和谐之海"的海洋文明观，推动了妈祖文化与世界文明交流互鉴，也促进了两岸文旅发展与交流。[①] 作为妈祖信仰圈的重要组成部分，广州和深圳两市对妈祖文化的挖掘和开发还不够深入，没有将妈祖文化作为重要的海上文化传统进行继承和发扬，也没能够举办"世界妈祖论坛"这样的重大活动，龙岗的天后古庙、赤湾天后宫、南山天后新庙的保护和宣传工作还需要进一步加强。从艺术和文化上来说，我国大部分城市还没有举行过国际性的海洋摄影、海洋绘画比赛等海洋文化艺术活动，民众缺少海洋艺术概念，城市里也没有世界海洋总部、海洋国际会展中心等著名的海洋标志性建筑。

  我国许多城市没有充分重视海洋文化的对外宣传，营销方式也比较单一，对海洋文化旅游缺少个性化的包装和宣传，虽也在海洋文化产品推广、海洋城市文化形象塑造、文化与资本市场对接、文化的政策扶持优化等方面取得了一定成效，但与全球海洋中心城市相比，海洋文化吸引力还有待提高。国际海洋文化的发展对于我国提升海洋城市的国际形象、增强其国际影响力和竞争力具有十分重要的意义。通过举办海洋经济贸易论坛、海洋文化展览、海洋体育赛事等交流和宣传活动，世界海洋中心城市能够吸引许多国际经贸组织以及政府和文化交流组织共同建设海洋文化品牌，起到发掘、弘扬和传播海洋文化的重大作用。

---

① 《第七届世界妈祖文化论坛倡行"大爱和平，文明互鉴"》，http：//www.news.cn/tw/2022-12/18/c_1129217125.htm，2022年12月18日。

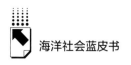

三 对中国全球海洋中心城市建设的政策建议

中国的全球海洋中心城市建设尚处于探索阶段，虽建设进程较快，也取得了一定的成就，但在建设过程中所出现的问题也不容忽视，只有把问题解决好，才能进一步加快全球海洋中心城市建设进程，争取早日建成全球海洋中心城市。

（一）实施科技创新驱动，自力更生夯实海洋科教基础

一是完善科技创新平台。在海洋高端智能装备、海洋工程装备、海洋电子信息等关键领域提高我国的自主创新实力，促进海洋要素的聚集，建立海洋科技成果交易平台，充分利用市场的力量来配置资源，促进海洋科技成果的转化。例如，广东省湛江市建立了一个面向海洋科学的海洋云和大数据集成平台，为我国建设全球海洋中心城市提供了一种新思路。可以在上海、深圳和青岛三地进行海洋信息化建设，搭建国家海洋大数据平台，促进海洋科技成果的转化，实现海洋政务与产业大数据的有机结合，推动我国海洋产业的转型升级。此外，要构建一个完整的海洋科技创新体系。通过优化整合我国现有的科技创新平台和海洋科技资源，围绕海洋科学前沿领域，规划并构建海洋科学重点实验室、研究中心、测试基地等海洋科技共享平台与中介服务平台。

二是激发创新主体的能动性。建立海洋科技创新的战略性联合体，建立以任务为导向的新型海洋科技创新联盟，在各个城市间开展人员交流，深化项目合作，推动海洋科技创新的产业链形成体系，重点关注海洋装备、船舶制造、生物医药、海洋牧场、深远海渔业等领域，整合海洋科技创新资源，为城市培养出一批更有竞争力的海洋科创龙头企业，为其提供更多的海洋科技创新服务。

三是凝聚海洋科学人才。当前，高层次海洋类学科建设及海洋科学人才培养仍显不足。可以坚持科研与育人并进、出成果与出人才并重，对涉海学

科的硕、博点建设给予更多的支持，加强与国内外涉海院校、科研院所和企业的合作；拓展沿海各高校在海洋研究领域的深度和广度，在学科设置和学科建设上给予一定的政策倾斜，鼓励开展跨学科研究，组建跨学科研究团队，推动我国海洋科技人才培养的落实。

（二）促进海洋产业转型，实现区域海洋经济协调发展

从全球海洋中心城市的海洋经济发展策略来看，其大部分明确表示到2025年将初步构建现代海洋产业体系。因此，积极发展海洋新兴产业，抢占海洋经济发展制高点，加快传统工业的转型升级，推动现代数字技术与海洋工业的深度结合，推进海洋工业集群发展，是提升我国海洋经济品质与效益的重要途径。"十四五"时期，广东提出要打造海洋产业集群，尤其要加快发展海洋新兴产业，提升传统海洋优势产业的品质和效率，形成5个千亿级海洋产业集群。[①] 福建致力于将海洋产业的发展与海洋开发的空间布局优化相结合，努力打造临海石化和海洋旅游这两个万亿级的产业集群，同时，也在现代渔业、航运物流、海洋信息和地下水封洞库储油这四个千亿级产业集群中进行建设。此外，福建还在海洋生物医药、工程装备、可再生能源、新材料和海洋环保这5个百亿级产业集群中进行培育，以实现现代海洋产业体系的高质量构建。[②] 浙江计划发展全球领先的临港产业集群。[③]

海洋产业发展是实现高质量发展的重要基础。推动我国海洋工业转型升级，走海洋高科技发展之路，是推进海洋经济高质量发展的必由之路。要以现有的海洋优势产业为突破点，以创新为先导，推动向海经济发展，扶持地

---

① 《〈广东海洋经济发展"十四五"规划〉印发 到2025年海洋生产总值保持全国首位》，https：//www.gd.gov.cn/zwgk/zcjd/mtjd/content/post_3719514.html，2021年12月15日。

② 《福建：海洋经济 逐梦深蓝》，https：//fdi.swt.fujian.gov.cn/show-15820.html，2022年10月9日。

③ 《浙江省人民政府关于印发〈浙江省"415X"先进制造业集群建设行动方案（2023—2027年）〉的通知》，https：//www.zj.gov.cn/art/2023/1/21/art_1229017138_2455512.html，2023年1月21日。

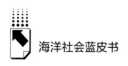

方远洋渔业，在全球市场的竞争中为远洋企业提供相应的政策、资金和技术支撑。在典型和优势区域开展"蓝碳汇"建设，在"海上粮仓"的重点区域和示范海域提高标准、放宽审批条件，打造高水平的国家海洋牧场示范基地。对本地的海水养殖行业进行有选择的淘汰或整合，考虑到初级产品产业链的产量大、利润率低，应当选择有优势的企业对其进行深加工，以提高沿海区域海洋资源的开发和利用水平。而其他经济发展较慢的地方，则要积极培育适合自己发展阶段的海洋工业，延长海洋工业链条，有序培育优势工业，使区域海洋经济能够和谐地发展。

（三）积极参与国际海洋事务，提升海洋国际影响力

积极对标伦敦、新加坡、奥斯陆等世界著名的海洋城市，吸引世界著名的海洋管理组织，研究建立海事法庭，争取海事仲裁机构在我国设立分支机构，争取国际海底管理局企业分会等国际组织进驻，拓宽参与全球海洋治理的渠道。围绕"一带一路"、海洋国际合作、蓝色经济发展、海洋资源开发、海洋生态安全、海洋政治安全等主题，积极发起"蓝碳倡议"等海洋领域高端会议和论坛，争取并推进 APEC 海洋部长理事会和 APEC 蓝色经济论坛在各城市举行，积极申办"一带一路"高峰论坛和国际海岛生态保护论坛，引进亚太游轮会议等国际游轮会议。推动主办"海上青年论坛"，使世界各地的青年领导人积极投身于可持续发展的海洋事业中。鼓励在国际海底矿产资源开发规章等海洋法规的制定过程中进行探讨和试验，加强海洋领域的国际交流与合作。积极参加"海洋行动2030"倡议，参加可持续海洋发展规划的制定与执行。与高等院校、科研院所、海洋智库等单位联合开设"海洋管理"专题，在海洋资源开发和生态安全等领域开展国际合作，并与国际组织和海洋城市开展交流。积极参加"海洋十年"活动，推动建立协调机构和协作中心。

加快构建蓝色伙伴关系，提升海洋经济的开放性与合作程度，对标《全面与进步跨太平洋伙伴关系协定》《区域全面经济伙伴关系协定》等国际最新经贸规则，进一步推动海洋资源勘探开发国际合作。积极推动海洋高

新技术产业合作，加快海洋优势产业"走出去"和薄弱产业"引进来"，支持在海洋能源、海洋装备、电子信息、矿产资源开发等领域拥有国际竞争能力的龙头企业发展，并与外商合资，在海洋精深加工及海洋装备制造等领域规划和建设一批国际海洋产业合作园区和海洋科技研究与开发平台。引导企业在"走出去"过程中，加大与东盟国家及"一带一路"有关国家（地区）的合作，持续提高国际履约能力。以海洋科技基础设施、新型科研机构和功能平台等为基础，将国际上的高端人才、技术和其他软、硬件等资源连接起来，让国内和国际上的海洋创新资源要素相互连接。

（四）兼顾软实力建设，全方位提升海洋综合实力

增强海洋文化的吸引力、影响力，就是增强海洋文化的软实力。新时代的海洋文化教育要注重中国海洋文化在国内外的传播，这样不仅能提高国人对我国海洋文化的认同，还能让国际社会更好地了解中国海洋文化，提高中国海洋文化的国际影响力。新时代的海洋文化教育是一项弘扬中国特色海洋文化、提高中国海洋文化的吸引力与影响力的重大工程，对提高我国的文化软实力具有重要意义。

增强海洋文化宣传要从传播本土海洋文化的方向寻去、从群众喜闻乐见的活动展开、从专业海洋科普的路径延伸开去。要把海洋文化资源作为载体，促进海洋文化、旅游、科技、互联网的融合发展，发展具有特色的海洋文化产业，建立起城市海洋文化产业发展的新业态，在更大的范围内，将海洋经济和海洋人文价值发挥出来。

充分发挥"大数据+海洋枢纽城市旅游+互联网"的资源优势，提升"大数据"和"海洋文化"的综合应用水平，讲好都市的海上文化"故事"。讲故事不仅是一种常见的舆论传播方式，也是一种有效的社会沟通手段。城市要重点发掘自身的海洋文化，把自己的海洋哲学、海洋文化和价值理念表达出来；要努力形成"专家学者讲海洋文化理论，领导干部讲海洋文化政策，基层讲解员讲故事"的海洋文化宣传模式，提高海洋文化的创新性。目前，海洋文化产品的开发正在逐步由基于资源向基于创意转变，在

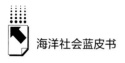

创意方面有更高的要求，可以以观赏性、互动性、故事性、趣味性、神秘性和艺术性为衡量标准，对现有的单个海洋文化旅游景点进行分类评估，以评促创。基于此，我们要搭建中国海洋文化对外传播的有力平台，提升中国海洋"软实力"在世界上的认知度，同时利用自身的影响力，吸引更多国家认同、接纳并发展我国"软实力"，促进海洋经济高质量发展。

B.8
2022年中国海洋公益服务发展报告

雷梓斌　高法成*

摘　要： 2022年，疫情逐渐趋于缓和，我国疫情防控进入新阶段。我国海上救援的成功率保持在比较高的水平，并且较上年有所提升；海洋科考活动以及海洋观测、科考的新装备和新技术为海洋公益事业发展提供了稳定完善的数据；海洋公益诉讼在双高发布的关于公益诉讼的规定的指导下不断完善。党的二十大报告对我国海洋公益服务事业的发展起着十分重要的指导作用，海洋公益服务事业的国际性和地方性不断凸显，国际合作与全球治理日益深化，各地区海洋公益服务水平不断提高，但在国际化水平、海洋公益人才的培养以及现代化发展方面仍有可提升的空间。

关键词： 海洋公益服务　海上救助　海洋观测调查　海洋防灾减灾　海洋公益诉讼

一　海洋公益服务事业发展状况概览

（一）海上救助

随着全球疫情逐渐缓和，世界各国逐渐开放疫情防控政策，疫情导致的需求萎缩逐渐开始恢复，全球贸易回暖。中国的各个主要港口在疫

---

* 雷梓斌，广东海洋大学法政学院社会学系2019级本科生，研究方向为海洋社会学；高法成，博士，广东海洋大学法政学院社会学系副主任、副教授，研究方向为应用社会学。

情期间仍然开放，国内和国际的海运贸易量都有所恢复和上涨，海上活动逐渐增多。随之而来的是海上事故发生的频率升高，事故的类型多样。海上事故的时空特性导致其一旦发生，对遇险人员是致命威胁，对海洋生态环境也会造成巨大的负面影响，这也是海上救助需要快速发展完善的原因。

根据中国海上搜救中心每月发布的《全国海上搜救情况》，2021年共核实遇险1924起，2022年1月到9月共核实遇险1143起，预期比上年有所降低。从表1可以看出，各级海上搜救中心对遇险警情报以高度负责的态度，立即派出大量搜救船舶和飞机。

表1　2021~2022年全国各级海上搜救中心搜救情况

时间	组织、协助搜救行动（次）	派出搜救船舶（艘次）	派出飞机（架次）
2021年第一季度	413	—	—
2021年第二季度	430	448（数据不足）	10
2021年第三季度	559	2649	66
2021年第四季度	522	3610	84
2022年第一季度	329	1918	62
2022年第二季度	389	1306	25
2022年第三季度	425	3550	67

资料来源：根据中国海上搜救中心的海上搜救统计月报信息整理；2021年1月至5月派出搜救船舶和飞机数据缺失，官网未公布；相关资料可到中华人民共和国交通运输部官网查询。

海上事故救援的时效性和遇险船舶位置的随机性导致海上救援活动的难度较高，但这并不会阻碍相关部门对海上事故的重视程度，相关部门在对事故情况进行核实后会立即展开救援，以最大限度地减少遇险人员的生命财产损失。由表2数据可知，2021年，全国各级海上搜救中心合计对1402艘遇险船舶实施搜救；2022年第一至三季度，全国各级海上搜救中心合计对778艘遇险船舶实施搜救。在遇险人员搜救方面，全国各级海上搜救中心2021年对13198名遇险人员实施了搜救，其中有12613名遇险人员成功获救，遇险人员获救率达95.57%；2022年第一至三季度对6681名遇险人员实施了搜救，其中有6481名遇险人员成功获救，遇险人员获救率达97.01%，遇险人员获救率有所提升。

表2 2021~2022年全国各级海上搜救中心搜救情况

时间	搜救遇险船舶（艘）	获救船舶（艘）	遇险船舶获救率(%)	搜救遇险人员（人）	获救人员（人）	遇险人员获救率(%)
2021年第一季度	319	275	86.21	3149	3062	97.23
2021年第二季度	331	264	79.75	3495	3292	94.19
2021年第三季度	389	117(数据不足)	—	3146	3008	95.61
2021年第四季度	363	—	—	3408	3251	95.39
2022年第一季度	218	—	—	1886	1793	95.07
2022年第二季度	276	—	—	2486	2444	98.31
2022年第三季度	284	—	—	2309	2244	97.18

资料来源：根据中国海上搜救中心的海上搜救统计月报信息整理（2021年8月至2022年12月获救船舶和2022年第四季度遇险人员、搜救遇险船舶数据缺失，官网未公布）。

无论是海运还是陆运，因相互碰撞而产生的事故总是占相当高的比例，并且这类事故常常会对人们的生命财产造成巨大损失。

由于海上交通的特殊性，尽管搜救中心第一时间进行了海上救援，但是一旦发生海上意外事故还是很难避免人员伤亡。船舶因自身需要必须携带燃油，一旦发生意外，事故造成的原油泄漏就会导致十分严重的海洋生态环境污染。

随着全球经济的复苏和国际贸易的回暖，海上事故发生的频率也逐渐上升。为了应对海上事故的发生，我国海上救援能力需不断提升。在制度方面，我国不断完善海上救援机制和相关流程，制定相应的应急预案，提高了海上救援的响应速度和救援效率。2022年5月31日，宁德市率先完成《宁德海域船舶污染应急预案》的修订工作，对提升宁德市防治船舶污染海洋环境应急能力发挥了重要作用①。在技术方面，各种海上救援硬核新科技的发展和投入提升了救援的效率和成功率。2022年11月18日，第五届国际潜水救捞与海洋工程装备展览会在厦门举行②。该展览会为潜水救捞技术装备、应急救援与旅游潜水、船舶防污染等开设6个专业展区，集中展示了超过1000种中高端的潜水打捞及海洋工程装备。除此之外，在人员的培养方面，我国各沿海城市开展各类海上救援演练，为提高救援人员救援能力、积累救援经验助力。2022年10月27日，"2022年国家海上搜救综合演练"在广东珠江口水域成功举办，这次演练积极推动海上搜救"部省联动、区域联动"协调机制的磨合，增强了粤港澳大湾区海上搜救力量协调配合、综合实战能力，提升了粤港澳大湾区海上应急救援保障水平③。

（二）海洋观测调查与预报

提高海洋公益服务能力的重要途径包括海洋观测调查与预报。海洋观测调查在维护海洋权益、保护海洋生态环境、可持续开发海洋资源、预警海洋灾害等方面发挥着极其重要的作用。

海洋科考作为海洋观测调查的一个核心内容，以观监测海洋为主要手段，为海洋预报与搜救、发展海洋经济等工作提供了重要的信息支撑。"向阳红01"船完成"2022年西印度洋海洋底质和底栖生物调查航次"④，并创下专项柱状岩芯取样的最长纪录；"向阳红03"船于2022年10月24日在厦门国际邮轮中心码头起航出发，前往目的地西太平洋执行76航次科考任

① 《宁德市人民政府安全生产委员会关于印发宁德海域船舶污染应急预案的通知》，http://www.ningde.gov.cn/zwgk/zdxxgk/yjgl/tfggsjyjya/202206/t20220614_1632646.htm，2022年6月14日。
② 王有哲：《硬核科技"云集"催生共赢机遇》，《中国水运报》2022年11月21日，第1版。
③ 朱杰：《2022年国家海上搜救综合演练在珠江口水域成功举办》，《中国海事》2022年第11期。
④ 《19.3米！"向阳红01"船获取我国在印度洋迄今为止最长岩芯》，https://www.sohu.com/a/545366518_151792，2022年5月9日。

务①；"雪龙2"船与"雪龙"船共搭载255名科考队员前往南极执行南极科学考察任务②。众多科考船与科考人员在太平洋、印度洋、北冰洋和南极进行多次科考任务，为维护我国海域权益、监测全球气候变化提供了科学依据和相关资料。

2022年，海洋观测调查方面的新装备、新技术不断出现，为海洋公益服务的发展提供了坚实的技术支持。在天基海洋观测方面，2022年4月7日，业务卫星高分三号03星由长征四号丙遥三十八运载火箭成功送入预定轨道③，与高分三号01星、高分三号02星组网运行，形成我国首个海洋监视监测雷达卫星星座，充分发挥多星协同观测的优势，大大提高了我国雷达卫星的海陆观测能力。同年7月，海洋二号D卫星正式投入业务化运营，与海洋二号B卫星和海洋二号C卫星组网，形成我国首个海洋动力环境卫星星座④。这两大星座体系的形成，大幅提升了我国对海洋和陆地情况的观监测能力，进一步满足了我国海洋防灾减灾、海洋动力环境监测的需求。

除了远离海洋的卫星外，航行在海面上的各种海洋调查船也陆续交付使用。2022年5月18日，我国首艘智能型无人系统母船"珠海云"号成功下水⑤。"珠海云"号以先进的智能航行、远程遥控、智能机舱等系统，推动海洋观测模式发生革命性改变，大大提高了我国海洋观测效率和水平。同年12月18日，"海洋地质二号"多功能新型科考船在广州南沙区龙穴岛码头入列中国地质调查局广州海洋地质调查局⑥，作为具有伴随大洋钻探船进行

① 《"向阳红03"科考船起航前往西太平洋海域执行科考任务》，https：//it.sohu.com/a/600037606_726570，2022年10月26日。
② 《"雪龙2"船今日起航出征南极，预计明年4月上旬返回》，https：//baijiahao.baidu.com/s？id=1747724503666716894&wfr=spider&for=pc，2022年10月26日。
③ 张未、刘锦洋、张兰兰、奉青玲、何亮、付毅飞：《03星发射高分三号系列卫星织就太空"天眼网"》，《科技日报》2022年4月8日，第1版。
④ 《挺进深蓝，建设海洋强国》，https：//www.mnr.gov.cn/dt/pl/202209/t20220923_2759928.html，2022年9月23日。
⑤ 《我国首艘"智能型无人系统科考船"下水！陈大可院士将其命名为"珠海云"!》，https：//www.sohu.com/a/548481219_726570，2022年5月19日。
⑥ 《多功能新型科考船"海洋地质二号"入列》，https：//www.cgs.gov.cn/xwl/ddyw/202212/t20221218_720064.html，2022年12月18日。

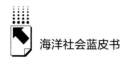
id: 1

全球航行作业能力的多功能保障船，丰富了我国现有科考船的类型，大大提升了我国深海重装备的探测能力。

在水下海洋观测方面，2022 年 9 月 17 日，我国全海深载人潜水器"奋斗者"号与 4500 米级载人潜水器"深海勇士"号在南海 1500 米水深区域完成首次联合作业①。这次作业的成功，让我们看到了一艘科考母船保障两台载人潜水器同时下潜这一模式的可能性，这种模式不仅可以降低运营维护的成本，而且可以提高我国潜水器的作业能力和作业效率。

（三）海洋防灾减灾

2022 年 7 月 21 日，国家减灾委员会发布《"十四五"国家综合防灾减灾规划》（以下简称《规划》）。应急管理部监测减灾司司长陈胜在新闻发布会上表示，《规划》是我国国家层面第四个防灾减灾综合性规划，是指导新时代国家防灾减灾救灾事业发展的纲领性文件。② 他指出，我国一些地区和部门在风险隐患排查治理、各方的统筹配合以及综合应急保障等方面都有待加强。对此，《规划》提出了编制自然灾害综合风险图和防治区划图、建设灾害综合监测预警系统、强化灾害预警和应急响应联动机制、加强应急力量建设和物资装备保障、强化自然灾害保险服务等主要任务和重点工程。

2022 年 8 月 24 日，由国家海洋环境预报中心自主研发的"智能海啸信息处理系统"（STIPS）通过了海洋和地震相关领域多位专家的评审③。该系统设计架构合理、功能完整、性能稳定、操作方便，能在很大程度

① 《我国首次完成两台载人潜水器联合作业任务》，http：//www.gov.cn/xinwen/2022-09/17/content_5710426.htm，2022 年 9 月 17 日。
② 《防灾减灾，"十四五"时期如何布局》，http：//www.gov.cn/zhengce/2022-07/22/content_5702156.htm，2022 年 7 月 22 日。
③ 《我国自主研发的智能海啸信息处理系统通过评审》，https：//aoc.ouc.edu.cn/2022/0913/c9828a377149/page.htm#：~：text=%E6%8C%89%E7%85%A7%E9%A2%84%E6%8A%A5%E4%B8%AD%E5%BF%83%E2%80%9C%E5%8D%81，%E9%AB%98%E6%B0%B4%E5%B9%B3%E8%87%AA%E7%AB%8B%E8%87%AA%E5%BC%BA%E3%80%82，2022 年 9 月 14 日。

上满足海啸预警中心的业务需求，而其具备的"自主化、智能化、全球化、精细化"的特征，能够提高我国海啸预警的独立自主创新能力，提升我国应对海啸的能力和效率，为我国防灾减灾提供了坚实的软件支持。

2022年8月30日，自然资源部办公厅印发了新修订的《海洋灾害应急预案》，该预案包括七部分内容，分别是：总则、组织机构及职责、应急响应启动标准、响应程序、保障措施、应急预案管理和附件，适用于风暴潮、海啸、海冰等海洋灾害的观测、预警以及应急处理等工作，以最大限度地减少海洋灾害所造成的人员伤亡和财产损失[1]。

我国是世界上受海洋灾害影响最严重的国家之一。2022年，我国海洋灾害以风暴潮、海浪、赤潮灾害为主，其中风暴潮造成直接经济损失高达237890.20万元（见表3），低于近十年的均值，较2021年也有所下降。同时，海浪、赤潮灾害所造成的直接经济损失均为历史最低值[2]。风暴潮灾害对我国影响最为严重，2022年共发生13次（达到蓝色及以上预警等级的风暴潮过程），共造成直接经济损失237890.20万元，占各类海洋灾害总直接经济损失的99%。2022年，在沿海11个省（自治区、直辖市）中，海洋灾害直接经济损失最为严重的是山东省，接近12亿元。2022年，我国近海共发生灾害性海浪过程〔指有效波高4.0米（含）以上的灾害性海浪过程〕36次，其中发生海洋灾害过程（指造成直接经济损失或人员死亡失踪）5次，明显低于近十年海浪灾害发生次数的平均值（15.6次）[3]。

---

① 《自然资源部办公厅印发通知发布新修订的〈海洋灾害应急预案〉》，https：//www. mnr. gov. cn/dt/ywbb/202209/t20220907_2758542. html，2022年9月7日。

② 自然资源部海洋预警监测司：《2022中国海洋灾害公报》，http：//gi. mnr. gov. cn/202304/ t20230412_2781112. html，2023年4月12日。

③ 自然资源部海洋预警监测司：《2022中国海洋灾害公报》，http：//gi. mnr. gov. cn/202304/ t20230412_2781112. html，2023年4月12日。

表3　2022年风暴潮灾害过程及损失统计

灾害过程	发生时间	受灾地区	直接经济损失（万元）	死亡（含失踪）人口（人）
2203"暹芭"台风风暴潮	7月1~3日	广东、广西	74482.63	0
2207"木兰"台风风暴潮	8月10~11日	广西	4327.34	0
2209"马鞍"台风风暴潮	8月24~25日	广东、广西	2155.90	0
2212"梅花"台风风暴潮	9月13~16日	山东、江苏、上海、浙江	43885.06	0
"221003"温带风暴潮	10月2~4日	山东	113039.27	0

资料来源：自然资源部海洋预警监测司《2022中国海洋灾害公报》，http://gi.mnr.gov.cn/202304/t20230412_2781112.html，2023年4月12日。

海洋灾害不仅种类多样，分布范围广，而且有着发生频率高、破坏性大的特征，一旦发生，无论是对人民生命健康还是财产安全都会造成极大的影响，因此我国政府高度重视海洋防灾减灾。2022年3月27日，河南省自然资源厅对2022年汛前海洋灾害防御等工作做出相关通知：第一，强化组织领导，认真自查检查；第二，加强应对措施，做好应急演练；第三，开展宣传教育，提升防灾意识[1]，为汛前海洋防灾减灾相关工作做好准备，切实对人民生命财产安全负责。4月20日，国家海洋环境预报中心联合自然资源部北海局、东海局、南海局以及国家海洋技术中心、自然资源部海洋减灾中心等单位共同开展了海洋灾害预报应急演练[2]，此次演练验证了海洋灾害发生期间的海洋观测、数据传输、海洋灾害预警报制作、研判会和预警信息发布全流程链条的畅通，实实在在地提高了海洋灾害防范能力，为今后应对汛期海洋灾害做好了相关准备。11月18日，宁波自然资源和规划局验收了"2022年度海洋生态预警监测项目"，项目内容包括象山港海湾生态系统监测、

① 《河北省自然资源厅关于做好2022年汛前海洋灾害防御等工作的通知》，http://zrzy.hebei.gov.cn/heb/gongk/gkml/gggs/tz/hyyj/10705842157315952640.html，2022年3月28日。
② 《国家海洋环境预报中心组织开展2022年海洋灾害预警报应急演练》，https://baijiahao.baidu.com/s?id=1730769917862765587&wfr=spider&for=pc，2022年4月22日。

甬江口生态系统现状调查和海洋潮间带典型生物调查与展示三部分①。该项目有利于进一步了解宁波地区的生态环境和变化情况，并为可持续利用和保护宁波海洋生态资源提供了坚实的技术支持。2022年12月2日，自然资源部北海预报减灾中心组织召开了2023年度北海区海洋灾害趋势预测会商会②，此次会议商讨得出2023年度北海区海洋灾害趋势预测意见，且趋势预测将与区域风险系统结合，更加有效地指导国家和地方做好防灾减灾规划，部署海洋灾害防控，同时为地方经济社会高质量发展提供科学准确的预报服务。2023年初，相关专家组同意威海市海洋发展局监测减灾中心生态预警监测任务项目通过验收，该项目深度推动了海洋生态预警能力和水平的发展，提高追踪海洋生态系统实时变化的能力，为维护海洋生态环境提供了信息支持。

二　发展特色

（一）国际合作与全球治理日益深化

《"十四五"国家综合防灾减灾规划》明确指出，"十四五"期间国家综合防灾减灾的主要任务有两个：一是推进自然灾害防治体系现代化，二是推进自然灾害防治能力现代化。其中，实现自然灾害防治体系现代化的一个重要举措就是服务外交大局，健全国际减灾交流合作机制。因此，在海洋防灾减灾方面，各国应加强合作，借鉴他国发展中遇到的教训及经验，推动国际海洋公益服务事业不断完善发展。由中国21世纪议程管理中心（简称"21世纪中心"）主办的金砖国家气候预测与海洋减灾防灾研讨会于2022年12月12~13日召开③，此次会议为积极应对金砖国家所面临的共同挑战

---

① 《2022年度海洋生态预警监测项目通过验收》，http：//zgj. ningbo. gov. cn/art/2022/11/23/art_1229045256_58961712. html，2022年11月23日。
② 《2023年度北海区海洋灾害趋势预测发布》，https：//www. mnr. gov. cn/dt/hy/202212/t20221207_2769905. html，2022年12月7日。
③ 《21世纪中心成功主办金砖国家气候预测与海洋防灾减灾研讨会》，https：//www. thepaper. cn/newsDetail_forward_21224691，2022年12月19日。

和困难、推动防灾减灾合作搭建了平台，提供了海洋防灾减灾的金砖方案。

2022 年，中国一如往年积极参与各项国际海洋公益服务事业，积极承担大国责任，履行大国义务，与各国共同推动海洋公益事业发展，为海洋公益事业做出了贡献。6 月 21~23 日，青岛市西海岸新区举办了主题为"携手'海洋十年'，合作共赢未来"的 2022 东亚海洋合作平台青岛论坛①。此次论坛在推动东亚海洋合作互联互通、共商共建共享交流平台的建设中发挥了积极的作用，同时充分发挥东亚海洋合作平台的平台效应，促进建设全球海洋命运共同体。10 月 28~30 日，主题为"海洋公益的未来十年"的 2022 年第四届中国海洋公益论坛在江苏南通举办②，为理顺海洋保护与生态恢复的相关问题、探讨海洋公益事业发展方向、提高海洋公益事业从业者的专业水平起到了积极的作用。厦门于 11 月 10~16 日举办了厦门国际海洋周③。厦门国际海洋周作为一个联结全球海洋政策、技术、决策以及行动的大平台，在各国蓝色伙伴关系的构建和海洋高质量可持续发展方面发挥着积极正面的作用。我国作为负责任的世界大国，积极参与联合国教科文组织政府间海洋学委员会批准的全球 35 项"海洋十年"大科学计划，而且我国已有 4 项获得批准。11 月 24~25 日，深圳举办了 2022 全球海洋中心城市论坛，围绕海洋科技、海洋产业、航运运输、海洋文明、海洋合作治理等全球海洋中心城市评价指标设置宏观话题并展开讨论，为促进全球海洋城市交流合作，加快发展蓝色伙伴关系，推动海洋经济高质量发展，打造更具国际竞争力、吸引力和创造力的全球海洋中心城市建言献策④。

---

① 《深度参与"海洋十年"，构建海洋命运共同体！青岛建设引领型现代海洋城市有了新思路》，https：//www. thepaper. cn/newsDetail_forward_18704386，2022 年 6 月 23 日。
② 《SEE 基金会联合主办的 2022 年第四届中国海洋公益论坛顺利举行》，http：//foundation. see. org. cn/news/2022/1110/756. html，2022 年 11 月 10 日。
③ 《2022 厦门国际海洋周开幕式暨厦门国际海洋论坛举办》，https：//news. xmnn. cn/xmxw/202211/t20221111_49111. html，2022 年 11 月 11 日。
④ 《2022 全球海洋中心城市论坛》，https：//cimee. com. cn/activities. aspx？type＝157，2022 年 11 月 24 日。

（二）地方性公益服务水平不断提高

2022 年 10 月 16 日，中国共产党第二十次全国代表大会在人民大会堂开幕，习近平同志代表第十九届中央委员会向大会作报告，提出要加快构建新发展格局，着力推动高质量发展，其中就提到了发展海洋经济，保护海洋生态环境，加快建设海洋强国①。海洋强国的建设，离不开沿海各省市的积极发展建设，而海洋公益服务作为海洋建设的一个重要要素，在各地的积极推动下得到了各具特色的发展。

广东省的各项海洋公益服务事业均得到了特色发展。在海洋司法方面，深圳服务"全球海洋中心城市"建设，为构建深圳特色海洋司法保护体系提供了宝贵的"深圳经验"②；对于海洋监测案件集中力量集中办理，同时加强不同机关之间的互联互通，构建海洋保护合力。在更高的机制层面上，2022 年 7 月 29 日，深圳市检察院、深圳市前海管理局签署了共建《港企合规发展服务机制》《海洋生态环境与自然资源保护机制》《公益诉讼协作机制》三项合作协议，为海洋保护提供了机制支持。在防灾减灾方面，深圳市规划和自然资源局编制并印发了《深圳市海洋自然灾害防灾减灾专项规划（2021—2025 年）》，此规划从海洋观测、海洋预警预报、减灾工程、海洋灾害应急体系四个方面推动了海洋防灾减灾体系的发展③。此规划为灾害预测预警水平和海洋防灾减灾综合服务水平的提升提供了方向指引。作为广东的另一个沿海城市，惠州积极采取相关措施，提高海洋防灾减灾能力。2022 年 9 月 26 日，惠州市发布相关工作动态表示，面对海洋灾害，惠州会推动海洋防灾减灾周期化、信息化，进行汛期前检查及灾害隐患排查工作，

---

① 习近平：《高举中国特色社会主义伟大旗帜 为全面建设社会主义现代化国家而团结奋斗——在中国共产党第二十次全国代表大会上的报告》，https：//www.gov.cn/xinwen/2022-10/25/content_5721685.htm，2022 年 10 月 25 日。

② 《服务"全球海洋中心城市"建设，助力构建深圳特色海洋司法保护体系》，https：//baijiahao.baidu.com/s？id=1757706625199794331&wfr=spider&for=pc，2023 年 2 月 13 日。

③ 《深圳出台专项规划防御海洋灾害助建全球海洋中心城市》，http：//pnr.sz.gov.cn/xxgk/gzdt/content/post_9778635.html，2022 年 5 月 12 日。

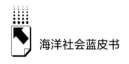
构建海洋安全屏障,提高海洋防灾减灾能力;惠州市联合多方发布海洋预测预警信息,为公众提供实时有效的预警信息,为海洋防灾减灾提供信息支持[①]。在海洋环境保护方面,2022年5月31日至6月2日,广州市海洋综合执法支队、市生态环境局、广州海事局、广州海警局等四部门联合开展了近岸海域污染防治暨"靖海2022"联合执法行动[②],严厉打击对海非法行动,加强海洋环境保护的执法力度。

(三)海洋公益诉讼逐步完善

随着海洋经济的发展,我国对海洋的利用以及影响也愈加明显,其中海洋污染和一些对海洋生态环境造成破坏的行为对海洋产生了相当严重的影响,海洋生态环境的治理压力不断增大。同时,以习近平同志为核心的党中央高度重视海洋强国战略,而保护海洋生态及资源是推动海洋强国建设的基本要求。为了保护海洋自然环境和生态,提供推进海洋生态文明建设的相关服务与保障、推动海洋强国建设、加大海洋环境司法保护力度势在必行。在此背景下,最高人民法院、最高人民检察院于2022年5月10日联合发布《最高人民法院、最高人民检察院关于办理海洋自然资源与生态环境公益诉讼案件若干问题的规定》[③]。在明确适用范围以及有权提起海洋自然资源与生态环境民事公益诉讼的主体的基础上,该规定根据海洋环境监督管理部门与人民检察院在海洋环境公益诉讼中所处位置的不同充分发挥各自的作用,在一定程度上完善了具有中国特色的海洋环境保护诉讼制度体系。

2022年,十三届全国人大常委会第三十八次会议对海洋环境保护法修订草案进行分组审议,与会人员认为,修订海洋环境保护法是贯彻落实党中

---

① 《精准预警预报,惠州市自然资源局强化海洋防灾减灾能力建设》,http://land. huizhou. gov. cn/gkmlpt/content/4/4772/post_4772177. html#706,2022年9月26日。

② 《广州市四部门联合开展近岸海域污染防治暨"靖海2022"执法行动》,http://nyncj. gz. gov. cn/zw/zwyw/gzdt/content/post_8324777. html,2022年6月7日。

③ 《最高人民法院 最高人民检察院印发〈关于办理海洋自然资源与生态环境公益诉讼案件若干问题的规定〉》,《中国水产》2022年第6期。

央保护海洋生态环境、加快建设海洋强国重大决策部署的重要举措①。会议提出了三个建议：保护应体现新理念，解决法律适用争议，完善公众参与内容。其中，在解决法律适用的问题上，陈国民委员认为有必要将2022年5月15日起施行的《最高人民法院、最高人民检察院关于办理海洋自然资源与生态环境公益诉讼案件若干问题的规定》上升为法律规定，并对其进行相应的完善，增加保护海洋环境公益诉讼的条款。

连云港市连云区人民检察院根据实际情况灵活处理实务难题，在海洋公益诉讼办案过程中形成"互联网+"海洋生态修复劳务代偿模式，后被江苏省人民政府办公厅肯定，在全省范围内推广②。该模式通过江苏省湾滩综合管理系统监控跟踪被告人劳务待偿情况，解决被告人经济问题和司法劳务代偿工作的监管难题，使得劳务代偿成为可复制推广的模式，让海洋诉讼不再停留在惩罚层面，而是深入海洋修复与保护中。

海南省海口市检察院在2022年以双赢多赢共赢理念为指导，采取四大措施，以提升公益诉讼办案质效，积极稳步推进公益诉讼检察工作，开展了"增绿护蓝""保障千家万户舌尖上的安全""守护海洋"等专项行动③。海口市以持续深化守护海洋专项行动、上下一体联动办案、借力智慧外脑、常态化开展"回头看"达到保护海洋生态环境、尽职尽责守护公众利益、提高公益诉讼专业化办案质效、落实巩固办案成效等效果。

温州市洞头区检察院以信息化、联动化为核心，构建海洋检察立体化的监督格局，同时以"恢复性司法"的综合治理理念为指引，逐渐形成检察机关与行政机关相联动、修复与赔偿相结合、刑事追究与公益诉讼相衔接的海洋生态环境损害赔偿制度，为促进海洋自然环境与海洋经济健康可持续发展助力。2022年7月14日，洞头检察院联合区农业农村局，共同开展"公

---

① 《增加保护海洋环境公益诉讼条款》，https：//finance. sina. com. cn/jjxw/2023 - 01 - 03/doc - imxywsmp9109044. shtml，2023 年 1 月 3 日。

② 《喜报！连云港市检察机关"互联网+"海洋生态修复劳务代偿模式获全省推广》，http：// lyg. jsjc. gov. cn/yw/202207/t20220727_1417395. shtml，2022 年 7 月 27 日。

③ 《多措并举提升公益诉讼办案质效》，https：//baijiahao. baidu. com/s？id=175207929267719 0975&wfr=spider&for=pc，2022 年 12 月 13 日。

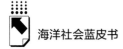

益诉讼护东海·增殖放流保生态"主题活动，此次活动将有效促进洞头海域海洋渔业资源的恢复①。

青岛作为海洋特色强省，自《最高人民法院、最高人民检察院关于办理海洋自然资源与生态环境公益诉讼案件若干问题的规定》发布后，积极推动海洋生态环境保护体系建设。2022 年 7 月 28 日，青岛海事法院王妍娥审判长一行 2 人与青岛海洋所副所长、山东省海洋资源环境司法鉴定中心负责人印萍及中心相关人员开展座谈②。此次座谈明确了青岛海事法院与山东省海洋资源环境司法鉴定中心只有深入互联互通、形成合力，才能就海洋环境保护和海洋公益诉讼等问题发挥各自的优势，推动海域治理能力和治理体系现代化水平的提升。在《最高人民法院、最高人民检察院关于办理海洋自然资源与生态环境公益诉讼案件若干问题的规定》发布后，青岛海事法院与辖区内涉海城市的检察机关建立了有效的沟通协调机制，为相关案件的审理做好了充足准备。由上述案例可见，要提高海洋公益诉讼水平和办案效率，完善海洋公益诉讼体系，必须建立健全行政、检查、司法三方之间的信息互联互通机制，同时明确各自在海洋公益诉讼中所处的位置和应当执行的合理职能，只有这样，才能有效促进海洋生态文明建设，推进海洋强国建设。

三 相关建议

（一）培养高素质的海洋公益服务人才

我国正处在新的历史征程中，发展海洋经济、保护海洋生态环境、加快建设海洋强国成为促进区域协调发展的重要组成部分。发展海洋公益服

---

① 《21 万尾入海，公益诉讼增殖放流"还之以鱼"》，https：//view. inews. qq. com/k/20220714A0BA9L00? web_channel＝wap&openApp＝false，2022 年 7 月 14 日。

② 《青岛海事法院赴青岛海洋所开展调研交流》，http：//www. qimg. cgs. gov. cn/hzjl/202207/t20220729_709057. html，2022 年 7 月 29 日。

务必须深入贯彻落实科教兴国和人才强国战略，为建设海洋强国，实现中华民族伟大复兴培养德才兼备的高素质人才。首先，在宏观层面，中央和地方要制定科学合理的海洋公益服务人才发展规划，坚持教育优先发展、人才引领驱动的发展理念，对海洋公益服务人才队伍培养的方向、规模和相应的政策做出全面、宏观的战略规划，促进人才培养工作的健康发展。在海洋公益服务人才的培养方面，国家和各级政府应加强资源的统筹协调，科学合理地优化相关资源的投入。其次，政府要合理运用政策，引导海洋教育体系的健全和完善。海洋基础教育作为海洋教育体系的根基，应受到足够的重视。应将海洋基础知识与语文、地理、历史等基础学科有机融合，提升海洋知识在青少年群体中的普及程度。在普及海洋基础知识的基础上，需要逐步开展专业性较强的海洋知识的相关教育，为培养高素质海洋人才奠定基础。在这期间，政府需要充分发挥引导和协调的职能，合理分配教育资源，引导相关院校增设或发展海洋相关专业，加强海洋人才的培养。与此同时，除了理论性教育，也不能忽视海洋职业教育，要根据社会和市场的需求，培养相应的技能型海洋人才。最后，需要加强海洋公益服务人才的管理。应建立完善的海洋公益服务人才统计制度和评估体系，形成数据有效、完整的海洋公益服务人才数据库。同时，深化体制机制改革，设立专项基金鼓励人才创新和贡献，留住宝贵的海洋人才；搭建产学研平台，引导和推动海洋公益服务人才持续学习发展，加强海洋人才队伍建设。

（二）提升海洋公益服务事业的现代化水平

在党的二十大精神的指引下，我们需要全面科学地理解和把握海洋公益事业发展所面临的重要问题，结合建设海洋强国等重大战略，明确我国海洋公益服务面临的主要困难和不足之处，把问题和需求相结合，坚持创新驱动与开放合作，积极推动信息资源共享、产学研共同发展，实现海洋公益服务事业的现代化、高质量发展。

海洋公益服务现代化的一个重要组成部分是海洋观测预测的现代化，它

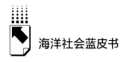

不仅是海洋防灾减灾的第一道防线，还是人民生产生活、海洋经济发展等活动的技术、信息支撑。第一，需要逐步优化海洋观测网络运行体系，为获取稳定有效的海洋观测数据提供保障。第二，应增强海洋预报业务体系的规范性，扩大预报的覆盖范围。第三，不断完善海洋灾害应急体系，提高防灾减灾技术水平。第四，提高海洋观测相关管理水平，为海洋经济发展助力。

海洋公益服务现代化的另一个重要组成部分是海上救援的现代化，它对于保障人民群众生命财产安全、保护海洋生态环境、推动海洋强国建设和增强我国的国际影响力有十分重要的意义。为此，我们要贯彻落实《关于进一步加强海上搜救应急能力建设的意见》，坚持"人民至上、服务大局，政府主导、多方参与，规划引领、共建共享"的海上搜救应急能力建设原则，优化指挥体系，完善法规预案制度，发挥规划引领作用，防范化解安全风险，加强海上人命搜救能力建设，加强海上溢油应急能力建设，加强船载危险化学品险情应急能力建设，加强船舶火灾救援能力建设，建强专业力量、统筹协同力量、壮大社会力量，加强海上搜救交流合作，提高医学救援和善后处理效能，为提升我国海上救援能力、推动海洋公益服务现代化和海洋强国及社会主义现代化建设提供稳定可靠的保障。

（三）加大海洋公益服务事业的宣传力度

2022 年 10 月 9 日国家减灾委员会办公室发布的《国家减灾委员会办公室关于做好 2022 年国际减灾日有关工作的通知》指出，防灾减灾需要坚持群防群治，加快构建多方参与的防灾减灾救灾格局①，要引导社会组织、企事业单位以及公民个体积极参与到防灾减灾工作中。要想做好引导工作，必须加强相关的宣传工作。海洋防灾减灾作为防灾减灾体系的一部分，同时也是海洋公益服务事业的重要组成部分，加大海洋公益服务事业的宣传力度势在必行。目前有关海洋公益服务事业的宣传活动日益增多，例如"世界海

---

① 《国家减灾委员会办公室关于做好 2022 年国际减灾日有关工作的通知》，https://www.mem.gov.cn/gk/zfxxgkpt/fdzdgknr/202210/t20221009_423624.shtml，2022 年 10 月 9 日。

洋日""全国海洋宣传日""把呼吸还给海洋"系列公益活动等，但是海洋公益服务事业的宣传活动并不能保证宣传成本与所实现的宣传效果相匹配，如何使用现有的宣传成本实现最好的宣传效果，是海洋公益服务事业需要着重思考的问题。在宣传的顶层设计方面，各地相关部门需要不断加强海洋公益服务事业的资源整合以及阵地建设，完善不同部门间的协作和媒体沟通机制。具体的宣传措施则需要针对不同的对象类型，采取多种形式的宣传，如海洋公益知识宣传、防灾减灾相关的应急演练和警示教育等，推动海洋公益服务事业的宣传工作进企业、进农村、进社区、进学校、进家庭，向群众科普海洋知识，引导群众熟悉海洋防灾减灾知识和技能。总的来说，就是要根据实际情况选择最合适的宣传方式，同时拓宽宣传途径，创新宣传方式，引导公众主动了解海洋公益服务，实现宣传效果最大化的理想目标。

（四）进一步加强海洋公益服务国际合作

党的二十大报告指出，我们全面推进中国特色大国外交，推动构建人类命运共同体……我们展现负责任大国担当，积极参与全球治理体系改革和建设。海洋命运共同体作为人类命运共同体的丰富和发展，是人类命运共同体理论在海洋领域的实践。想要构建新时代海洋命运共同体，需要持续加强海洋公益服务国际合作。首先，要与全球重大海洋倡议进行对接，例如联合国《2030可持续发展议程》。联合国作为世界影响力最大、最具权威的国际组织，在海洋治理方面发挥着举足轻重的作用。我国推动构建新时代海洋命运共同体就是要在以联合国为核心的多边主义框架下，在海洋防灾减灾、海洋生态环境保护等领域，推动海洋治理全球化、现代化发展。其次，要积极构建全球蓝色伙伴关系。最后，积极在21世纪海上丝绸之路框架下加强与海洋国家的"五通"建设，秉持"共商、共建、共享"原则，奉行"己欲立而立人、己欲达而达人"的理念，实现休戚与共的发展。

B.9
2022年中国海洋非物质文化遗产发展报告[*]

徐霄健 王爱雪 孙 哲[**]

摘 要： 2022年，党的二十大开启了中国式现代化发展的新征程，明确提出推进文化自信自强，铸就社会主义文化新辉煌的文化建设目标。基于我国社会主义文化建设的新目标、新要求，我国海洋非物质文化遗产（以下简称"海洋非遗"）工作本着坚持以人民为中心的导向，开拓创新，推出了更多能够增强人们精神力量的优秀作品和成果。2022年，我国"海洋非遗"在发展中取得了一些重要成就和进展，形成了以文塑旅、以旅彰文的新发展局面，深耕文化价值的形式逐渐多元化，国际传播力影响力不断增强，相关保护与传承机制不断完善，品牌的塑造力与创建力显著提升。2022年，我国"海洋非遗"在保护措施方面有三大亮点，即主动探索"海洋非遗"现代融创发展新模式，积极构建有吸引力的"海洋非遗"主题活动，不断创建"海洋非遗+"载体的新业态发展模式。2022年，我国"海洋非遗"在取得成就的同时，也存在整体性保护的体制机制不健全、保护与管理工作落实不到位、数字化保护手段发展潜力

---

* 本报告为徐霄健主持的2020年度山东省"传统文化与经济社会发展"专项课题"传统海洋文化资源实现价值整合与产业化创新的'山东样板'研究"（项目编号：ZC202011005）的阶段性成果。

** 徐霄健，硕士，曲阜师范大学马克思主义学院讲师，研究方向为海洋社会学；王爱雪，硕士，日照职业技术学院讲师，研究方向为中共党史；孙哲，曲阜师范大学马克思主义学院在读硕士研究生，研究方向为马克思主义基本原理。

受阻等发展问题，下一步需要有针对性地采取有效措施解决这些问题。

关键词： 海洋非遗　中国式现代化　涉海文化　文化强国

《中共中央　国务院关于做好 2022 年全面推进乡村振兴重点工作的意见》指出，要创新农村精神文明建设有效平台载体，推进非物质文化遗产和重要农业文化遗产保护利用。虽然 2022 年全球新冠肺炎疫情仍在蔓延，文化"烟火气"在曲折中复苏，但我国"海洋非遗"的保护和发展工作仍取得了实质性进展，如非遗保护主体积极接纳"云"方案，通过云游非遗、云宣传等方式，将优质的"海洋非遗"影像向广大受众宣传、推广；积极将"海洋非遗"物化，对"海洋非遗"进行周边化、多元化的创新设计；将"海洋非遗"逐渐纳入地方文化和传统文化、红色文化的发展轨道，逐渐融入购物节和活动庆典等。这些都极大丰富了"海洋非遗"的文化内涵和活态形式，初步实现了"海洋非遗"文化惠民、文化传播、文化创造的文化发展目标，有助于推进全体人民共同富裕和乡村振兴。作为我国非物质文化遗产的重要内容，在过去的一年中，"海洋非遗"无论是在理论方面还是在实践方面，都迎来了质的发展和提升。

一　2022年中国"海洋非遗"发展概览

非遗的传承与发展事关国家发展大局。增强历史自觉，坚定文化自信，是党的十八大以来文化建设的主旋律。近年来，我国充分发挥以传统工艺类为主的非遗在带动城乡就业、促进增收等方面的独特作用，推动非遗保护、发展与巩固脱贫攻坚成果及助力乡村振兴有效衔接。2022 年，我国"海洋非遗"保护与发展整体上能够主动适应疫情防控的大环境，各地的"海洋非遗"保护与发展主体能够因地制宜地设定灵活多样的发展目标和计划，

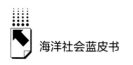

积极将"海洋非遗"的保护与发展融入现代城市生活和乡村生活的轨道，不断推动"海洋非遗"的保护与传承。

（一）"海洋非遗"保护与发展的成就

1. 形成了深耕"海洋非遗"文化资源价值的多种发展形式

"海洋非遗"作为重要的文化遗产，是各地海洋历史文化的重要载体，滋养和影响着各地的发展。2022年，各地"海洋非遗"的保护与发展主体能够根据自身实际，因地制宜地设定发展目标、制订发展计划，充分挖掘"海洋非遗"背后的文化价值和经济价值，从而驱动、协调地方经济和文化的全面发展。我国"海洋非遗"在整体性保护的过程中，呈现以推进文化区域互动和发展为契机，以深耕"海洋非遗"的文化资源价值转换为目的的发展趋势。随着文化创造性转化与创新性发展工程在各地不断推进，2022年，中国"海洋非遗"的保护与开发整体上也呈现深耕海洋文化资源的价值利用、赋予海洋文化以鲜明时代特色、将海洋文化作为推动地方经济社会发展的重要载体等发展特点。

"海洋非遗"的传播与交流价值，是促进我国沿海地区区域互动的重要内容。在"海洋非遗"互动的形式上，各地进行了大胆的创新与探索，形成了创新话语方式、深化媒体合作、加强交流对话等文化互动形式，在实践中更好地促进了文化故事的传播和文明互鉴。2022年12月17日，以"妈祖文化的世界传播与人类文明交流互鉴"为主题的2022妈祖文化传媒论坛在莆田市湄洲岛举行。[①] 该论坛的举办，旨在进一步推动妈祖文化在全球的传播与影响力，积极推动妈祖文化在促进两岸及"一带一路"国家和地区文化交流中发挥更大作用。在实际交流过程中，妈祖文化的交流与传播不仅为推动相关地区合作与发展汇聚了同心同向、同舟共济的磅礴力量，而且在推动两岸关系方面架起了增进两岸同胞利益福祉的"连心桥"，甚至在推动

---

① 《2022妈祖文化传媒论坛：讲好妈祖故事　推动妈祖文化世界传播》，https://new.qq.com/rain/a/20221217A0l，2022年12月17日。

"一带一路"建设乃至世界各国文明互鉴方面发挥着重要作用。另外，2022琼台妈祖文化交流活动于 12 月 8 日在海南省临高县天后宫启动。① 此次活动以妈祖文化交流为纽带，以积极推动琼台两地经贸文化各领域的普遍交流与合作为目标，主要涉及医美大健康产业、游艇制造业、现代渔业等方面的投资合作，通过文化赋能的方式，进一步推动了海南自贸港重点园区、海峡两岸农业合作试验区澄迈示范基地的发展。

2. "海洋非遗"的国际传播力和影响力不断增强

2022 年 10 月 3 日，2022 "妈祖秋祭" 文化系列活动在莆田开幕。此次妈祖文化系列活动由中华妈祖文化交流协会主办，中国工商银行莆田市分行、莆田妈祖文化研究院协办。② 该文化系列活动充分实现了妈祖文化在仪式感、参与感、现代感等方面的有机交融，充分向世界展示了妈祖的平安形象、大爱形象、和平形象。该活动的举办有效推动了妈祖文化在世界范围内的交流与传播，全面展现了中国传统文化的独特魅力，进一步推动了妈祖文化国际传播的步伐。该活动既展示了 "海洋非遗" 东方神韵的魅力，也向世界传递了中国人民热爱和平发展的一贯理念，在与各国人民共同分享文化盛宴的同时分享美好心愿。此外，参加 2022 年纪念妈祖诞辰 1062 周年大会暨壬寅年妈祖春祭大典的活动主体有马来西亚吉隆坡雪隆海南会馆、台湾台南鹿耳门圣母庙、山东省妈祖文化交流协会等妈祖文化机构代表。③ 该活动的举办有助于更好地发挥妈祖文化在促进对台交流合作、"一带一路"建设中的重要作用，有利于扩大海内外妈祖信众的联谊交流，有助于拉近国与国、人与人之间的距离，助推构建人类命运共同体。

---

① 《2022 琼台妈祖文化交流启幕 邀台胞共叙情谊共谋发展》，http：//www.taihainet.com/news/twnews/bilateral/2022-12-09/2668521.html，2022 年 12 月 9 日。
② 《2022 "妈祖秋祭" 文化系列活动在莆田举行》，https：//www.sohu.com/a/590143575_735712，2022 年 10 月 4 日。
③ 《莆田湄洲岛举行春祭大典 纪念妈祖诞辰 1062 周年》，http：//pt.fjsen.com/xw/2022-04/23/content_31016456.htm，2022 年 4 月 23 日。

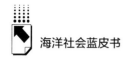

3. "海洋非遗"的相关保护与传承机制不断完善

2022年,各地区为做好新时代非遗保护工作,不断完善非遗项目的申报、非遗传承人的认定等非遗保护政策的具体条例,还不断完善文化生态保护区建设、非遗代表性传承人管理办法等方面的顶层设计。由此,"海洋非遗"保护领域相应的体制机制也得到了完善。2022年,相关省市的"海洋非遗"保护和开发工作基本都本着发挥"海洋非遗"文化合力,做好"海洋非遗"大文章的原则,不断加强"海洋非遗"的体制机制建设,如2022年2月15日,汕尾市根据《中华人民共和国非物质文化遗产法》等法律、法规,结合当地实际,制定了《汕尾市汕尾渔歌保护规定》。[①]《汕尾市汕尾渔歌保护规定》共涵盖二十条保护规定,涉及汕尾渔歌的保护传承、创新发展、传播交流等各个环节和层面的保护工作,进一步强调了文化主管部门对渔歌保护工作的职责。其中,在拓展汕尾渔歌文化交流与发展的新渠道、新平台方面,《汕尾市汕尾渔歌保护规定》明确了不同保护主体的职责,并分别对它们提出了要求。如提出了组织代表性传承人参加展览、展示、表演、研讨、交流和培训等活动的规定;提出了鼓励和支持社会团体、研究机构、高等院校、艺术工作者进行渔歌创新研究,支持渔歌演出团体在国外进行展演等条例内容。

4. "海洋非遗"的品牌塑造力与创建力显著提升

近几年来,数字化传播方式打造了"海洋非遗"全方位、多层次的传播与发展路径,营造了"海洋非遗"浓厚的社会保护氛围,扩大了"海洋非遗"品牌的文化影响力。2022年5月18日,象山县举行非遗短视频创作沙龙活动,进一步推动了象山"海洋非遗"项目的传播。为推动非遗品牌形象的建设,象山县立足"北纬30度最美海岸线"城市文化品牌,积极推进"海洋非遗"工坊创建工作[②]。基于此,当地推出了"非

① 《汕尾市汕尾渔歌保护规定》,https://www.Shanwei.gov.cn/shanwei/zwgk/jcxx/zfwj/gz/content/post_801909.html,2022年2月15日。
② 《海洋渔文化生态保护,让非遗连接现代生活》,http://www.xstv.net/detail.html?id=269565,2022年7月11日。

遗馆奇妙夜""非遗+露营""非遗+动漫"等迎合现代年轻群体审美趣味的主题创意活动。2022年5月30日，城阳举办了第十七届青岛城阳红岛蛤蜊节，为提升"海洋非遗"文化的影响力，当地通过深度整合城阳的产业与资源优势、民俗文化，创造性地打造了"美得城阳"（Made in Chengyang）外宣IP，努力推介本地海洋类民俗非遗，尤其是通过崭新的方式展现了当地渔盐文化的独特魅力，推动了渔盐文化的国际化发展。① 此外，近几年来，威海市立足区域发展实际，理顺非遗保护思路，凸显城市特色和海洋优势，通过大力推广"海洋非遗"，让非遗元素成为城市亮点，成功塑造了具有海滨特色的城市名片，促进了文旅融合发展。2022年7月9日，山东省公布了2021年度山东省非遗十大亮点工作名单，"威海市、荣成市编制海洋特色鲜明的非遗保护发展规划纲要，打造海洋非遗品牌"成功入围。② 海南省非遗保护中心推出了40期的《魅力海南·多彩非遗》系列宣传片，将非遗与品牌形象建设相结合，以通俗易懂、人民群众喜闻乐见的方式，充分展现海南"海洋非遗"的独特魅力。为更好地保护和传承海南非物质文化遗产，弘扬中华优秀传统文化提出了海南方案。

可以说，2022年，多数省市仍积极探索"海洋非遗"出圈的方式，在此过程中，"海洋非遗"品牌推广的红利使"海洋非遗"品牌的创建动力和意识不断增强。"海洋非遗"与现代生活的连接，是以品牌形象的塑造和创建为前提的。近几年来，有关省市政府通过微信公众号、短视频、App等线上宣传方式极力提升非遗的数字化传承力，获得了持续的社会关注度和好评，提升了"海洋非遗"现代品牌的创建能力，促进了"海洋非遗"与现代生活的连接。

---

① 《非遗手造走进蛤蜊节 展示渔盐文化丰富内涵》，https：//mp. weixin. qq. com/s？__biz=MzIwMDQ2ODUxOQ==&mid=2649934032&idx=2&sn=7a4f02dc3969ee5e788c00f24f88a726&chksm=8efad998b98d508e0cab7b1e14115dc041e6cd528b13ca2af71d5f7dd7626c74277eb0b81483&scene=27，2022年5月30日。

② 《礼乐山东丨威海：荣成市海洋特色非遗保护工作入选省级十大亮点》，https：//baijiahao. baidu. com/s？id=1737846863712066989&wfr=spider&for=pc，2022年7月9日。

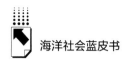

（二）"海洋非遗"保护与发展的措施

1. 利用地方优势因地制宜推动"海洋非遗"的现代融创发展

近几年来，我国"海洋非遗"逐渐融入产业化发展的轨道，通过充分利用海洋历史文化资源、活化利用海洋历史文化街区、复兴海洋文化场所等方式，围绕"海洋非遗"资源推出了符合现代人各类消费需求的文化产品。很多"海洋非遗"项目依托高校、科研院所和海洋科创平台，依靠海洋人才及智力资源的集聚效应，不断探索融创发展的新模式。一些滨海地区持续做好"海洋非遗"开发工作，坚持在实践中创新、在交流中互鉴、在合作中发展。2022 年 7 月 25 日，作为我国首个在海岛设立的非遗保护中心，大连市海岛非物质文化遗产研究与保护中心成立①。该保护中心依托当地院校和科研资源立体化地展现了"海洋非遗"历史悠久的文化内涵、人文底蕴和地域特色。通过与学校合作的方式，有效搭建"海洋非遗"交流与普及的平台，促进"海洋非遗"的传承保护，推动"海洋非遗"的科学开发与利用。国家和各省每年都会积极组织非物质文化遗产代表性项目推荐申报工作，挖掘相关"海洋非遗"文化资源，摸清各省的"海洋非遗"家底，以助力构建更完善的"海洋非遗"科学保护和发展体系，为持续推动"海洋非遗"项目的保护、传承与发展而努力。

"海洋非遗"的融创发展，还体现在"海洋非遗"项目与现代人的都市生活、乡村生活和校园学习等领域结合的日益紧密。随着现代经济的发展，渔民上岸后面临传统生活方式和生活习俗的转变，尝试融入主流社会生活，"海洋非遗"文化的陆域传播特点越来越显著。近几年来，上海、深圳在推动"海洋非遗"与现代生活方式的融创发展方面积累了丰富的经验。上海因海而生，凭海而兴，借海而拓，其城市的发展一直受到海洋文化的滋养和影响。"海洋非遗"是上海海洋文化的重要载体。在全面提升上海城市软实

---

① 《我国首个海岛非物质文化遗产研究与保护中心落户长海》，https://baijiahao.baidu.com/s? id=1739455827858662844&wfr=spider&for=pc，2022 年 7 月 27 日。

力和 2035 年建成"人文之城"的大背景下，上海在 2022 年推出了《上海的海·海洋非遗守"沪"人》系列专题片，通过系列短片，带领大众走进非遗传承人的工作与生活，品味"海洋非遗"的历史韵味，求索"海"于上海的深刻意义。① 可以说，上海将"海洋非遗"的海派文化以故事的形式演绎给大众，这种传播形式更加具象、丰富和生动。"海洋非遗"作为海洋文化和海洋文明的灵动具象，植根于民间，一些地方院校和民间组织也依托地方"海洋非遗"项目资源，让师生和群众走进"海洋非遗"，深入感受"海洋非遗"的魅力，提升文化传承意识，助力精神生活共同富裕。2022 年6 月，深圳市的南澳"海洋非遗"馆建成，馆藏有实物、图片、模型等多种形式的"海洋非遗"展品，并通过声、光、电等技术，直观生动地呈现南澳客家和疍家风俗、礼俗场景。② 该"海洋非遗"馆也成为市民和学生了解"海洋非遗"的活动场所和知识窗口。该馆有 5 个"非遗"保护项目和 1 个传统文化项目，分别是东渔村天后祭、南澳海胆粽制作技艺、东山渔歌、疍民过年习俗（舞草龙）、南澳渔民娶亲礼俗和赛龙舟。③ 近几年来，海阳剪纸将海洋文化与"海洋性格"在剪纸艺术中充分展现。2022 年 8 月 1 日，天津大学海洋科学与技术学院"向海问津"实践队来到位于海阳一中的剪纸工作室，亲身感受海阳剪纸的文化魅力，增强文化传承意识。④ 2022 年 8月 27 日，岱山县新时代文明实践志愿服务总队文化文艺服务队的志愿者在东沙古渔镇开展了 2022"海洋非遗"公益演出活动，⑤ 这不仅延伸了当地群众的文化空间，也丰富了当地公共文化服务的内涵。一些地方还通过实施

① 《上海的海 | 海洋非遗，折射出人与海的关系》，https：//ne w. qq. com/rain/a/2022 0201A02D3G00，2022 年 2 月 1 日。
② 《深圳南澳开展"非遗"系列活动》，https：//new. qq. com/rain/a/20221110A0AHIH00. html，2022 年 11 月 10 日。
③ 《"非遗"盛宴! 南澳办事处开展"非遗"系列活动》，https：//www. szn ews. com/news/ content/2022-11/10/content_25449523. htm，2022 年 11 月 10 日。
④ 《讲好中国故事·剪纸艺术承载的海洋非遗文化》，http：//marine. tju. edu. cn/info/1040/ 2803. htm，2022 年 8 月 22 日。
⑤ 《"喜迎二十大 共走富裕路"》，http：//dsnews. zjol. com. cn/ds news/system/2022/08/30/ 033805705. shtml，2022 年 8 月 30 日。

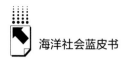

"海洋非遗"文化惠民工程，进一步推动了"海洋非遗"与共同富裕奋斗目标的有机融合，初步构建了能够适应现代人生活方式的"海洋非遗"发展新业态。

2. 通过构建有吸引力的主题推动"海洋非遗"的交流与传播

2022年"妈祖杯"海峡两岸民间茶王赛以"共同弘扬妈祖文化 助推闽台茶产业发展"为主题，旨在共同弘扬中华妈祖文化，为海峡两岸茶农、茶企、茶叶爱好者搭建文化交流的新平台。[①] 妈祖文化与茶文化的深度融合，为探索海峡两岸产业融合发展空间开拓了新路径，对于扩大文化交往主体、深化合作领域具有重要的现实意义。另外，2022年长岛地区依托长岛渔号的影响力，建造了极具特色的渔号主题旅游小镇，渔号主题小镇将非遗的演出有机融入当地人的精神文化生活，将渔号康养、渔号文化沙龙、渔号故事街、渔号广场等多个项目整合开发，致力于打造海岛民俗综合体验的开发空间，使非遗演出不仅有完整详细的项目解读，还具有招商引资的功能。因此，渔号小镇也成为成功集现代投资、度假、康养于一体的典型示范区。"海洋非遗"与现代文化经济生态圈和海洋经济生态圈建设相结合，有机融入当地民众的海洋实践活动，打造独特的海洋民俗文化生产生活空间，不仅可以有效集旅游度假产业、现代康养产业、非遗文化产业、海洋产业于一体，还可以聚焦海洋民俗与海洋文化的创新性发展，通过非遗产品、非遗文创、非遗体验去升级现代生活多方位的体验。因此，以海洋非物质文化遗产传承基地为主要依托的现代特色小镇建设，将形成现代新的文化生产生活圈。

近几年来，"海洋非遗"与校园活动的结合日益紧密，"海洋非遗"在校园活动的影响下，逐渐被越来越多的学生所认知和接受，这为"海洋非遗"的交流与传播搭建了可持续发展的桥梁。惠东渔歌是惠东县渔村的传统音乐，是惠东县目前唯一的国家级"海洋非遗"项目。2022年，平山第

---

① 《共同弘扬妈祖文化 助推闽台茶产业发展 2022年"妈祖杯"海峡两岸民间茶王赛启动》，https://www.putian.gov.cn/zw gk/ptdt/ptyw/202208/t20 220819_1747033.htm，2022年8月19日。

一小学本着非物质文化遗产保护"从娃娃抓起"的理念，通过精细策划，全面推进"惠东渔歌进校园"活动。① "渔歌进校园"对于传承惠东渔歌这一"海洋非遗"项目来说具有长远的意义，它让惠东渔歌在校园实践的助力下得以更好地传承与发展。

"海洋非遗"的交流与传播离不开海洋实践。近几年来，新颖的海洋民俗活动以"人海和谐"为理念，进一步拓展了"海洋非遗"交流与传播的空间。2022年3月4日，无棣县以"传承非遗文化·品尝盐田大虾，耕海牧渔，走向深蓝，大力发展临海旅游"为主题，开启了2022祭海非遗文化盛典暨第15届海洋文化节。② 该"海洋非遗"项目的传承秉持着以游客的实践体验为核心的原则，致力于打造"海洋非遗"品牌，以品牌效应推动海洋文化的体验与传播。2022年荣成举办了渔民开洋、谢洋节，渔民的祭海活动分三天举行。③ 此次渔民开洋、谢洋节以人海和谐为主题，不仅坚定了渔民不畏惧惊涛骇浪的信心与决心，还增强了人与人、人与自然之间的亲和力。2022年7月11日，日照岚山区沿海村居举行了第五届渔民祭海节，此次祭海节以感恩大海对渔民的馈赠为主题，旨在弘扬海洋民俗文化，增强居民的海洋意识。④

受疫情的影响，2022年很多地方依旧延续了之前的"线下+线上直播"的交流形式，以保证文化交流活动的延续性。比如，2022年，莆田湄洲岛举行了纪念妈祖诞辰1062周年的春祭大典，此次活动通过网上互动，以视频连线的形式，向妈祖敬香，共同为战胜疫情、共享平安祈福。⑤ 这是莆田

---

① 《渔歌悠扬 传承有我》，https：//www.163.com/dy/article/HA FG7LK105509XK5.html，2022年6月22日。

② 《无棣：精细化气象服务助力非遗文化活动》，http：//sd.cma.gov.cn/gslb/bzsqxj/xwzx/gzdt/202203/t20220304_4563141.html，2022年3月4日。

③ 《礼乐山东丨威海：荣成非遗——渔民开洋、谢洋节》，https：//mp.pdnews.cn/Pc/ArtInfoApi/article?id=30941561，2022年8月31日。

④ 《日照岚山区举行第五届渔民祭海节》，https：//new.qq.com/rain/a/20220714A05LFC00，2022年7月14日。

⑤ 《刷屏！纪念妈祖诞辰1062周年大会暨春祭大典举行》，https：//www.toutiao.com/article/7089675617506951688/？wid=1686133586691，2022年4月23日。

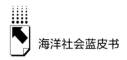

湄洲岛举办的又一次以弘扬妈祖文化为主题的线上视频直播的文化交流盛会,通过互联网进一步拓展了妈祖文化大众化传播与交流的空间和渠道。

　　3.积极创建"海洋非遗+"不同载体的新发展模式

　　近几年来,我国"海洋非遗"依托文学、音乐、舞蹈、美术、技艺、传说、习俗、医药等载体发展壮大。"海洋非遗"是人类历史上海洋实践的产物,是与人们生活密切相关的精神文化。我国"海洋非遗"在传承发展的过程中始终坚持立足于民、惠民益民的原则,实现在人民中活态传承和展现,并在此基础上不断进行非遗载体的建设和新业态开发。2022 年,受疫情影响,东沙古渔镇非遗一条街的渔绳结店铺内,非遗传承人在不断摸索非遗项目线上教学;县文化和广电旅游体育局也在积极推动濒危非遗项目的带徒授艺,通过公益培训进行非遗团队的培养,积极探索以文塑旅、以旅彰文的新思路,用全域旅游发展模式保护传承和发展利用岱山的"海洋非遗"。①象山作为浙江省唯一的国家级海洋渔文化生态保护区,海洋渔文化特色非常鲜明。在"海洋非遗+旅游"融合发展方面,象山县可谓经验丰富。2022 年6 月,象山县推出了"象山海洋渔文化之旅"非遗主题旅游路线,推进以文塑旅、以旅彰文工作。②据统计,象山县共开发非遗教学传承基地 27 个,推出非遗民宿创建试点 13 家,创建非遗体验基地 17 个。当地依托区位优势打造了蟹钳港景区等一批海洋渔文化研学旅游基地,设计推出了 6 条海洋渔文化体验产品线路。③起初,象山县建成了一个海洋渔文化展示馆,而石浦渔港古城是千百年来象山海洋文化的历史见证,依托海洋渔文化展示馆的文化产业发展优势,当地有效推进了石浦渔港古城的二期开发项目,该项目总用地面积 97.7 亩,以保护性开发为主,拥有文保点 2 处、历史建筑 10 个、

　　①　《邹佩志:做海洋"非遗沃土"的耕耘者》,http://dsnews.zjol.com.cn/dsnews/system/2022/01/22/033440397.shtml,2022 年 1 月 22 日。
　　②　《海洋渔文化生态保护,让非遗连接现代生活》,http://www.xstv.net/detail.html? id = 269565,2022 年 7 月 11 日。
　　③　《象山县深化文化生态保护推进渔文化转化提升》,http://zld.zjzwfw.gov.cn/art/2021/4/20/art_1229052632_58917978.html,2021 年 4 月 20 日。

建议历史建筑 2 个。① 其发展规模不断壮大，"海洋非遗+"的现代化载体建设与新业态发展效益在当地不断凸显。

"海洋非遗"与家庭的深度融合发展，是一种新兴的非遗发展模式，也代表着"海洋非遗"的一种未来发展方向，即以家庭为载体推进"海洋非遗"体验的大众化，以实现"海洋非遗"保护传承向个体化方向发展。2022 年 8 月 23 日，深圳南澳举办了"童心筑梦悦享暑假"暑期亲子活动，46 对亲子家庭来到南澳非遗馆和海边，体验南澳非遗和活力亲海运动，近距离感受疍民过年习俗（舞草龙）、渔民娶亲礼俗、东山渔歌等本地非遗的魅力。②

南澳还以文明典范城市"联创共建"为契机，依托工青妇平台与"三级联动"党群服务中心阵地，联动学校与企业，链接更多文化、海洋资源，持续打造更多青少年户外体验精品项目，深化"非遗+""海洋+"儿童友好型城区建设。③ 这些项目都进一步深化了"海洋非遗+"文化创新的体验形式。总之，在疫情的影响下，"海洋非遗+"的保护途径和发展模式在不断创新，通过跨界融合的方式，不断扩展"海洋非遗+"的新业态发展模式，实现人的发展与非遗的发展、经济社会的发展与非遗的发展、生态保护与非遗保护同步推进。"海洋非遗+"的载体建设与新业态蓬勃发展，为中华传统文化注入了活力和现代元素，吸引了更多年轻人的关注和参与。除此之外，"海洋非遗"与文创、旅游、教育、国潮等领域的结合日趋成熟，让更多的民众真正成为非遗保护与受惠的主体。值得注意的是，"海洋非遗"与民生领域的结合正成为一股新的发展力量，由此衍生的"非遗+特色小镇""非遗+养生"等主题活动逐渐增多，让越来越多的人感受到传统文化带来的魅力和价值。

---

① 《关于加强石浦渔港古城保护工作的建议》，http：//zx. xiangshan. gov. cn/art/2022/7/6/art_ 1229610453_2413. html，2022 年 7 月 6 日。
② 《了解非遗文化，体验亲海时光！南澳举办暑期亲子活动》，https：//baijiahao. baidu. com/ s？id=1741933881112229033&wfr=spider&for=pc，2022 年 8 月 23 日。
③ 《了解非遗文化，体验亲海时光！南澳举办暑期亲子活动》，https：//baijiahao. baidu. com/ s？id=1741933881112229033&wfr=spider&for=pc，2022 年 8 月 23 日。

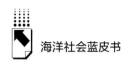

二 中国"海洋非遗"发展存在的问题及成因

近几年来,我国"海洋非遗"正面临着新的传承危机,有些"海洋非遗"正在不断消失,许多传统技艺类"海洋非遗"濒临消亡,还有一些有历史和文化价值的珍贵资料和实物被毁弃或流失,一些地方存在随意滥用和过度开发"海洋非遗"的现象。可以说,我国"海洋非遗"发展存在的问题很多,这些问题形成的原因也错综复杂,需要进一步研究。

(一)尚未建立起能够适应"海洋非遗"整体性保护的体制机制

目前,"海洋非遗"保护的相关法律法规建设还未能与"海洋非遗"保护的紧迫性相适应。很多地方的"海洋非遗"保护工作仍未完全纳入国民经济和社会发展的统筹规划中,导致与"海洋非遗"具体保护相关的一系列问题迟迟不能得到系统、有效的解决,尤其是关于"海洋非遗"的保护标准、工作考核机制和目标管理制度等还未建立健全,一度造成关于"海洋非遗"项目资料的收集、整理、记录、建档、调查、利用、展示、保存和相关人员培训等工作落实不到位。目前,我国"海洋非遗"保护管理资金建设和相关专业人才不足的困难也普遍存在。总体来说,适合我国"海洋非遗"保护工作实际且具有整体性、有效性的保护工作机制尚未建立健全,从而使不少沿海地区政府主导的"海洋非遗"保护工作存在落实不到位的情况。

(二)"海洋非遗"的保护与管理工作落实不到位

在"海洋非遗"的保护和开发管理层面也存在很多问题。一些地方"海洋非遗"保护意识淡薄,出现重申报、重开发,但轻保护、轻管理的现象,没有正确认识和处理好保护与开发的关系,存在少数地区超负荷利用和破坏"海洋非遗"资源的现象,也存在基于商业化、市场化、人工化发展的需要,损害"海洋非遗"原真性的现象。近几年来,"海洋非遗"保护工作存在两大问题,一是产业化建设导致的破坏问题，二是保护性破坏问题。人们对"海洋非遗"认识不到位或经济目的导致的建设性破坏和保护性破坏问题不可避免，很多带来破坏的"海洋非遗"项目的建设常常是在加强保护和开发利用的名义下开展的。

现如今，乡村振兴产业对农村的建设来说是件好事，但是由于"海洋非遗"大部分都保存在农村地区，如果建设不当，很容易对其造成严重的损害。近几年来，我国"海洋非遗"保护性破坏的危害很明显。一些"海洋非遗"项目被确定为保护对象后，与该非遗项目有着直接利益关系的人员片面强调和开发它的经济价值，如对渔村的过度旅游开发、对"海洋非遗"工艺品的大量机械化复制，这些都使一些非遗项目的历史价值和文化价值难以显现。可以说，很多非遗项目之所以被保护是因为人们看重它的经济价值，而非文化价值、精神价值或历史价值，这就很容易导致对其历史文化保护的中断。比如，在旅游开发的经济目的下，一些原生态的渔歌和渔民号子被按照当代一些肤浅低俗时尚的审美趣味加以改造，一些传统的"海洋非遗"民间手工艺制品被大量机械化复制，一些古老的渔村变成了喧嚣的闹市。从表面上看，这些似乎是对"海洋非遗"的有力开发，实际上是对"海洋非遗"项目的一种本质性伤害。

（三）"海洋非遗"的数字化保护手段发展潜力受阻

1. 缺少对"海洋非遗"地方性文化结构与文化意义的数字化保护

近几年来，"海洋非遗"项目的数字化保护和发展存在一些潜在的问题，尤其是忽视了对"海洋非遗"项目的地方性文化结构和文化意义的数字化保护。在对"海洋非遗"进行数字化保护的过程中，由于对"海洋非遗"地方性知识内容重视程度不够，对其地方性整体保护意义缺乏重视，导致其独特性和地方特色难以有效彰显。首先，在对"海洋非遗"进行数字化保护的过程中，学者们大多从现有的书面文献和相关记载中"拼凑""海洋非遗"的线索，缺少通过实际调查和深度访谈了解地方民众对"海洋非遗"历史内容与文化意义的看法和评价，从而导致与"海洋非遗"相关

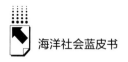

的地方性知识不足，在保护的过程中很难保持"海洋非遗"原有的地方性生活意义。其次，对"海洋非遗"进行的数字化分类多数是按照政府相关部门或者研究机构的标准进行的，较少从传承人的角度对"海洋非遗"进行分类。最后，在对"海洋非遗"进行数字化保护的过程中，很多人习惯于从经济效益所带来的外在价值角度对"海洋非遗"进行单方面的评价，而"海洋非遗"的文化寓意、民间意义、仪式阐释、创作情怀、精神内核等内在价值却被掩盖。这容易导致"海洋非遗"保护重"器"轻"道"的现象，即过于注重"海洋非遗"的文化发展形式和单方面价值，忽视了对"海洋非遗"内在文化结构和文化意义的保护。从长远来说，这不利于"海洋非遗"在现代社会文化体系中的发展，不利于"海洋非遗"项目的地方整体性保护。

2. 目前我国"海洋非遗"活态性数字化保护面临新困境

当前我国一些数字化手段难以展现和复兴"海洋非遗"的活态性。"海洋非遗"的活态性体现在人对"海洋非遗"的持续性创造，这便对"海洋非遗"的数字化保护技术提出了很高的要求。虽然当前数字化技术能够捕捉并实现"海洋非遗"某些内容的数字转换，但捕捉和实现的也仅是传承人在接受数字化采集那一时刻所进行的有限的非遗创造，目前还难以通过数字化保护手段掌握"海洋非遗"项目的持续性创作过程。造成这一问题的根本原因是"海洋非遗"项目的传承者和享有者很难有效地参与非遗的数字化保护过程，尤其是"海洋非遗"的传承人在数字化保护过程中多数处于失语的状态，很少有机会借助数字化手段表达自己对"海洋非遗"的文化创作评价，也无法持续地参与到"海洋非遗"的数字化创造过程中。"海洋非遗"的数字化保护短板集中暴露了目前数字化保护忽略了传承人参与的问题。因此，若要有效摆脱该困境，"海洋非遗"传承人必须持续参与数字化保护过程。

通过梳理上述我国"海洋非遗"面临的不容忽视的发展问题和现实挑战，总结和分析"海洋非遗"项目保护中存在的问题及成因，可以使我们在制定保护措施时更明确且有针对性地避免相关问题的发生。"海洋非遗"

作为活态文化，因受利益关系、思想观念、社会结构和环境改变的影响，再加上其本身存在保护和发展形态的限制，必然会遇到现代发展基础薄弱等问题，很多"海洋非遗"项目的保护也遇到了前所未有的危机，有一些甚至已经消失或正面临消失的危险状况。如果上述问题处理不好，"海洋非遗"作为一种传统文化将会面临加速消亡的趋势。可以说，抢救和保护那些处于生存困境中的"海洋非遗"已然成为新时代赋予我们的紧迫任务。

三　中国"海洋非遗"发展的趋势与建议

"海洋非遗"的保护与开发应当坚持党的领导、政府主导、社会多主体积极参与的保护思路，坚持保护为主、合理利用的理念，充分调动一切积极因素，有针对性地细化各类主体对"海洋非遗"的保护与开发。

（一）积极推动"海洋非遗"的创造性转化与创新性发展

在对"海洋非遗"项目进行创造性转化与创新性发展的过程中，应当把弘扬中华优秀传统文化作为一条主线，以践行社会主义核心价值观为目的，根据《中华人民共和国非物质文化遗产法》等法律、法规，结合我国"海洋非遗"的实际和条件，不断推动项目的内容、形式与结构的创新性发展。在保护的过程中，还应当把保护传承、创新发展和传播交流这三个不同的环节协同起来推进，使之形成相辅相成、相互促进的发展效果。"海洋非遗"作为我国非物质文化遗产的重要组成部分，具有丰富的历史底蕴和海洋特色，蕴含着劳动人民科学用海、善于用海、向海而生、向海图强的"精神密码"，因此在推动"海洋非遗"的创造性转化和创新性发展的过程中，应树立大非遗观、大文化观，将非遗成果惠及全体人民。

（二）根据"海洋非遗"保护的需要有针对性地落实政府工作

在政府层面，应当加强对所属行政区域内"海洋非遗"保护工作的组织和领导，自觉将"海洋非遗"保护工作纳入当地国民经济和社会发展规划、

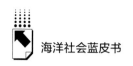

旅游业和文化发展规划中，应当将"海洋非遗"项目纳入社会基本公共文化服务和文化惠民工程的目录，细化"海洋非遗"项目的政府财政补贴、社会公益资助和活动演出等方面的实施细则，在政府财政补贴方面将"海洋非遗"项目保护与开发经费列入相关财政预算，支持"海洋非遗"项目进企业、进校园、进农村和进社区。

文化主管部门方面。相关文化部门要对所属行政区域内"海洋非遗"项目的传承保护工作负责，不断优化"海洋非遗"保护各个环节的工作。文化主管部门要根据实际情况因地制宜地制定符合本地发展要求和人民意愿的"海洋非遗"保护规划，结合"海洋非遗"项目的节庆、文化活动、民间习俗等实际情况组织开展特色内容和成果的展示、演出等活动，积极组织开展"海洋非遗"的调查、记录活动，并建立"海洋非遗"数字化保护档案和数据库，积极组织评审、推荐"海洋非遗"代表性项目，做好认定相关"海洋非遗"保护单位和代表性传承人的工作。相关文化部门要建立"海洋非遗"项目代表性传承人储备名单，定期评估、检查当地"海洋非遗"代表性项目保存、传承以及传播的具体情况，可以根据"海洋非遗"项目自身的特色和优势，积极组织代表性传承人定期参加展览、研讨、表演、交流和培训等活动，并在此基础上组织开展"海洋非遗"项目作品或成果的创作与研究。此外，当地的文化主管部门可以充分挖掘、整理和保存"海洋非遗"项目代表性传承人、相关艺术工作者的代表性成果和作品，通过数字化手段记录"海洋非遗"的发展过程与历史回忆，充分利用各种媒介向社会公众推广宣传。

其他行政管理部门方面。其他行政管理部门应积极配合非遗保护和传承工作，教育、财政、人力资源、税务、住房城乡建设、市场监管等有关部门和宣传机构应在做好"海洋非遗"相关保护工作方面落实自己的职能与责任。比如，财政部门可以建立与"海洋非遗"保护传承工作相适应的专项经费保障机制，在年度财政预算中统筹安排"海洋非遗"专项保护经费，细化"海洋非遗"保护相关的专项保护经费开支目录，如文物保护、展示利用、科学研究、创作生产、传承人补助、人员聘用、专家咨询、表扬奖励等。教育主管部门可以根据专业人才培养目标和文化育人的目的，积极培养适合对应相关专业门类的"海洋非遗"项目专业人才，以专业发展促进"海洋非遗"的传承保护。教育部门还可以支持"海洋非遗"项目的职业教育发展，不断完善"海洋非遗"项目职业人才培养体系，落实"海洋非遗"项目教育优惠政策，培养和储备"海洋非遗"项目研究、编剧、创作、导演和表演等高素质的专业人才。此外，教育部门还可以鼓励支持中小学教师将普及"海洋非遗"知识纳入课程教学，支持有条件的高校编写"海洋非遗"教材、开设"海洋非遗"课程、开办"海洋非遗"兴趣社团、创建"海洋非遗"项目传承示范学校等，以进一步推动校园"海洋非遗"主题教育工作的多方面落实。

（三）充分调动多元社会主体协同参与"海洋非遗"的保护工作

相关政府部门可以鼓励社会组织和社会团体积极参与"海洋非遗"项目的各方面保护工作，可以支持艺术类和民俗类"海洋非遗"项目演出团体与艺术院校的合作，并在此基础上共建"海洋非遗"项目学习实践基地和专业人才培养基地，培养专业人才。还可以鼓励和支持社会组织、研究机构、艺术工作者等进行技艺类和艺术类"海洋非遗"项目的创新创作研究工作。此外，可以积极鼓励外事、侨务部门支持"海洋非遗"项目活动在国外展演，进一步推动"海洋非遗"项目的对外文化合作与交流，借此机会提升"海洋非遗"文化的国际影响力。另外，可以鼓励旅游景点积极推动"海洋非遗"项目与旅游产业的深度融合，提倡利用非遗主题打造特色街区和旅游景区，推动"海洋非遗"的经典性文化元素和标志性义化符号与旅游业的深度融合。还应鼓励、支持民间团体推出具有"海洋非遗"历史文化内涵与文化特色且符合现代人生活方式的旅游演艺项目和主题体验活动，支持合理利用"海洋非遗"项目文化资源开发现代文化创意产品的活动。

（四）建立与现代"海洋非遗"整体性保护相适应的法律法规

要通过不断完善"海洋非遗"保护的体制机制，充分调动民间团体以

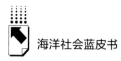

多种形式参与并积极开展"海洋非遗"的保护、传承、交流和宣传等活动。比如,可以依法设立"海洋非遗"项目保护传承场所,以便更好地展示、传承项目;可以根据"海洋非遗"项目保护和传承的需要,鼓励通过捐赠或委托等方式提供"海洋非遗"项目的史料、资料、文物和实物;可以鼓励依法捐资或设立非遗保护基金会,资助非遗的保护传承。此外,还需要不断建立健全"海洋非遗"保护工作奖惩机制。一方面,对在"海洋非遗"项目保护、传承、宣传和研究方面有突出贡献和影响的单位、个人进行表扬和奖励;另一方面,对违反相关保护规定,侵占、破坏"海洋非遗"项目造成损失的依法追究其民事责任,对构成犯罪的依法追究刑事责任,对在"海洋非遗"保护工作中存在问题的有关主管部门的直接负责人员和相关责任人进行处分。

B.10
2022年中国海洋生态文明示范区建设发展报告[*]

张　一　王玉莹[**]

摘　要： 国家级海洋生态文明示范区建设作为我国保护和维护海洋可持续发展，解决海洋经济、资源和环境问题的重要依托，对保障海洋的良好生态环境及人类社会的可持续发展具有重大意义。2022年，党的二十大报告提出"发展海洋经济，保护海洋生态环境，加快建设海洋强国"[①]，海洋生态文明示范区作为海洋强国建设的关键抓手，迎来了新的机遇和挑战。本报告从海洋生态文明示范区的建设实践出发，对2022年各示范区的海洋经济发展、海洋资源利用、海洋生态保护、海洋文化建设以及海洋管理保障五个方面进行梳理。总体来说，2022年国家级海洋生态文明示范区建设成效较好，海洋科技支撑能力明显提升，海洋执法能力不断增强，海洋经济高质量发展成效日益显现，参与海洋国际合作与治理日益深入。但与此同时，也存在海洋产业结构不协调、近岸海域生态状况不容乐观、海洋生态文明建设体制机制不健全、公众海洋生态文明意识薄弱等问题。未来应牢牢守住海洋生态保

---

* 本报告为2020年国家社会科学基金青年项目"国家海洋督察制度的运行机制及其优化研究"（项目编号：20CSH078）的阶段性成果。

** 张一，社会学博士，中国海洋大学国际事务与公共管理学院副教授、硕士研究生导师，研究方向为海洋社会学、社会治理；王玉莹，中国海洋大学国际事务与公共管理学院硕士研究生，研究方向为公共政策。

① 习近平：《高举中国特色社会主义伟大旗帜 为全面建设社会主义现代化国家而团结奋斗——在中国共产党第二十次全国代表大会上的报告》，https://www.rmzxb.com.cn/c/2022-10-25/3229500.shtml，2022年10月25日。

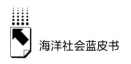

护红线，狠抓海洋生态修复，加快海洋产业结构的优化升级，推进海洋生态文明体制机制建设，营造公众海洋生态文明共识，全面推进海洋生态文明示范区建设。

关键词： 海洋生态文明　环境保护　人海和谐　示范区建设

一　问题提出

党的十八大以来，海洋在国家发展战略中的作用日益凸显，面对海洋生态系统脆弱性以及海洋污染日益严峻的趋势，我国积极开展海洋生态环境保护工作。2012 年，国家海洋局印发了《关于开展"海洋生态文明示范区"建设工作的意见》，正式开启了国家海洋生态文明示范区的创建工作。同年 9 月出台的《海洋生态文明示范区建设管理暂行办法》和《海洋生态文明示范区建设指标体系（试行）》对示范区的申报管理、考核评估、政策支持以及指标体系进行了详细说明。自 2013 年起，我国相继批准建立了包括威海市、日照市、青岛市、烟台市等在内的 24 个国家级海洋生态文明示范区。2015 年，国家海洋局印发《国家海洋局海洋生态文明建设实施方案（2015—2020 年）》（以下简称《实施方案》），从严格海洋环境监管与污染防治、加强海洋生态保护与修复、增强海洋监督执法、施行绩效考核和责任追究等十个方面推进海洋生态文明建设，规划了"十三五"期间海洋生态文明建设的路线图和时间表。2022 年，生态环境部等印发《"十四五"海洋生态环境保护规划》，从强化精准治污、保护修复并举、有效应对海洋突发环境事件和生态灾害、坚持综合治理、协同推进应对气候变化与海洋生态环境保护五个方面部署了"十四五"期间的海洋生态环境保护重点工作，以统筹污染治理、海洋生态保护，推进海洋生态文明示范区建设。

海洋生态文明示范区创建至今已有十余年，各地方政府根据自身海洋发展基础积极推进示范区的建设工作，在取得显著成果的同时也暴露出不少问题。"十四五"时期将是我国海洋生态文明建设的关键时期，各示范区应当在保持其海洋优势的同时，补齐海洋生态文明建设短板，多领域协同推进示范区建设。本报告旨在考察 2022 年海洋生态文明示范区建设的整体状况，发现各示范区在推进海洋生态文明建设进程中的优势和新特点，并总结现阶段示范区建设中存在的问题以及未来的发展方向，为进一步推进海洋生态文明建设提供理论和实践参考。

二 2022年海洋生态文明示范区建设现状

（一）海洋经济发展

根据自然资源部发布的《2022 年中国海洋经济统计公报》，2022 年全国海洋生产总值为 94628 亿元，比上年增长 1.9%，占国内生产总值的比重为 7.8%，占比与上年持平[1]，我国海洋经济发展总体平稳，主要经济指标稳中向好。从产业分类看，海洋第一产业增加值为 4345 亿元，第二产业增加值为 34565 亿元，第三产业增加值为 55718 亿元，分别占海洋生产总值的 4.6%、36.5%、58.9%[2]。虽然受疫情影响，海洋旅游业、海洋化工业、海洋盐业增加值有所下降，但其余产业仍实现平稳较快发展，其中海洋电力业和海洋矿业保持快速增长态势，比上年分别增长 20.9% 和 9.8%，为海洋经济高质量发展积蓄了力量。从国际贸易来看，外贸进出口顶住多重超预期因素的冲击，实现了新的突破，据海关统计，2022 年我国货物贸易进出口总值为 42.07 万亿元人民币，比 2021 年增长 7.7%[3]。其中，我国对共建"一

---

① 《2022 年中国海洋经济统计公报》，https：//www.gov.cn/lianbo/2023 - 04/14/content_5751417.htm，2023 年 4 月 14 日。

② 《2022 年中国海洋经济统计公报》，https：//www.gov.cn/lianbo/2023 - 04/14/content_5751417.htm，2023 年 4 月 14 日。

③ 《国务院新闻办就 2022 年全年进出口情况举行发布会》，https：//www.gov.cn/xinwen/2023-01/13/content_5736993.htm，2023 年 1 月 13 日。

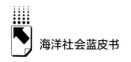
带一路"国家进出口增长 19.4%，占我国外贸总值的 32.9%，提升 3.2 个百分点；对 RCEP 其他成员国进出口增长 7.5%①。从各省海洋经济发展来看，2022 年，福建省海水养殖产量 548.9 万吨，水产品出口额 85 亿美元，均居全国首位②；江苏省造船完工量为 325 艘，占全国份额的 46.0%，是全国船舶海工产业第一大省③；广东省海洋生产总值为 18033.4 亿元④，山东省为 16302.9 亿元⑤，分别占全国海洋生产总值的 19.1% 和 17.2%，海洋经济综合实力较强。

山东省威海市在 2013 年被国家海洋局批准为首批国家级海洋生态文明建设示范区之一，一直奋力推进海洋强市的建设。2022 年，全市海洋生产总值为 1249.29 亿元，其中，第一、第二、第三产业产值分别为 267.32 亿元、434.55 亿元、547.42 亿元⑥，海洋经济高质量发展格局日渐清晰。在旅游业发展方面，威海市"小石岛—刘公岛—鸡鸣岛—海驴岛"航线入选全国水路旅游客运精品航线试点，带动暑假期间全市旅游总收入较 2019 年同期增长 14.5%，滨海旅游业加速复苏。在海洋交通运输业方面，威海市新拓展 4 条航线，全市港口货物吞吐量和集装箱吞吐量同比分别增长 5.77% 和 3.87%⑦。在渔业领域，威海市争取到全国唯一的休渔期鱿鱼专项捕捞项目，获批项目渔船 135 艘，渔民直接增收 1700 余万元，推动全市海洋经济发展迈上新台阶。山东省青岛市 2022 年海洋生产总值为 5014.4 亿元，同比

① 《国务院新闻办就 2022 年全年进出口情况举行发布会》，https：//www.gov.cn/xinwen/2023-01/13/content_5736993.htm，2023 年 1 月 13 日。
② 《福建晒出海洋经济发展成绩单 预计 2022 年全省海洋生产总值 1.2 万亿元》，https：//www.mnr.gov.cn/dt/hy/202302/t20230217_2776209.html，2023 年 2 月 17 日。
③ 《去年江苏海洋生产总值迈上 9000 亿元新台阶》，http：//www.jiangsu.gov.cn/art/2023/5/12/art_60095_10890834.html，2023 年 5 月 12 日。
④ 《广东海洋经济发展报告（2023）》，http：//nr.gd.cn/zwgknew/sjfb/tjsj/content/post_4225188.html，2023 年 7 月 26 日。
⑤ 《2022 年山东海洋生产总值突破 1.6 万亿》，http：//www.shandong.gov.cn/art/2023/6/21/art_97560_595287.html，2023 年 6 月 21 日。
⑥ 《威海市海洋发展总值（2022 年）》，https：//hyy.weihai.gov.cn/art/2023/4/3/art_82827_3555832.html，2023 年 4 月 3 日。
⑦ 《威海市交通运输局关于 2022 年 1~12 月份经济运行分析》，https：//jtj.weihai.gov.cn/art/2023/1/1/art_82826_3358668.html，2023 年 1 月 1 日。

增长7.5%，占全市GDP的比重为33.6%，占全省、全国GOP（海洋生产总值）的比重分别为30.8%、5.3%，总量稳居全国沿海同类城市第一位①。广东省徐闻县作为首批海洋生态文明示范区之一，依托海岛优势，积极创建生态功能突出、具有典型示范作用的国家级海洋牧场示范区，致力于打造中国大陆最南端的"海上粮仓"。截至2022年，徐闻县深水网箱养殖企业共有6家，拥有深水网箱846口，养殖金鲳鱼年产量2.3万吨，人工鱼礁区面积321.4公顷，此外，徐闻将在外罗海域投资5000万元建设国家级海洋牧场人工鱼礁示范区②，以进一步推动海洋经济发展。

（二）海洋资源利用

21世纪以来，为缓解全球粮食、资源、能源供应紧张与人口膨胀带来的压力，加大对海洋资源的开发利用成为世界各国发展的必然选择。海洋资源是社会经济可持续发展的重要支撑，党的十八大报告就提出要"提高海洋资源开发能力，发展海洋经济，保护海洋生态环境，坚决维护国家海洋权益"，对海洋资源的合理开发和保护是我国海洋可持续发展的重要依托，也是海洋生态文明建设的内在要求。2022年，我国海洋资源开发利用稳步推进，主要表现为以下几点。一是在海洋水产资源领域，海洋渔业资源实现可持续开发。2022年全年实现增加值4343亿元，比上年增长3.1%。海洋渔业转型升级深入推进，智能、绿色和深远海养殖稳步发展，海洋水产品稳产保供水平进一步提升③。二是在海洋矿物资源开发领域，我国海洋矿业和海洋油气业勘探开发取得新进展。2022年海洋矿业全年实现增加值212亿元，

---

① 《5014.4亿元！看青岛"经略海洋"答卷》，http：//qdlg.qingdao.gov.cn/xwzx_112/xwzx_112/202306/t20230609_7220649.shtml，2023年6月9日。

② 《湛江市徐闻县委书记罗红霞：全力打造湛江与海南联动发展先行区》，https：//www.gd.gov.cn/gdywdt/zwzt/bxqzwc/xwsjdlt/content/post_4185842.html，2023年5月24日。

③ 《2022年中国海洋经济统计公报》，https：//www.gov.cn/lianbo/2023－04/14/content_5751417.htm，2023年4月14日。

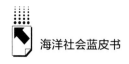

比上年增长 9.8%[①]；海洋油气业全年实现增加值 2724 亿元，比上年增长 7.2%。海洋油、气产量分别比上年增长 6.2%、10.2%，海上油气勘探开发向深远海拓展[②]。三是在海水淡化与综合利用业领域，海水淡化工程规模进一步扩大，全年实现增加值 329 亿元，比上年增长 3.6%。四是海洋电力业不断发展，截至 2022 年末，海上风电累计并网容量比上年同期增长 19.9%[③]。此外，海洋动力资源潮流能、波浪能的应用与研发也在不断推进，我国在海洋可再生能源开发利用技术领域取得长足进步。

海洋资源的合理利用与保护是各海洋生态文明示范区建设的必要条件，各示范区为此做出了积极的努力。在海域生物资源利用上，2022 年 2 月，农业农村部召开渔业渔政工作部署会以部署 2022 年重点工作任务，提出稳定和拓展空间、立足养殖保障水产品供应、落实长江十年禁渔、促进水生生物资源养护等海洋渔业资源的合理利用和保护工作。广东省徐闻县合理规划，大力发展深海网箱，全县规划深水网箱养殖区 3 个，总面积 46.7 万亩。截至 2022 年，全县深水网箱养殖企业共有 6 家，拥有深水网箱 846 口，以养殖金鲳鱼为主，年产量 2.3 万吨。此外，徐闻建成人工鱼礁区一个，礁区面积 321.4 公顷[④]。浙江省舟山市出台《舟山市国家级海洋特别保护区海钓管理办法》，进一步明确对保护区海钓资源采取禁钓区、禁钓期、禁钓鱼种、渔获物标准、渔获物限额等保护性管理措施及实施相关措施的程序，以保护海洋渔业资源。山东省烟台市全力打造海洋牧场示范区，改善了海洋资源环境。目前全市已建成省级以上海洋牧场示范区 46 处，总面积 140 万亩，数量和总面积均居全国前列，有效维护了水生生物种群稳定和生物多样性。

---

① 《2022 年中国海洋经济统计公报》，https：//www. gov. cn/lianbo/2023 - 04/14/content_5751417. htm，2023 年 4 月 14 日。

② 《2022 年中国海洋经济统计公报》，https：//www. gov. cn/lianbo/2023 - 04/14/content_5751417. htm，2023 年 4 月 14 日。

③ 《2022 年中国海洋经济统计公报》，https：//www. gov. cn/lianbo/2023 - 04/14/content_5751417. htm，2023 年 4 月 14 日。

④ 《湛江市徐闻县委书记罗红霞：全力打造湛江与海南联动发展先行区》，https：//www. gd. gov. cn/gdywdt/zwzt/bxqzwc/xwsjdlt/content/post_4185842. html，2023 年 5 月 24 日。

在海域空间资源利用上，舟山市嵊泗县作为首批海洋生态文明示范区之一，入选了全国首批18个海洋类自然资源节约集约示范县（市），先后制定和实施了《嵊泗县海洋功能区划》《嵊泗县海岛保护规划》，对全县自然资源节约集约利用进行制度性的规范。福建省厦门市编制了《厦门市海岸带保护与利用规划》，为后续海域单元详细规划提供指导①。山东省威海市出台了《威海市域海岸带保护规划（2020—2035年）》，结合国土空间规划"三区三线"划定成果，对威海市陆域529.59平方公里、海域789.29平方公里的海岸带进行分区划线管控②，以加强海岸带保护、合理利用海岸带资源，促进生态文明建设和经济社会可持续发展。

（三）海洋生态保护

2023年5月29日，生态环境部发布了《2022年中国海洋生态环境状况公报》，该公报从海洋环境质量状况、海洋生态状况、主要入海污染源状况以及主要用海区域环境状况四个方面监测和公布过去一年的中国海洋生态环境状况。数据显示，2022年我国海洋生态环境稳中趋好，管辖海域的水质总体稳定③。从海水质量来看，夏季符合第一类海水水质标准的海域面积占管辖海域面积的97.4%；全国近岸海域水质总体保持改善趋势，优良（一类、二类）水质面积比例为81.9%，同比上升0.6个百分点，劣四类水质面积比例平均为8.9%，同比下降0.7个百分点④；海水富营养状态的海域面积为28770平方千米，同比减少1400平方千米，水域环境总体良好。不过，我国海洋生态环境仍存在一些不容忽视的问题。第一，直排海污染源污

---

① 《详规改革与实践丨厦门：强化规划统筹作用 推动治理能力提升》，https://finance.sina.com.cn/wm/2022-12-26/doc-imxxyvwy8064460.shtml，2022年12月26日。

② 《〈威海市域海岸带保护规划（2020—2035年）〉政策解读》，http://www.weihai.gov.cn/art/2023/6/16/art_51913_3730026.html，2023年6月16日。

③ 《2022年中国海洋生态环境状况公报》，https://www.mee.gov.cn/hjzl/sthjzk/jagb/202305/P020230529583634743092.pdf，2023年5月29日。

④ 《2022年中国海洋生态环境状况公报》，https://www.mee.gov.cn/hjzl/sthjzk/jagb/202305/P020230529583634743092.pdf，2023年5月29日。

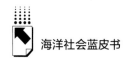
水排放总量呈上升趋势，截至2022年底，我国457个直排海污染源污水排放总量为750199万吨，较2021年增加22411万吨，其中综合排污口污水排放量最多，其次为工业污染，在检测的各项指标中，个别点位总磷、五日生化需氧量、氟化物、悬浮物、粪大肠菌群和总氮超标①。第二，海洋生态灾害频发。一是赤潮较为频繁，2022年中国海域共发现赤潮67次，累计面积3328平方千米②；二是藻类和浒苔引发了大面积绿潮灾害，绿潮最大覆盖面积约135平方千米，最大分布面积约18002平方千米，对中国黄海海域造成很大的不良影响。第三，重点海域综合治理有待改进，在重点海域中渤海海域优良水质面积比例同比下降7.8个百分点，沿海各省中辽宁、山东劣四类水质面积比例上升。生态环境部同多个部门和单位持续推进重点海域综合治理攻坚，以突出的海洋生态问题为导向，合力推进《重点海域综合治理攻坚战行动方案》贯彻落实，以推进陆海污染治理③。

海洋生态保护是海洋生态文明示范区建设的基本定位，2022年，各示范区持续推进海洋生态环境的治理工作。山东省烟台市在推进海洋牧场建设的同时注重改善海洋生态环境，出台了《烟台市海洋生态环境保护条例》，条例以海洋生态环境保护为主线，切实做到用最严格制度、最严密法治保护生态环境。2022年，烟台市全市近岸海域一类、二类海水水质海域面积占比达到99%，多年未见的大叶藻、海萝等藻类重现，对生态质量要求很高的斑海豹、东方白鹳、黄嘴白鹭等种群数量明显增多，海洋生态保护修复成效显著④。福建省晋江市2022年成立了晋江市海洋生态环境保护工作领导小组，以加强海洋生态保护修复和陆海污染协同防治，运用高清视频监

---

① 《2022年中国海洋生态环境状况公报》，https：//www.mee.gov.cn/hjzl/sthjzk/jagb/202305/P020230529583634743092.pdf，2023年5月29日。

② 《2022年中国海洋生态环境状况公报》，https：//www.mee.gov.cn/hjzl/sthjzk/jagb/202305/P020230529583634743092.pdf，2023年5月29日。

③ 《2022年中国海洋生态环境状况公报》，https：//www.mee.gov.cn/hjzl/sthjzk/jagb/202305/P020230529583634743092.pdf，2023年5月29日。

④ 《烟台海洋牧场建设生态效益凸显！》，https：//www.thepaper.cn/newsDetail_forward_22395500，2023年3月21日。

控、无人机航拍等高科技手段，整治岸线突出生态环境问题，2022年基本实现海漂垃圾治理常态化、动态化、网格化。同时，落实湾（滩）长制，建立市、镇、村三级"湾（滩）长制"组织体系，形成责任落实到人，纵到底、横到边的"湾（滩）长制"长效工作机制，协同开展泉州湾、深沪湾、围头湾、安海湾生态综合治理①。江苏省南通市以"美丽海湾"建设为主线，积极推进海洋生态环境保护工作。一是推进美丽海湾试点建设，如东小洋口段获2022年江苏省"美丽海湾"生态环境保护项目补助资金3298万元②。二是细化落实"一口一策""一河一策""一湾一策"，精心制定规划和方案，相继出台《南通市"十四五"海洋生态环境保护规划》《南通市近岸海域综合治理攻坚战实施方案》，排定十大类63项重点工程措施，为打好近岸海域综合治理攻坚战提供了抓手。三是加大财政投入，推动海洋生态保护修复。南通市海洋生态修复项目成功入围2022年中央财政支持海洋生态保护修复项目，计划总投资5.28亿元，获中央财政补助资金3亿元，修复总面积约5.1平方千米，修复海岸线12.5千米，退养还滩1800公顷，修复滨海湿地300公顷，修复潮汐交换通道70公顷，种植盐沼植被265公顷，治理互花米草110公顷③。该项目有助于增加生物多样性，提升海岸带生态系统结构完整性和功能性，有效推进了南通市的海洋生态文明建设。

（四）海洋文化建设

党的十八大以来，我国海洋事业面临的发展形势愈加复杂，推进海洋

① 《晋江市人民政府关于印发加快建设"海上晋江"推进海洋经济高质量发展实施方案的通知》，http：//www.jinjiang.gov.cn/xxgk/zfxxgkzl/ml/02/202112/t20211230 _ 2677142.htm，2021年12月30日。

② 《以"美丽海湾"建设为主线，积极推进南通市"十四五"海洋生态环境保护工作》，https：//www.nantong.gov.cn/ntsrmzf/bmyw/content/79671999 - 8e62 - 4a33 - 9133 - e70 605abafcc.html，2022年8月31日。

③ 《我省2个海洋生态保护修复项目获中央财政补助资金6亿元》，http：//czt.jiangsu.gov.cn/art/2021/12/7/art_8065_10185649.html，2021年12月7日。

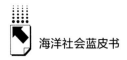

生态文明建设挑战与机遇并存。文化是海洋发展的灵魂，没有海洋文化的繁荣发展，也就没有人海和谐的现代化，新时代我国的海洋生态文明建设需要建立在优秀海洋文化的基础之上。《"十四五"文化发展规划》提出："在错综复杂国际环境中化解新矛盾、迎接新挑战、形成新优势，文化是重要软实力。"① 2022 年 11 月，由自然资源部宣教中心、福州大学、福建省海洋文化研究中心联合主编的《中国海洋文化发展报告（2022）》在第二届中华海洋文化厦门论坛上发布。一方面，该报告总结了 2021 年中国学者的海洋研究成果，研究内容涵盖海洋政策与海防、海洋权益与开发、海洋人群与海洋社会、海洋贸易等方面，成果丰硕。另一方面，该报告指出海洋文化的重要性，并提出海洋文化遗产保护对促进各沿海城市的文化、生态、旅游产业的发展至关重要，但当前保护力度不够。以海草房为例，2020~2022 年的调查显示，莱州现有海草房院落近千处，共有海草房 4000间左右，其中三分之一的海草房处于空巢、自生自灭、无人问津的状态；青岛黄岛区尚存的十几间较坚固的海草房在近期出现部分倒塌，仅剩鱼鸣嘴半岛最南端的 4 间在经营渔家乐②。2022 年 6 月 8 日，2022 年世界海洋日暨全国海洋宣传日主场活动以"保护海洋生态系统 人与自然和谐共生"为主题向社会公众普及红树林、珊瑚礁等海洋生态知识；为推动海洋文化的宣传发展，活动现场还启动了 2022 年"全国大中学生第十一届海洋文化创意设计大赛"③。

　　海洋文化建设承载着普及海洋知识、塑造国民海洋意识、弘扬中华优秀传统文化、维护国家海洋权益、推动 21 世纪海上丝绸之路建设等社会功能。2022 年海洋日活动期间，多个海洋生态文明示范区开展了海洋宣传日系列活动，普及海洋知识，培育海洋意识，让生态文明理念深入人心。福建省晋

---

① 《中共中央办公厅 国务院办公厅印发〈"十四五"文化发展规划〉》，http://m. news. cn/ 2022-08/16/c_1128920613. htm，2022 年 8 月 16 日。
② 《〈海洋文化蓝皮书：中国海洋文化发展报告（2022）〉发布会在厦门召开》，http:// caifang. china. com. cn/2022-11/17/content_42174488. htm，2022 年 11 月 17 日。
③ 《十件大事！2022 海洋新闻回眸》，http://ocean. china. com. cn/2023－01/04/content_ 85039532. htm，2023 年 1 月 4 日。

江市组织志愿者宣誓签名、全国海洋知识互动答题、"人与自然和谐共生——鸟类保护"科普课堂等活动。山东省青岛市共有100组家庭到青岛奥帆中心参加海洋日启动仪式和帆船体验活动，参加者包括青少年、大学生、老年群体，通过启动仪式宣传和亲身体验，进一步激发公众关心海洋、认识海洋的意识①。海南省三亚市举办了包含珊瑚礁生态保护、南海鲸类、水生野生动物救护等方面知识的科普讲座，并组织藤海社区妇联志愿者、藤海小学学生、潜水员共同在蜈支洲岛海域开展海洋垃圾清理活动，以激发公众的海洋生态保护意识②。福建省厦门市举办了以"打造蓝色发展新动能，共筑海洋命运共同体"为主题的2022厦门国际海洋周活动，活动包含国际论坛、专业展会、文化嘉年华等3个板块。其中，海洋文化嘉年华板块包含11项活动，展示了厦门本地海洋文化特色与魅力③。第二届中华海洋文化厦门论坛围绕"世界海洋文明进程中的大厦门湾"主题，深挖海洋文化内涵，特别设计了"东南门户：闽南海洋文化传统与历史演进""全球史视野下的月港：'太平洋丝绸之路'与月港申遗""海洋贸易视野下的鼓浪屿：国际社区与总部经济""中国海洋文化建设的回顾与展望——以'海洋文化蓝皮书'为例"4个分论坛④，以弘扬优秀海洋文化。"十四五"规划和2035年远景目标纲要提出要"提高海洋文化旅游开发水平"，广东省广州市作为海上丝绸之路重要的发祥地，在加强对外开放和文化交往的同时积极举办海洋文化旅游活动。首先是打造汕头南澳岛、江东海岛等自然文化旅游景区；其次围绕海洋主题发展一系列节庆及会展活动，例如举办珠海沙滩音乐节等；最后通过创作海洋主题特色影视作品、开发海洋文化旅游项目、举办滨海地

---

① 《青岛启动2022年世界海洋日暨全国海洋宣传日万人航海计划》，https://m.mnr.gov.cn/zt/hd/hyr/2022nhyxcr/xlhd_37790/202206/t20220606_2738434.html，2022年6月6日。

② 《三亚举行2022年"世界海洋日暨全国海洋宣传日"主题活动》，https://www.hainan.gov.cn/hainan/sxian/202206/9181f6f6e8f44bcf80421fdc0932f2ee.shtml，2022年6月9日。

③ 《二〇二二厦门国际海洋周活动亮点纷呈 打造蓝色发展新动能 共筑海洋命运共同体》，https://www.mnr.gov.cn/dt/hy/202211/t20221117_2766016.html，2022年11月17日。

④ 《二〇二二厦门国际海洋周活动亮点纷呈 打造蓝色发展新动能 共筑海洋命运共同体》，https://www.mnr.gov.cn/dt/hy/202211/t20221117_2766016.html，2022年11月17日。

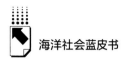

区体育比赛等方式，保持广东省海洋文化的活力，推动广东省旅游产业与文化产业的一体化发展。

（五）海洋管理保障

党的十八大以来，我国的海洋生态文明建设被提升到了全新的高度，海洋生态文明建设全方位多领域统筹推进。在海洋管理保障方面，随着我国海洋管理体系不断健全，我国海洋综合管理成效日益显现。2022 年 1 月，生态环境部联合多个部门印发了《"十四五"海洋生态环境保护规划》，统筹谋划"十四五"期间海洋生态环境保护工作，着重强调加强海洋生态环境监管体系和监管能力建设，建立健全权责明晰、多方共治、运行顺畅、协调高效的海洋生态环境治理体系[1]。1 月 29 日，生态环境部联合多部门制定了《重点海域综合治理攻坚战行动方案》，以贯彻落实党中央、国务院关于深入打好污染防治攻坚战的决策部署[2]。9 月 1 日，2022 年全国海洋生态环境保护工作会议指出，要以海洋环境保护法修订为牵引，健全完善陆海统筹的生态环境治理制度体系，加强各级海洋生态环境监测监管机构能力建设，提升常态化监管能力。12 月 27 日，海洋环境保护法修订草案提请十三届全国人大常委会审议，该草案针对海洋环境监督管理、海洋生态保护、海洋环境污染防治等方面做出了修改，我国海洋管理保障不断加强。

从各示范区的情况来看，2022 年，浙江省舟山市政府发布了关于征求《舟山市国家级海洋特别保护区海钓管理办法（草案送审稿）》意见的公告，该草案对海钓管理相关部门职责、海钓许可证申请与管理、个人海钓行为管理、海钓船舶运行规范、法律责任等内容做了具体规定，以规范海钓行为，促进海洋资源可持续利用，保障海钓活动安全、有序发展。福建省厦门市印发《厦门市深入打好污染防治攻坚战工作方案》，在海洋领域实施碧海

① 《生态环境部等 6 部门联合印发〈"十四五"海洋生态环境保护规划〉》，https：//www. mee. gov. cn/ywdt/hjywnews/202201/t20220117_967330. shtml，2022 年 1 月 17 日。
② 《关于印发〈重点海域综合治理攻坚战行动方案〉的通知》，https：//www.gov.cn/zhengce/ zhengceku/2022-02/17/content_5674362. htm，2022 年 1 月 29 日。

工程。一是构建流域－河口－近岸海域污染防治联动机制，全面推进入海排污口排查整治，建立"一口一档"的入海排污口动态管理台账，加强沿海城市固定污染源总氮排放控制和监管执法。二是打好近岸海域综合治理攻坚战。巩固深化九龙江口和厦门湾综合治理成果，打造专业化"海上环卫"队伍，做到海陆环卫无缝衔接，实现海漂垃圾清理常态化、网格化、动态化[1]。三是持续开展"蓝色海湾"整治修复项目，以实现到2025年近岸海域优良水质（一类、二类）面积比例优于81.5%，全市基本建成厦门岛东南部海域、五缘湾、海沧湾3个"美丽海湾"的总体目标[2]。山东省青岛市先后发布《关于加快打造引领型现代海洋城市助力海洋强国建设的意见》、《引领型现代海洋城市建设三年行动计划（2021—2023年）》以及《青岛市支持海洋经济高质量发展15条政策》，三大文件形成了"1+1+1"政策支撑体系，对青岛海洋领域的未来发展进行细化部署，旨在充分发挥青岛海洋综合优势，推动全市海洋发展工作迈上新台阶[3]。辽宁省盘锦市制定了《盘锦市加强入河入海排污口监督管理工作方案》，推进入海排污口整治及规范化监管，确保直排海污染企业稳定达标排放，为改善生态环境质量，全面加强和规范排污口设置和管理工作[4]。

三　2022年海洋生态文明示范区建设特点

（一）海洋执法能力不断增强

近年来，我国海洋执法建设不断推进，海洋生态环境保护执法能力不断

---

[1] 《中共厦门市委、厦门市人民政府印发〈厦门市深入打好污染防治攻坚战工作方案〉》，https://www.xmnn.cn/news/xmxw/202209/t20220930_35338.html，2022年9月30日。

[2] 《中共厦门市委、厦门市人民政府印发〈厦门市深入打好污染防治攻坚战工作方案〉》，https://www.xmnn.cn/news/xmxw/202209/t20220930_35338.html，2022年9月30日。

[3] 《市海洋发展局2022年工作要点》，http://www.qingdao.gov.cn/zwgk/xxgk/hyfz/gkml/ghjh/202202/t20220228_4470613.shtml，2022年2月28日。

[4] 《〈盘锦市加强入河入海排污口监督管理工作方案〉政策解读》，https://www.panjin.gov.cn/html/1876/2023-01-19/content-128824.html，2023年1月19日。

增强，生态环境部与中国海警局等有关部门持续深化协作，海洋执法建设取得较好成效。2022 年，我国开通了覆盖沿海地区的 95110 海上报警服务平台，处置盗采海砂、非法倾废等破坏海洋资源环境类警情 1426 起；检查海洋工程、石油平台、海岛、倾倒区等 1.9 万余个（次），查处非法围填海、非法倾废、破坏海岛等案件 360 余起，收缴罚款近 2 亿元①；成功打掉 3 个特大盗采海砂团伙，查处各类涉砂案件 1700 余起，查扣海砂 1250 万吨；积极推进"互联网+"倾废活动监管模式，精准查获违规倾废案件 261 起②。生态环境部等于 2022 年 1 月联合印发的《"十四五"海洋生态环境保护规划》对"十四五"时期的海洋生态环境保护执法监管提出了具体要求。一方面，要求全面强化重要区域常态监管，严厉打击重点领域违法犯罪活动，严密防范关键环节生态环境风险。另一方面，要求通过举行启动仪式、主题宣传等形式，加强专项行动宣传，扩大社会影响力，组织开展年度典型案例评选，加大违法案件通报曝光力度，如农业农村部通报 2022 年度 13 起海洋伏季休渔执法典型案例以充分发挥典型案例的示范指引作用。

各示范区海洋执法建设也在不断完善，推动海洋生态环境保护取得显著成效，为"十四五"海洋生态环境保护积势蓄能。山东省青岛市海洋与渔业行政执法队伍聚焦执法能力提升，通过执法骨干能力提升培训班提高执法人员的综合素质，更新观念、获取新知识、储备新技能，以全面加强渔政执法队伍建设。浙江省实施"大综合一体化"行政执法改革，将自然资源、生态环境和林业等部门的 68 项相关执法事项纳入海洋综合行政执法，对海洋综合行政执法能力提升提出了更高要求，全面承接好海洋综合行政执法的各项职能，提升海洋综合行政执法能力，全面开展海洋执法专项行动③。广东省惠州市海洋综合执法队伍 2022 年加强海域海岛保护执法，严厉查处违法用海用岛案

① 《生态环境部：我国海警海洋生态环境保护执法能力不断提升》，https://m. gmw. cn/2022-06/23/content_1303011482. htm，2022 年 6 月 23 日。
② 《生态环境部：我国海警海洋生态环境保护执法能力不断提升》，https://m. gmw. cn/2022-06/23/content_1303011482. htm，2022 年 6 月 23 日。
③ 《我省研究部署海洋综合行政执法改革工作》，http://sft. zj. gov. cn/art/2022/7/4/art_1659543_58935333. html，2022 年 7 月 4 日。

件2宗，清退非法养殖面积近4000亩；大力维护海洋捕捞秩序，查办非法捕捞案件73宗，查扣涉渔"三无"船舶809艘；巩固渔船管理，守护渔民生命财产安全，培训渔业船员921人，整改海洋渔船安全隐患267处；连续11个月值守海上疫情防控防线，全面加强各类船只进出渔港、渔船靠泊点管理；高质高效应急防台风、打击走私，参与处置应急事故21宗，共救助渔民（游客）73人，台风期间100%召回全市在册渔船回港避风，查获走私大马力飞艇8艘①。广西壮族自治区出台《广西海洋行政执法巡查工作制度》等文件，加大了对海域海岛、自然岸线的巡查力度，对涉海违建别墅进行严厉整治，对违法用海用岛行为进行严格打击。与此同时，广西壮族自治区还积极参加了海上综合执法行动，参与了粤桂琼三省（区）联合执法和海上综合执法行动②，并取得较好的成效。广西壮族自治区海洋局顺利完成了各项核查整改任务，根据统计，2022年以来共组织开展13批次疑点疑区核查工作，核查图斑92个，涉及用海类型主要为构筑物、超范围用海、填海、海岛植被变化，核查面积181.8668公顷，任务完成率均为100%③。

（二）海洋科技支撑能力明显提升

我国现代科技起步较晚，在科技发展初期，我国存在人才储备不足、创新乏力等问题，在很大程度上阻碍了我国海洋科技教育的发展。21世纪以来，在国家海洋战略的支持下，涉海机构科研人员队伍不断壮大，海洋科技创新成果涌现，我国海洋科技取得长足发展，海洋科技支撑能力明显提升。具体体现在以下几个方面。一是在海洋关键核心技术领域取得了巨大的进步，如2017年我国完成首次海域天然气水合物试采，2019~2020年成功实

---

① 《惠州市海洋综合执法队伍召开2022年度工作总结会》，http://nyncj.huizhou.gov.cn/zwzc/xwzx/bsyw/content/post_4890664.html，2023年1月20日。
② 《广西强化海域海岛执法监管》，https://www.mnr.gov.cn/dt/hy/202211/t20221117_2766015.html，2022年11月17日。
③ 《广西强化海域海岛执法监管》，https://www.mnr.gov.cn/dt/hy/202211/t20221117_2766015.html，2022年11月17日。

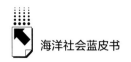

施第二轮试采，这标志着我国从"探索性试采"迈向"实验性试采"阶段①。此外，截至2022年，我国已攻关兆瓦级潮流能、波浪能的关键核心技术，新装机规模和连续运行时间均居世界前列；值得一提的是，我国沿海省市建设的海洋产业公共服务平台与各企业研发中心的数量达到500个，海底光电复合缆、海洋数值模式等14项技术处于国际领先水平②。二是我国在无人深潜领域也取得了不断突破：我国自主研制的"海斗""奋斗者"等潜水器最大潜深可达万米；2022年5月，我国首个、世界第五个深海技术支撑基地"国家深海基地"建成，将全面支撑深海资源勘探、科学考察和环境监测等深海活动，推动我国深海事业发展。同期，我国首个海洋监视监测雷达卫星星座建成，海洋卫星与海洋站、雷达、浮潜标、海底观测网、志愿船、断面调查等多手段共同作用，全球海洋立体观测网基本形成③。海洋科技支撑能力的提升对于维护中国的海洋安全和海洋权益具有长远战略意义。

各示范区积极强化海洋科技创新。在制度建设方面，完善海洋科技创新的制度支撑。浙江省舟山市出台了《舟山市海洋科技创新三年（2022—2024年）行动计划》，聚焦石化新材料、海洋电子信息、海洋生物、海洋装备制造四大区域性科创高地建设④。山东省青岛市出台《青岛市打造引领型现代海洋城市五年规划（2022—2026年）》和《青岛市打造引领型现代海洋城市三年行动方案（2022—2024年）》，立足海洋科技发展基础，推动部、省、市共建国家深海基因库等重大创新平台建设，推动中国海洋大学、中国科学院大学海洋学院等建设，进一步提升承担国家重大科技任务能力，突出海洋科技引领

① 《挺进深蓝，建设海洋强国》，http：//news. mnr. gov. cn/dt/pl/202209/t20220923_ 2759928. html，2022年9月23日。
② 《挺进深蓝，建设海洋强国》，http：//news. mnr. gov. cn/dt/pl/202209/t20220923_ 2759928. html，2022年9月23日。
③ 《挺进深蓝，建设海洋强国》，http：//news. mnr. gov. cn/dt/pl/202209/t20220923_ 2759928. html，2022年9月23日。
④ 《浙江舟山启动海洋科技创新三年行动计划》，https：//www. mnr. gov. cn/dt/hy/202210/t20221009_2761154. html，2022年10月9日。

示范作用，着力打造国际海洋科技创新中心①。从海洋科技创新成果来看，各示范区的海洋科技创新能力明显提升。山东省威海市海洋综合试验场基础设施和服务能力显著提升，累计开展试验 100 多项，已吸引 30 家企业入驻远遥浅海科技湾区，带动海洋电子信息与智能装备产业加速布局。新布局建设 8 家市级涉海重点实验室，实施 45 个涉海科技创新重点项目，认定海洋领域高新技术企业 248 家，入库涉海国家科技型中小企业达 390 家。此外，还举办了以海洋为主题的中国威海·国际英才创新创业大会和威海海洋科技人才创新成果展，聘任 8 名国家级创业导师为"引才大使"，签约 9 个海洋产学研合作重大项目，10 个海洋产业重点技术项目"揭榜挂帅"。加强 42 家省级海洋工程技术协同创新中心、2 家省级现代海洋产业技术创新中心和 39 个重点涉海创新平台建设，助推优秀成果落地转化。②

（三）海洋经济高质量发展成效逐步显现

党的十八大以来，党中央高度重视海洋经济在社会经济发展中的引擎作用，统筹推进海洋科技创新，优化海洋经济空间布局以及海洋资源保护与开发，海洋经济发展水平呈不断上升趋势。第一，新兴产业蓬勃发展。2022年，我国海洋新兴产业取得较好发展，海洋电力业同比增长 20.9%，海洋生物医药业同比增长 7.1%，海水利用业增加值同比增长 3.6%，增速明显高于海洋传统产业③。第二，海洋经济结构不断优化。2022 年我国海洋一、二、三次产业占比为 4.6%、36.5%、58.9%，15 个海洋产业增加值共计 38542 亿元④。同时，海洋传统产业也经历了转型升级，现代化海洋牧场综

---

① 《青岛擘画"引领型现代海洋城市"》，https：//www.mnr.gov.cn/dt/hy/202210/t20221011_2761595.html，2022 年 10 月 11 日。

② 《市委海洋发展委员会成员单位 2022 年工作开展情况》，http：//www.weihai.gov.cn/art/2023/1/9/art_59450_3515191.html，2023 年 1 月 9 日。

③ 《2022 年中国海洋经济统计公报》，https：//www.gov.cn/lianbo/2023－04/14/content_5751417.htm，2023 年 4 月 14 日。

④ 《2022 年中国海洋经济统计公报》，https：//www.gov.cn/lianbo/2023－04/14/content_5751417.htm，2023 年 4 月 14 日。

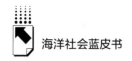

合试点有序推进，截至 2022 年，中国国家级海洋牧场示范区已达 153 个；海洋船舶建造逐步向低碳化的发展方向迈进，绿色动力船舶订单占全年新接订单的 49.1%，创历史最高水平①。第三，海洋经济创新发展示范城市的发展效果显著。2016～2017 年我国海洋局批复首批和第二批海洋经济创新发展示范城市共计 15 个，并扶持了示范城市中的新兴产业，效果显著，其增加值的年均增速都超过了 10%，同时推动了 16 个海洋经济发展示范区的建设②，获得了可借鉴和推广的提升海洋资源利用效率、推动海洋产业融合发展的相关经验，从而助推全国海洋经济高质量发展。第四，海洋经济平稳发展，高质量发展成效逐步显现。十年间，我国海洋生产总值由 2012 年的 5 万亿元增长到 2022 年的 9 万亿元，有助于进一步提高人民生活水平，迈向共同富裕之路。

党的二十大报告指出，"发展海洋经济，保护海洋生态环境，加快建设海洋强国"，吹响了各示范区海洋经济高质量发展新的奋进号角。山东省青岛市 2022 年前三季度实现海洋生产总值 3450 亿元，同比增长 10.2%；海洋经济整体呈现"恢复向好、稳中提质"的运行态势，33 个海洋产业增长面达到 97%；海洋产业整体发展稳定向好，引领了我国五次海水养殖产业化浪潮③；海洋科研教育、海洋公共管理服务占全市海洋 GDP 的比重为 21.3%，同比增长 4.6%，呈现稳步迈进的趋势④；出台了第一部精准支持海洋经济发展的综合性产业政策——《青岛市支持海洋经济高质量发展 15 条政策》，通过推动国家深海、远海绿色养殖试验区的建设、发展高端船舶与海洋装备等措施，形成对海洋经济高质量发展的强支撑。浙江省舟山市在

① 《2022 年中国船舶工业经济运行报告》，http：//lwzb. stats. gov. cn/pub/lwzb/fbjd/202306/W020230605413586638411. pdf，2023 年 6 月 5 日。

② 《挺进深蓝，建设海洋强国》，http：//news. mnr. gov. cn/dt/pl/202209/t20220923 _ 2759928. html，2022 年 9 月 23 日。

③ 《海洋经济"驶"向纵深，"蓝色青岛"活力更足》，http：//qdsq. qingdao. gov. cn/xwdt_86/jjqd_86/202211/t20221129_6524373. shtml，2022 年 11 月 29 日。

④ 《5014. 4 亿元！看青岛"经略海洋"答卷》，https：//finance. qingdaonews. com/content/2023-06-05/content_23451574. htm，2023 年 6 月 5 日。

推动海洋经济高质量发展方面也做出了积极的努力，构建了"一岛一区"的现代海洋产业体系，截至 2022 年，海洋生产总值占 GDP 比重已经达到 68%；海洋装备制造业技术升级，船舶市场份额超过全国份额的 30%；舟山港域货物吞吐量突破 6 亿吨，保税船用燃料油供应量和结算量分别占全国的 30% 和 50%①。此外，2022 年舟山市先后印发《舟山市推进海洋经济高质量发展当好海洋强省建设主力军行动计划（2021—2025 年）》《舟山市蓝碳经济发展行动方案（2022—2025）》，为加快海洋经济高质量发展提供制度支撑，助推海洋经济转型升级。

（四）参与海洋国际合作与治理日益深入

21 世纪以来，海洋在世界各国的地位不断上升，在全球海洋经济高速发展的同时，全球海洋环境问题、海洋竞争日益严峻。在此背景下，我国积极参与海洋国际合作与治理，为世界海洋发展提供中国智慧、做出中国贡献。2013 年，我国先后提出共建"丝绸之路经济带"和"21 世纪海上丝绸之路"的合作倡议，同世界各国发展海洋合作伙伴关系，成为我国与世界合作交流的新脉动。2017 年，我国在联合国第一次海洋大会上提出"构建蓝色伙伴关系"倡议，在海洋领域与 50 多个国家及国际机构开展富有成效的海洋合作。2018 年，我国与东盟签署《中国-东盟战略伙伴关系 2030 年愿景》，在海洋科技、海洋观测和减灾等方面加强蓝色经济伙伴关系的建设；与欧盟签署《中华人民共和国和欧洲联盟关于为促进海洋治理、渔业可持续发展和海洋经济繁荣在海洋领域建立蓝色伙伴关系的宣言》②，在海洋空间规划、蓝色投融资等领域取得重要共识和务实成果；与非洲五个国家（塞舌尔、莫桑比克等）签订了有关海洋方面合作的协议，并且与尼日利亚、莫桑比克、塞舌尔、马达加斯加联合进行了海洋科学考察，以增进

---

① 《"浙"十年 | 舟山：大力发展海洋经济 推动"八八战略"在海岛地区落地生根》，http://zjnews.china.com.cn/yuanchuan/2022-08-24/353308.html，2022 年 8 月 24 日。

② 《挺进深蓝，建设海洋强国》，http://news.mnr.gov.cn/dt/pl/202209/t20220923_ 2759928.html，2022 年 9 月 23 日。

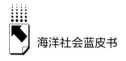
人类对海洋的认知①；与佛得角合作，进行了有关圣文森特岛海洋经济特区长远发展计划的编制，在很大程度上促进了当地蓝色经济的开发。2019年，习近平总书记首次提出海洋命运共同体理念，指出"我们人类居住的这个蓝色星球，不是被海洋分割成了各个孤岛，而是被海洋连结成了命运共同体，各国人民安危与共"②，为构建新型国际关系提供了强有力的支持，并为在"一带一路"建设中深入开展海洋合作提供行动指导。2022年，我国成立"海洋十年"中国委员会，制定《"海洋十年"中国行动框架》，旨在"推动形成变革性的科学解决方案，促进可持续发展，连接人类和海洋"，对海洋科学的发展与世界的海洋管理具有重要的意义；在2022年联合国海洋大会期间举办"促进蓝色伙伴关系，共建可持续未来"边会，发布《蓝色伙伴关系原则》，发起"可持续蓝色伙伴关系合作网络"和"蓝色伙伴关系基金"，以期突破当前全球治理困境，实现海洋可持续发展。截至2022年，我国与40多个国家和国际组织在海洋科学研究、海洋生态保护和海洋防灾减灾等领域签署合作协议，在深海采矿、海洋生物多样性保护等规则制定和修订中发挥建设性作用③。中国参与全球海洋治理与合作日益深入。

山东省青岛在海洋开放合作领域优势突出，青岛港2022年完成货物吞吐量6.27亿吨，同比增长10.3%，集装箱吞吐量2682万TEU，同比增长13.1%。青岛港在2022年的货物吞吐量和集装箱吞吐量均保持中国沿海港口第四位，外贸吞吐量保持中国北方港口第一位④。青岛港在推动航运、金融贸易联合发展以及扩大对外交流方面起到了关键性作用。除此之外，青岛

① 《挺进深蓝，建设海洋强国》，http://news.mnr.gov.cn/dt/pl/202209/t20220923_2759928.html，2022年9月23日。
② 《习近平集体会见出席海军成立70周年多国海军活动外方代表团团长》，http://cpc.people.com.cn/n1/2019/0423/c64094-31045360.html，2019年4月23日。
③ 《党领导新中国海洋事业发展的历史经验与启示》，https://www.mnr.gov.cn/dt/hy/202201/t20220107_2716913.html，2022年1月7日。
④ 《青岛港发布2022年年报 吞吐量、业绩均实现两位数增长》，https://sd.chinadaily.com.cn/a/202304/01/WS64283478a3102ada8b23661d.html，2023年4月1日。

是黄河流域经济的出海口，肩负着"一带一路"建设和黄河生态保护等重大使命，还将与国外多国开展国际海洋合作工程，不断开拓国际合作，搭建国际海洋组织互惠合作平台，建设好上合示范区、山东自贸试验区青岛片区等海洋开放合作平台，推动东亚海洋合作平台实体化，深化全球海洋科技、产业、经贸等领域务实合作①。福建省厦门市聚焦国际合作，其中最具代表性的厦门国际海洋周至2022年已经成功举办了16届，先后有127个国家、地区参与其中，活动的出席人数已超过200万。2022年海洋周以"打造蓝色发展新动能，共筑海洋命运共同体"为主题，探索全球海洋治理的新模式，凸显"金砖+""一带一路"理念，围绕深化蓝色伙伴关系构建，策划涉海各领域的交流合作。山东省威海市发布《威海市海洋强市建设三年行动计划（2021—2023年）》，在海洋开放合作领域，一方面，打造中韩蓝色经济合作示范区，优化"四港联动"通关流程及方式，促进威海与仁川实现国际物流运输一体化协同发展，积极对接韩国海洋产业链，加强在水产品加工、船舶制造、海洋生物医药、滨海旅游等领域合作；另一方面，加强国际海洋资源开发利用合作，支持企业参与深海、远洋、极地等海洋资源勘探开发，引导企业到相关国家开展海洋渔业、滨海旅游、港口运输等方面的开发合作。

四 海洋生态文明示范区建设中的问题

2012年，国家海洋局印发了《关于开展"海洋生态文明示范区"建设工作的意见》文件，以推动海洋生态文明示范区建设。至今，示范区建设已开展了十余年，在全国范围内进行了广泛而持久的海洋生态建设实践并取得了显著的成果。但在社会经济发展过程中，人们对海洋的开发利用规模和强度不断加大，海洋生态保护与资源开发的矛盾突出，海洋生态文明示范区建设仍存在许多问题。

---

① 《建设"五个中心"，打造"引领型现代海洋城市"》，https://www.qingdaonews.com/content/2022-09/29/content_23363793.htm，2022年9月30日。

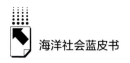

（一）海洋产业结构亟待优化协调

优化海洋产业结构，是转变海洋经济增长方式、实现海洋经济高质量发展的现实要求。但当前，我国海洋产业结构不尽合理，影响了海洋经济的可持续发展，具体表现在以下几个方面。第一，内部产业构成不协调。海洋传统产业过多，海洋的新兴产业、战略性产业、高科技产业发展不足。例如，山东青岛的海洋产业仍然是以传统产业为主导，而海洋新兴产业由于受自身发展实力和客观条件的限制，发展相对滞后。尽管青岛在海洋生物医药以及船舶制造等产业具有一定研发优势，但也存在布局分散、产业关联度低等问题。第二，多数产业处于产业链条低端部分，产品附加值相对较低。海洋渔业等传统资源开发型产业增加值偏低，水产品加工业仍处于初级阶段，以提供初级产品为主，水产品深加工水平有限。港口产业规模较大，港口主要功能为运输，在其他领域如贸易、信息、物流集散等方面的功能较为缺乏，国际竞争力有待提高。第三，我国的海洋产业同质性严重，资源禀赋、经济发展各不相同的沿海地区的生产支柱产业没有差别，导致资源开发效率低下。第四，海洋服务业发展相对滞后，可持续发展能力亟待提升。

（二）近岸海域生态状况不容乐观

党的十八大以来，我国在海洋生态保护方面做出了积极的努力并取得了一定的成效。目前，我国的海洋生态环境总体稳定，但近岸海域的污染仍然比较严重，突出表现在以下几个方面。一是海洋生态环境压力比较大，海水污染问题未从根本上解决。《2022 中国海洋生态环境状况公报》显示，近岸海域劣四类水质面积达 24580 平方千米，比例为 8.9%。渤海入海河流监测断面水质状况为轻度污染，辽东湾、渤海湾、莱州湾、长江口、杭州湾、珠江口等近岸海域还存在劣四类水质。此外，直排海污染源超标排放现象依然存在，457 个直排海污染源污水排放量为 750199 万吨，海水污染未根本扭转。从各海洋生态文明示范区来看，盘锦市、嵊泗县近岸海域表层海水环境受到磷酸盐和无机氮的污染，尤以磷酸盐的污染最为严重。即使是海洋生态文明建设水平较高的青岛市也存在海水污染问题，其丁字湾、胶州湾东北部湾顶、洋河口附近海域水环境质量相对较差，受到无机氮、活性磷酸盐的污染。二是近岸海域水质状况严峻，海水富营养化较为严重。呈轻度、中度和重度富营养状态的海域面积分别为 12900 平方千米、6490 平方千米和 8930 平方千米，辽东湾、长江口、杭州湾和珠江口等近岸海域呈重度富营养状态。赤潮危害不断增加，2022 年中国海域共发现赤潮 67 次，累计面积 3328 平方千米，其中，浙江海域发现赤潮次数最多且面积最大，分别为 17 次、1552 平方千米①。三是近海污染情况比较严重，生物资源衰减状况没有根本好转。如北海市国家生态文明试验区的陆源排放口和入海河河流中残留的污染物含量过高，使红树林、海草床、珊瑚礁受到不同程度的损害。四是围填海导致生境丧失和湿地退化，部分滩涂湿地生态功能消失。如广西沿海对海草分布区进行围填，改造成为港口码头用地、房地产用地等，造成了海草生境的丧失②。

（三）海洋生态文明建设机制尚待完善

推动我国各示范区健康发展的必要条件之一是加快完善海洋生态文明建设体制机制。当前，我国各海洋生态文明示范区都在积极进行海洋生态文明制度建设，相关政策文件层出不穷，但是整体的建设体制机制尚未健全，具体表现在以下几个方面。第一，海洋生态文明建设综合评估机制不健全。一方面，当前综合评估机制建设目标缺乏针对性，指标的设置未能考虑各沿海地区发展阶段、资源环境、承载能力等方面的差异，如典型的海洋省份山东省、广东省经济较为发达，在海洋生态文明示范区建设中表现更好，而广西壮族自治区示范区建设相对落后；盘锦市、徐闻县、玉环

---

① 《2022 年中国海洋生态环境状况公报》，https：//www.mee.gov.cn/hjzl/sthjzk/jagb/202305/P020230529583634743092.pdf，2023 年 5 月 29 日。
② 《不可或缺的"海洋之肺"——海草床"家底"摸清》，https：//news.sciencenet.cn/htmlnews/2022/9/485781.shtm，2022 年 9 月 6 日。

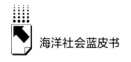

县在海洋环境、经济发展、海洋资源禀赋等方面存在不足，导致示范区建设水平较低，相同的指标评价体系容易造成"一刀切"的问题。另一方面，当前综合评估机制中的指标集中在海洋经济发展、海洋自然资源、海洋环境保护和海洋技术进步方面，不能充分体现陆海统筹理念，陆源污染如工业废水、生活污水未被纳入指标体系的范围。第二，海洋环境责任追究机制、奖惩机制欠缺，地方政府推进海洋生态文明建设动力不足。从示范区视角来看，其动力主要集中于三个方面：反映地方政府政绩或公共成果，通过海洋生态文明示范区的建设向外界展示良好的海洋环境形象以增强认同感，服从上级的安排而进行的示范区建设工作。综合来看，这些动力来源很难给示范区带来实质性的好处，还会造成额外的经济支出，奖惩机制的缺失导致地方政府建设海洋生态文明示范区的动力不足。第三，企业环保社会责任制度、社会公众的监督机制欠缺。如2020年浙江省台州市部分企业社会责任意识偏低，长期偷排废水造成地下水污染，造成椒江近岸海域污染严重；2022年广西壮族自治区北海市部分污水处理厂配套管网严重滞后、管网错接漏接问题严重，未截流的污水经各类排污口进入周边海域污染环境被通报警示。

（四）公众海洋生态文明意识有待提高

当前，海洋生态文明意识教育处于起始阶段，公众海洋生态文明意识有待提高，主要表现在以下几个方面。一是海洋生态环境保护知识缺乏，公众对海洋生态保护认知不足。掌握相关海洋生态环保知识是公众进行生态保护实践的基础和前提，但是对于大部分人来说，对海洋生态保护的了解仅停留在表面，对于海洋污染的成因及危害没有深入了解，缺乏忧患意识。二是海洋生态保护自觉性不足，公众社会参与度低。长期以来，一些地方政府重经济增长轻生态环境保护，生态环境保护往往滞后于、服从于经济发展。公众在此观念的影响下，将海洋生态保护视为经济发展的负担，海洋环境保护的自觉性不足、参与度低，海洋生态保护行为严重滞后于海洋生态保护意识。部分渔民存在海洋渔业过度捕捞、渔业垃圾随意丢弃等行为，部分企业缺乏长远的发展眼光以及社会责任，为获取经济利益无视资源能源大量的消耗和海洋环境污染，存在对海洋资源的过度开发、污水随意排放等问题。三是海洋生态文明宣传不足，海洋生态文化氛围不够浓厚。在宣传方面，国家和地方政府重视不足，海洋生态环境保护的宣传、教育、培训不到位，缺乏针对海洋污染的类型、引发海洋生态问题的原因以及公民个人如何做好海洋污染防治措施等多方面的宣传。此外，宣传手段较为单一，不能涵盖所有人群，导致公众对海洋生态文明建设的理解、认知不够，部分人的海洋生态环境保护意识淡薄。

五　海洋生态文明示范区建设的未来展望

（一）加快海洋产业结构的优化升级

我国发展海洋经济，既要拓展领域，又要提升水平，重点是优化海洋产业结构。首先，应当优化海洋传统产业，壮大海洋战略性新兴产业，发展海洋服务业，主要包括以下几个方面。一是改造升级海洋传统产业。通过技术创新，加快海洋渔业、海洋船舶工业、海洋油气业、海洋盐业和盐化工等传统产业改造升级，提高产品技术含量和附加值，增强市场竞争力。二是壮大海洋战略性新兴产业。巩固壮大海洋工程装备制造业，加快发展海水利用业，扶持培育海洋药物和生物制品业以及海洋可再生能源业，有效提升产业竞争力。三是发展海洋服务业。大力发展海洋交通运输业、海洋旅游业和海洋文化产业，积极发展涉海金融服务业、海洋公共服务业，加快促进产业结构转型升级。其次，推动海洋第一、二、三产业融合发展，形成健康可持续发展的海洋产业结构。各示范区应该做好企业转型的引领和扶持工作，积极帮助企业应对转型问题，帮助企业在稳固第一、二产业的基础上，充分利用当地海洋资源，加快海洋第三产业的融合发展。最后，海洋产业的发展离不开各项政策支持，应当构建完善的海洋产业政策体系。一是各示范区应根据当地海洋特色，制定"十四五"海洋产业发展规划，集中示范区各项海洋

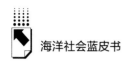

资源，推动区域发展，保证各地区海洋产业发展均衡；二是应加大对示范区海洋产业发展的资金支持，可以通过完善财税政策加以实现；三是要完善投融资政策，积极引导企业或金融机构对接当地海洋产业，促进海洋产业的健康发展，推动海洋产业优化转型。

（二）狠抓海洋环境保护和生态修复

第一，严格控制海洋中来自陆地污染物的总量，提升海洋环境质量。一方面，完善立法，严格执法，用最严密的法制保护海洋生态环境。当前，中国的海洋环境保护的法制建设尚不健全，需要不断完善。如山东省青岛市印发《2022 年青岛市深入打好碧水保卫战工作计划》《青岛市深入打好重点海域综合治理攻坚战实施方案》《胶州湾海洋塑料垃圾"清漂"专项行动方案》等，通过完善政策文件统筹海洋资源利用、海洋生态保护和海洋环境治理。另一方面，以陆海统筹为原则，坚持对海洋环境进行检测，同时应使有关部门协同合作，建立对陆地污染源入海的共同监督机制。重点关注污染源排放的问题，加速污水处理厂建设，对排污口进行严格管控，污水要经统一处理进行深海集中排放，以此逐渐地缩减入海污染物。第二，积极推进海洋生态文明示范区建设，积极推广生态农业、生态养殖业，发展海水淡化等新兴海洋产业，综合利用海洋生物资源，同时在其发展和推广过程中严格遵守循环经济与低碳经济的理念，充分融合生态文明理念，引领和带动沿海服务行业的发展。第三，创新科学技术，推动海洋污染防治。其一，建立海洋牧场，扩大养殖生物的活动区域，提高整个海域的鱼类产量，减少对生态环境的污染；在开发利用海洋资源的同时，不让海洋生态系统受到破坏，从而形成可持续性的生态渔业，促进海洋生态文明建设。其二，推动海洋环保技术产业化，通过海洋环境监测预警信息技术、污染物控制技术、环境无害化技术或清洁生产技术等减少海洋环境污染，保证海洋生态平衡。其三，利用海洋微生物多样性调控赤潮灾害以及对海洋石油污染进行修复，海洋中某些微生物能对不利于海洋生态系统稳定的物质和物种实行相应的措施，抑制或杀灭过度繁殖的赤潮藻，降解和矿化海洋中的有机污染物和异生质，从而确保了海洋环境中能量、物质循环的稳定和生物种类的多样性作用[①]。

（三）推进海洋生态文明体制机制建设

从长远看，统筹推进示范区建设，需不断创新和完善海洋生态文明体制机制。第一，应完善海洋生态文明综合评估机制，根据不同沿海地区的天然禀赋、海洋资源、经济能力和治理能力等实际情况，制定差异化的海洋生态文明绩效评价指标，同时对欠发达的示范区加大资金投入，推动海洋生态文明建设发展较慢的地区的海洋人才引进和培养，以因地制宜地推行海洋生态文明的建设。此外，评价指标要参考国家海洋局2012年颁布的《海洋生态文明示范区建设指标体系（试行）》，考虑相关生态、社会经济、政治、文化等方面的问题，选取经济发展、资源利用、生态健康等指标以综合反映海洋生态文明示范区建设绩效，以发现现有考核体系的不足并提供决策框架。第二，完善海洋生态文明建设的奖惩机制。奖惩机制可增强各地方政府建设的动力，当前示范区的建设具有"运动式治理"特点，各示范区政府会通过短期的"突击"治理以达成考核目标，而目标一旦达成，各地区对示范区建设的积极性就会下降，难以形成稳定的长效机制。因此，有必要针对示范区建设工作成功且积极性高的区域出台涉海优惠政策，并进行资金扶持。第三，应完善企业海洋生态环境保护的责任机制，要求企业依法披露环境信息，对海域造成污染的企业进行追责，并进行通报警示。同时，加强公众监督，充分发挥全国生态环境信访投诉举报管理平台和网络监督作用，引导公众积极参与海洋生态环境保护与监督工作，通过建立一个专门的机构或者聘请专职的工作人员、召开座谈会等方式，使公众与政府的对话渠道更加畅通，也为公众提供海洋污染线索、举报污染行为等提供便利。

---

① 曹晓星、苏建强、郑天凌等：《海洋微生物的多样性在赤潮调控中的利用》，《海洋科学》2007年第5期，第63~69页。

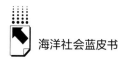

（四）营造公众的海洋生态文明共识

应加大海洋生态文明的宣传力度，培育公众海洋生态文明意识。首先，海洋生态文明意识的普及需要发挥政府的引导作用以及新闻媒体的舆论宣传作用，政府和新闻媒体可利用各自的优势针对不同的社会群体加大海洋生态保护知识的宣传力度，加强对公众的海洋环境保护教育和引导，倡导正确的海洋价值观。公众是推动海洋生态文明建设的主体，帮助其树立海洋生态文明意识不仅能引导其从自身角度出发为海洋环境保护做出努力，还能促进其对海洋污染行为的监督。其次，拓展社会公众参与渠道，引导公众积极参与海洋污染防控与监督工作。公众是海洋生态文明建设的中坚力量，因此加强对生态环境等信息的公开，保证公民的知情权，充分发挥全国生态环境信访投诉举报管理平台和网络监督作用，提高公众参与海洋生态环境保护的自觉性和积极性，对于推进示范区建设具有重要意义。同时，要重视社会团体和非政府组织的作用，它们能够在公众与政府之间搭建起一座有效沟通的桥梁，使双方实现积极互动。最后，提升企业在海洋污染源头防治方面的参与度，引导涉海企业树立和强化海洋生态责任意识，使企业自觉加大海洋面源污染防控力度，确保各个重点监测排污口实现达标排放，逐步减少入海污染物总量，有效改善海洋环境质量。同时，鼓励企业转变生产方式，引导企业参与低环境风险产品设计和替代、清洁生产、减排技术研发和应用等。

六 结语

2022 年，是推进海洋生态文明建设的关键节点。这一年，党的二十大召开，习近平总书记在党的二十大报告中强调"发展海洋经济，保护海洋生态环境，加快建设海洋强国"。海洋生态文明建设作为加快建设海洋强国的关键抓手，取得了长足的进步和发展：海洋经济发展、海洋资源利用、海洋生态保护、海洋文化建设以及海洋管理保障协同推进；海洋生态文明示范区建设呈现新特点，海洋执法建设不断推进，执法制度建设日益完善，执法能力显著提升；海洋科技支撑能力明显提升，涉海机构科研人员队伍不断壮大，海洋科技创新成果涌现；海洋高质量发展成效初步显现，产业结构持续优化，主要经济指标稳中有升；参与海洋国际合作与治理日益深入，海洋开放合作领域优势突出。但在发展过程中，也存在诸多不足之处，例如：海洋产业结构不尽合理，近岸海域生态状况不容乐观，海水污染问题未从根本上解决，海洋生态文明建设体制机制不健全，公众海洋生态文明意识淡薄。因此，从长远来看，在保持示范区特色的同时，应加快海洋产业结构的优化升级，狠抓海洋环境保护和生态修复，推进海洋生态文明体制机制建设，营造公众的海洋生态文明共识，统筹推进海洋生态文明示范区的建设。

B.11
2022年中国远洋渔业管理发展报告

陈晔 柯洁 李思凡*

摘 要： 2022年中国远洋渔业保持了稳定健康发展，远洋渔业在规范管理、装备创新、国际合作等方面取得显著成效，为远洋渔业可持续发展做出积极贡献。在远洋渔船管理方面，中国积极开展远洋渔业"监管提升年"行动，突破中国远洋渔业发展制约点，推动远洋渔业高质量发展。远洋渔业亮点频出，深远海与极地渔业研究中心成立、海洋工程装备发展喜人、远洋渔业发展基金成立、积极开展跨国伤员救治。为准确掌握沿海省份远洋渔业发展形势，基于远洋渔业市场供给和需求，利用百度指数等对中国沿海省份远洋渔业发展状况进行归类与排名。发现广东远洋渔业发展状况排名第一，浙江、山东、江苏紧随其后，北京、上海、福建处于中位，辽宁、河北、天津、广西远洋渔业发展状况相对落后。建议从培育远洋渔业消费文化入手，持续推动科技创新，完善制度保障体系，推动全产业链发展、加强安全生产教育，实现我国远洋渔业高质量发展。

关键词： 远洋渔业 渔船监管 聚类分析 因子分析

---

* 陈晔，博士，上海海洋大学经济管理学院副教授、海洋文化研究中心副教授、硕士生导师，研究方向为海洋经济及文化；柯洁，上海海洋大学经济管理学院农林经济管理专业本科生，研究方向为农林经济；通讯作者：李思凡，上海海洋大学经济管理学院在读研究生，研究方向为海洋经济。

一　引言

近年来，世界各国为应对渔业资源衰竭、海洋生态系统恶化等问题，出现远洋渔船减船趋势。中国积极参与全球海洋治理，下达并实施多项渔船监管、渔船履约、公海养护等措施，促进远洋渔业可持续发展。尽管受到疫情影响，2022年中国远洋渔业依然呈现稳定增长的发展态势，逐步推进产业转型升级与高质量发展，成为推动渔业供给侧结构性改革的关键环节。

习近平总书记强调，要高度重视海洋生态文明建设，加强海洋环境污染防治，保护海洋生物多样性，实现海洋资源有序开发利用，为子孙后代留下一片碧海蓝天。党的二十大报告指出，要建设人与自然和谐共生的现代化①。保护海洋生态系统健康，加强海洋资源养护，促进海洋资源可持续发展，是远洋渔业高质量发展阶段不变的主题。2022年，中国远洋渔业产量稳定在225万吨左右，约占国内海洋鱼类产量的30%。远洋作业渔船共有2500多艘，中国已与30多个国家开展渔业合作②。

2023年2月14日，远洋渔业高质量发展推进会在广东省湛江市召开，农业农村部副部长马有祥出席会议并讲话。会议指出，党的十八大以来，我国远洋渔业积极推进转方式调结构，在产业规模、治理能力、对外合作等方面取得显著成效。十年来，远洋渔业生产稳步发展，规范化、绿色化水平显著提升，为丰富国内水产品市场和促进合作国家经济发展作出了积极贡献③。

---

① 《农业农村部渔业渔政管理局局长就2023年海洋伏季休渔制度调整和伏季休渔期间开展专项捕捞答记者问》，https://www.gov.cn/zhengce/2023-04/27/content_5753395.htm，2023年4月27日。
② 《农业农村部：2022年我国远洋渔业产量稳定在225万吨左右》，http://finance.people.com.cn/n1/2023/0215/c1004-32624079.html，2023年2月15日。
③ 《农业农村部召开远洋渔业高质量发展推进会》，https://mp.weixin.qq.com/s/Y6JwWEQeUnb-2MKJBz4ZUA，2023年2月14日。

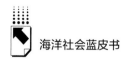

二　远洋渔船管理

在远洋渔船管理方面，中国积极参与全球海洋治理，先后加入多个区域渔业公约或渔业组织，远洋渔业生产质量和效益不断提升，展现了负责任的世界渔业大国形象。

2009 年以来，我国鱿鱼产量和消费量一直位于世界前列。2022 年，中国远洋鱿钓渔业产量达 51.39 万吨，西南大西洋公海、东太平洋、北印度洋等海域为集中作业区域。由于日益频繁的全球海洋气候变化和鱿鱼生命周期短暂等原因，鱿鱼资源波动日趋显著，对远洋鱿钓产量造成严重影响，企业经济效益受到影响①。为保护鱿鱼产卵群体，恢复资源补充量，自 2020 年起，我国开始实施公海自主休渔的渔业创新管理举措。以 3 个月为休渔期限，禁止中国籍渔船在西南大西洋公海部分海域、东太平洋公海部分海域等鱿鱼主要产卵场进行捕捞作业。通过对渔船严格监管，以鱿鱼为主捕品种的约 1500 艘远洋拖网渔船、鱿钓渔船，均未发生违规行为，自主休渔措施得到全面有效落实。根据资源检测结果，休渔海域内的鱿鱼生产情况得到明显增长或改善，海洋环境明显好转，休渔措施初显成效，对社会、经济和生态效益有积极作用②。

2021 年 10 月 26 日，农业农村部办公厅印发《关于加强远洋鱿钓渔船作业管理的通知》（农办渔〔2021〕17 号），明确规定将北太平洋渔场、东中太平洋渔场（8°S 以北）、东南太平洋渔场（8°S 以南）、西南大西洋渔场和印度洋渔场指定为中国公海鱿鱼捕捞区域。在 2022 年 4 月 1 日至 2023 年 3 月 31 日期间，鱿钓渔船作业船数不得超过规定的最高艘次，并且休渔期间东中太平洋和东南太平洋渔场内禁止鱿钓渔船进行秋刀鱼捕捞作业，单艘

---

① 董恩和、黄宝善、石胜旗等：《新时代背景下我国远洋鱿钓渔业可持续发展的有关建议》，《水产科技情报》2020 年第 5 期。

② 《我国实施 2022 年公海自主休渔措施首次在印度洋北部公海海域试行自主休渔》，http://www.yyj.moa.gov.cn/tzgg/202305/t20230506_6426905.htm，2023 年 5 月 6 日。

鱿钓渔船一年内最多在两个渔场进行捕捞。

2022年我国首次在印度洋北部公海海域（0°N～22°N、55°E～70°E之间）试行自主休渔，起止时间为7月1日至9月30日。自此，我国自主休渔范围已经涵盖全部尚无国际区域性渔业组织管理的公海海域（或鱼种）。

近年来，伴随中国远洋渔业规模迅速发展，企业无序入渔事件、严重涉外事件等有所增多，造成企业经济效益巨大损失，不利于中国与其他国家继续远洋渔业良好合作，有损中国健康、有序、良好的远洋渔业大国形象。中国十分重视远洋渔船预警防范和保障工作，加强过洋渔船预警保障体系的构建与深入研究，规范过洋性渔业，精细化管理合作区，积极开拓新兴合作区，为中国远洋渔业稳定、有序、健康发展提供保障[①]。

为推进"十四五"时期我国远洋渔业持续规范管理，促进远洋渔业生产安全稳定，推进高质量发展，农业农村部办公厅印发了《远洋渔业"监管提升年"行动方案》（农渔办〔2022〕3号），决定2022年开展远洋渔业"监管提升年"行动。针对远洋渔业监管堵点做出具体部署，旨在加强国际履约能力、强化重点领域敏感海域监管、渔船与船员管理等制约行业健康发展的薄弱环节，全面提升我国远洋渔业综合监管能力，实现生产效益、效率、质量提升[②]。

2022年10月27日，舟山宁泰远洋渔业有限公司所属远洋渔船"宁泰616"荣获全国首张符合开普敦协定的远洋渔船《国际渔船安全符合证明》。开普敦协定（CAT）对渔船安全、设备标准、生活环境和渔船建造等方面制定了严格规则，有助于打击非法、未报告和无管制捕鱼活动（IUU），减少海洋垃圾，保护海洋生态环境[③]。该举措对中国众多远洋渔船产生积极影

---

① 陈晨：《我国过洋性渔业入渔风险评价体系构建及应用》，硕士学位论文，上海海洋大学，2020，第1页。

② 《农业农村部部署开展远洋渔业"监管提升年"行动》，http：//www.yyj.moa.gov.cn/gzdt/202203/t20220331_6394849.htm，2022年3月31日。

③ 《舟山宁泰远洋渔业有限公司"宁泰616"远洋渔船荣获CCS全国首张〈国际渔船安全符合证明〉》，https：//mp.weixin.qq.com/s/gg4oLFWguZhIVTVhcngY_A，2022年10月28日。

响，有助于缩小中国远洋渔船与国际先进渔船设备的差距，也意味着我国远洋渔船安全质量水平的进一步提升，在对标全球先进渔业国家、对标国际渔业规则上取得新进展。

三　远洋渔业发展亮点

2022 年，我国在深远海与极地渔业研究中心建设、海洋工程装备、远洋渔业发展基金、跨国伤员救治等领域，涌现不少发展亮点。

1. 深远海与极地渔业研究中心建设

为进一步服务国家海洋战略需求，拓展推动多学科交叉融合及产学研合作，2022 年 10 月 26 日，中国海洋大学深远海与极地渔业研究中心正式成立，同期举办第二期前沿交叉学术论坛。中国海洋大学校长于志刚在会上指出，党的二十大提出"发展海洋经济，保护海洋生态环境，加快建设海洋强国"，开拓远洋渔业是实现上述战略部署和目标任务的重要举措，踏足深远海与极地是完成这一任务的必由之路。深远海与极地渔业研究中心聚集了海洋科学、水产、生态、经济等多个学科和行业领域的优势力量，是发展"渔业海洋学"的多学科交叉研究平台。针对国家海洋战略与经济社会迫切的发展需求，围绕海洋科学前沿问题开展系统性、前瞻性的合作研究。不断提升渔业学科的学术水平和服务能力，为建设海洋强国、维护国家权益提供有力支撑[1]。

2. 海洋工程装备持续创新

海洋渔业从近海向远洋转型升级已成为当今国际海洋渔业发展的潮流，远洋渔业成为"走出去"的重要组成部分。海洋工程装备创新是加快海洋开发、促进远洋渔业发展的重要前提和物质基础。《农业部关于促进远洋渔业持续健康发展的意见》（农渔发〔2012〕30 号）提出"积极推动远洋渔

---

[1] 《深远海与极地渔业研究中心成立仪式暨学校第二期前沿交叉学术论坛举行》，http://news.ouc.edu.cn/2022/1028/c309a110634/page.htm，2022 年 10 月 28 日。

船及船用装备的更新、改造和升级，逐步实现远洋渔船的专业化、标准化、现代化"①。《国务院关于促进海洋渔业持续健康发展的若干意见》（国发〔2013〕11号）要求"全面提升远洋渔业装备水平，培育一批现代化远洋渔业船队"②，为中国推动远洋渔船装备和技术的发展升级指明前进方向③。

由行业龙头企业、科研教学等机构组成的国家渔业装备科技创新联盟于2016年正式成立，旨在联合攻克制约渔业发展的重大、核心、关键技术和装备的瓶颈与障碍，为开发远洋渔业资源提供有力的科技支撑，是渔业装备领域集"产、学、研、用"于一体的产业综合体。

2022年5月20日，10万吨级智慧渔业大型养殖船"国信1号"于我国东海试航。该船是全球第一艘深海封闭式移动养殖工船，通过"船载舱养"的方式，根据最适合鱼类养殖的水温、环境自航转场，实现鱼苗繁育、养殖、加工、物流销售等全产业链一体化。这意味着渔业养殖将从近海向深远海探索，实现数字化、智能化、工业化生产模式，大幅提升生产质量与效益，为海洋养殖注入新活力。

我国海洋工程装备及船舶制造业取得了长足发展，海洋工程装备创新正向数字化、网络化、智能化④趋势转变，大型远洋捕捞船、养殖船的制造与管理已达到国际先进水平。

3. 远洋渔业发展基金成立

为缅怀和纪念我国远洋渔业事业科教领域的开拓者和创立者，激励更多师生为建设我国远洋渔业事业贡献力量，推动我国海洋强国建设，2023年4月2日，舟山宁泰远洋渔业有限公司、捷胜海洋工程装备有限公司捐资，在上海海洋大学成立上海市首个远洋渔业发展基金。中国远洋渔业自1985年

---

① 《农业部关于促进远洋渔业持续健康发展的意见》，http：//www.moa.gov.cn/nybgb/2012/dsyq/201805/t20180516_6142357.htm，2018年5月16日。

② 《国务院关于促进海洋渔业持续健康发展的若干意见》，https：//www.gov.cn/govweb/xxgk/pub/govpublic/mrlm/201306/t20130625_66142.html，2013年6月25日。

③ 韩翔希：《国内外渔船研究现状》，《船舶工程》2019年第4期。

④ 《联盟齐发力 产业谱新篇——国家农业科技创新联盟的探索与实践》，http：//www.kjs.moa.gov.cn/kjcx/202305/t20230512_6427444.htm，2023年5月12日。

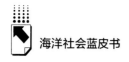

起步以来，经过 30 多年快速发展，已成为全球远洋渔业大国之一，在丰富国内水产品供给、拓展渔业发展空间、维护我国海洋权益等方面取得辉煌成就。在发展过程中，上海海洋大学为远洋渔业科教事业贡献了巨大力量①，在远洋渔业工程技术、国际履约、渔业资源数据检测评估等方面不断突破，取得众多科研成果，为海洋渔业前线提供了技术支撑。通过理论教学与实践结合，培养出大批远洋渔业专业人员，为远洋渔业发展壮大提供了人才保障。

4. 跨国伤员救治

中国远洋渔业公司在外生产作业时对发生紧急事故渔船多次实施救援。当地时间 2022 年 10 月 24 日青岛浩洋远洋渔业有限公司所属"浩洋 77"船在基里巴斯海域航行时，成功救援基里巴斯当地捕鱼船上的三名渔民②。2023 年 2 月 22 日，舟山华西远洋渔业有限公司所属的"明翔 803"船有一名船员在作业时发生意外，经舟山国家远洋渔业基地南美服务平台与"浙普远 98"综合保障服务船积极沟通协助，成功将伤员送往秘鲁进行医治。"浙普远 98"远洋渔业综合保障船自 2021 年 3 月出航以来，已集中救治各类病患近 400 人，医治危重病患 50 余人，紧急进港治疗近 20 人，帮助约 100 名返港外籍船员体检，抢险救助失去动力船只 4 艘，直接挽回经济损失逾亿元③。

多年来，我国远洋渔船多次在作业海域积极搭救外国遇难渔民，充分展现我国远洋渔船一线作业人员崇高的人道主义精神和精湛的专业技能，诠释"一带一路"倡议的真谛，践行"人类命运共同体"理念的中国担当，树立良好、负责任的远洋渔业大国形象，受到国内外各方肯定。

---

① 《上海首个远洋渔业发展基金成立》，https：//mp. weixin. qq. com/s? __ biz＝MzU4OTE3Mjk xMQ＝＝&mid＝2247491239&idx＝2&sn＝f7402fc84e1dfc8bfe7ebe8f7d8d615f&chksm＝fdd0c767c aa74e71d849ac2493afe966f71759326cb6c60afb0c1055ec3bc225e07f3b650f2a&mpshare＝1&scene＝1&srcid＝0404QtrND3BqJVB1wuaqEeyX&sharer _ sharetime＝1680613150333&sharer _ shareid＝5cafe12acf4e4711787ed4c689804220#rd，2023 年 4 月 4 日。
② 《"浩洋 77"船救助基里巴斯迷失方向的当地渔民》，https：//mp. weixin. qq. com/s/c0nTTu KZpulQbLKodw4Hnw，2022 年 10 月 27 日。
③ 《"浙普远 98"在东南太平洋上演生命的接力》，https：//mp. weixin. qq. com/s/GnwuiSPoui CkyXQz8FTJIw，2023 年 3 月 7 日。

四 全国各地远洋渔业发展状况排名

深远海水产品越来越受到人们欢迎，中国远洋渔业发展前景广阔，市场增长潜力巨大。为推动远洋渔业高质量发展，准确掌握沿海省份远洋渔业发展形势，基于远洋渔业市场供给和消费者需求的角度，借助聚类分析法和因子分析法，对中国大陆沿海 11 个省份的远洋渔业发展状况进行聚类分析与综合排名①。

1. 指标体系构建与数据说明

整个指标体系以供给和需求两个方面来衡量各省份远洋渔业的发展状况。在供给方面使用远洋渔业产量指标衡量；在需求方面则使用远洋渔业相关百度指数与金枪鱼售卖门店数量等指标衡量。

（1）远洋渔业产量

远洋渔业产量是最能代表各省份远洋渔业供给能力的指标，直接反映该省份远洋渔业市场规模大小，同时也间接反映远洋渔业市场营收与利润规模，因此选取远洋渔业产量从供给方面衡量各省份远洋渔业发展状况。远洋渔业产量数据来源于《2022 中国渔业统计年鉴》。

（2）百度指数

百度指数（Baidu Index）是基于百度网络上大量用户行为数据而开发出来的一种大数据分析平台，是当前互联网乃至整个数据时代最重要的统计分析平台之一。自其发布以来，成了许多企业营销决策的重要参考依据。

利用百度指数，首先以"远洋渔业"为关键词，获取 11 个沿海省份远洋渔业网络关注度数据，其中包括搜索指数和资讯指数，形象反映关键词在过去某一时间段内在百度网页中被搜索的频次，以及含有关键词的文章资讯等网页被阅读、评论、转发的变化趋势，直接客观地反映各省份对远洋渔业的兴趣和需求。

---

① 由于海南省远洋渔业产量数据缺失，不加入聚类分析与综合排名中。

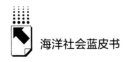

其次，考虑到普通大众对远洋渔业了解有限，可能并不清楚远洋渔业确切定义，而金枪鱼是中国远洋渔业主要捕捞对象之一，也是中国主要消费的鱼种之一，因此以"金枪鱼""海鲜"为关键词检索获得百度指数，代表该省份远洋渔业产品需求的潜力，从而将远洋渔业资讯指数、远洋渔业搜索指数、金枪鱼资讯指数、金枪鱼搜索指数、海鲜资讯指数、海鲜搜索指数纳入指标体系。百度指数数据均选用各省份2022年一整年的日均值。

（3）金枪鱼售卖门店数量

除远洋渔业的网络关注度外，线下远洋鱼产品餐饮店数量从侧面反映各省份远洋渔业市场的需求量。因此，通过大众点评网收集各省份售卖金枪鱼的饭店数量，将该数据纳入指标体系。

2.聚类分析

采用IBM SPSS软件，根据以上8个远洋渔业指标数据，对2022年11个沿海省份进行聚类分析，将省份作为标注个案，指标数据作为聚类变量，并使用离差平方和Ward法聚类分析，得到结果如表1所示。

表1　2022年11个沿海省份远洋渔业发展状况聚类分析

阶	群集组合		系数	首次出现阶群集		下一阶
	群集1	群集2		群集1	群集2	
1	2	11	0.292	0	0	3
2	1	5	0.958	0	0	4
3	2	3	2.447	1	0	9
4	1	6	4.178	2	0	7
5	7	9	6.521	0	0	7
6	4	8	11.494	0	0	9
7	1	7	22.155	4	5	8
8	1	10	38.120	7	0	10
9	2	4	55.372	3	6	10
10	1	2	92.097	8	9	0

　　如表1所示，在第一阶段，变量2（天津）与变量11（广西）距离系数为 0.292，相似度最高，首先归为一类，下一次出现在第三阶段。这表示，在天津、广西聚为一类的基础上，天津又与河北距离相近（系数为2.447），再次聚为一类。在第二阶段中，北京与上海距离相近，聚为一类，下一次在第四阶段出现。以此类推，经过10个阶段，11个变量最终聚为一大类。

　　根据冰柱图（见图1）和树状图（见图2）观察到11个沿海省份远洋渔业的相似程度，并划分为不同类别。当群集数为五时，广东自为一类，山东、浙江归为一类，北京、上海、江苏归为一类，辽宁、福建归为一类，天津、河北、广西归为一类。当群集数为四时，北京、上海、江苏并入山东、浙江为一类，其余省份聚类结果不变；当群集数为三时，北京、上海、江苏、山东、浙江与广东并为一大类，辽宁、福建仍归为一类，天津、河北、广西仍归为一类。当群集数为二时，辽宁、福建与天津、河北、广西并为一大类，北京、上海、江苏、山东、浙江、广东为一大类。将以上分类结果总结为表2。

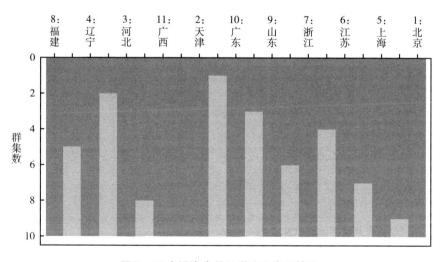

图1　11个沿海省份远洋渔业发展情况

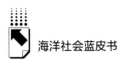

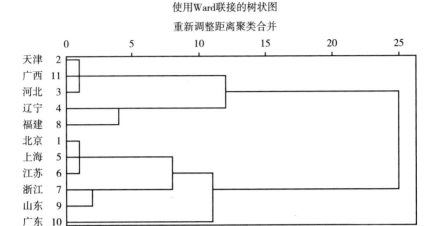

图 2　11 个沿海省份远洋渔业发展情况

表 2　11 个沿海省份远洋渔业分类结果

省份	按五类聚类					按四类聚类				按三类聚类			按两类聚类	
	1	2	3	4	5	1	2	3	4	1	2	3	1	2
辽宁				✓				✓			✓			✓
北京			✓				✓			✓			✓	
天津					✓				✓			✓		✓
河北					✓				✓			✓		✓
山东		✓					✓			✓			✓	
上海			✓				✓			✓			✓	
江苏			✓				✓			✓			✓	
浙江		✓					✓			✓			✓	
福建				✓				✓			✓			✓
广东	✓					✓				✓			✓	
广西					✓				✓			✓		✓

3. 因子分析——综合排名

首先进行 KMO 和 Barlett 球形度检验，结果如表 3 所示，KMO 检验值为 0.749，Barlett 球形度检验在 1% 的显著水平上显著。说明各指标之间具有相关性，存在公共因子，可以进行因子分析。表 4 显示公因子对各指标的解释程度。

表3 KMO 和 Bartlett 球形度检验

取样足够度的 KMO 度量		0.749
Bartlett 球形度检验	近似卡方	100.651
	df	28
	Sig.	0.000

表4 公因子方差

	初始	提取
搜索指数-金枪鱼	1.000	0.911
资讯指数-远洋渔业	1.000	0.805
资讯指数-金枪鱼	1.000	0.972
资讯指数-海鲜	1.000	0.924
搜索指数-远洋渔业	1.000	0.968
金枪鱼售卖门店数量	1.000	0.863
搜索指数-海鲜	1.000	0.939
远洋渔业产量	1.000	0.969

根据表5显示的结果，前两个成分的特征根均大于1，对总变量的解释水平为91.869%，故提取前两个因子。

表5 解释的方差

单位：%

成分	初始特征值			提取平方和载入			旋转平方和载入		
	合计	方差	累计	合计	方差	累计	合计	方差	累计
1	5.757	71.957	71.957	5.757	71.957	71.957	5.435	67.942	67.942
2	1.593	19.912	91.869	1.593	19.912	91.869	1.914	23.927	91.869
3	0.400	5.002	96.870						
4	0.120	1.506	98.376						
5	0.064	0.803	99.179						
6	0.037	0.457	99.636						
7	0.020	0.251	99.887						
8	0.009	0.113	100.000						

Kaiser 最大方差正交旋转结果如表 6 所示，第一个因子在金枪鱼资讯指数、金枪鱼搜索指数、海鲜资讯指数、海鲜搜索指数、金枪鱼售卖门店数量 5 个指标上载荷系数较大，因此定义第一因子为"远洋渔业消费市场关注度"，第二个因子在远洋渔业搜索指数、远洋渔业产量方面载荷系数较大，定义为"远洋渔业生产规模"。

表 6 旋转成分矩阵

	成分	
	1	2
搜索指数-金枪鱼	0.949	0.101
资讯指数-远洋渔业	0.805	0.396
资讯指数-金枪鱼	0.983	0.073
资讯指数-海鲜	0.954	0.119
搜索指数-远洋渔业	0.494	0.851
金枪鱼售卖门店数量	0.929	-0.009
搜索指数-海鲜	0.945	0.216
远洋渔业产量	-0.106	0.978

根据成分得分系数矩阵（见表7），计算两个因子得分，最后将两个因子累积贡献值百分比作为权重，加总两个因子得分得到综合得分，结果如表8所示。

表 7 成分得分系数矩阵

	成分	
	1	2
搜索指数-金枪鱼	0.186	-0.055
资讯指数-远洋渔业	0.120	0.137
资讯指数-金枪鱼	0.196	-0.076
资讯指数-海鲜	0.185	-0.045
搜索指数-远洋渔业	0.000	0.445
金枪鱼售卖门店数量	0.195	-0.118
搜索指数-海鲜	0.171	0.014
远洋渔业产量	-0.141	0.593

表8　11个沿海省份远洋渔业排名结果

省份	因子1	排名	因子2	排名2	综合	排名3
辽宁	-0.434	8	0.066	4	-0.304	8
北京	0.484	3	-0.304	6	0.279	5
天津	-0.835	10	-0.902	11	-0.852	10
河北	-0.398	7	-0.688	8	-0.474	9
山东	0.440	5	0.682	3	0.503	3
上海	0.188	6	0.016	5	0.143	6
江苏	0.890	2	-0.730	9	0.469	4
浙江	0.449	4	1.679	2	0.769	2
福建	-0.728	9	1.883	1	-0.049	7
广东	2.293	1	-0.377	7	1.599	1
广西	-0.917	11	-0.847	10	-0.898	11

以远洋渔业消费市场关注度来看，广东、江苏、北京位列前三，消费市场较大，对远洋渔业产品关注度较高。浙江、山东、上海、河北次之。辽宁、福建、天津、广西位于末位，对远洋渔业产品关注度较低，消费市场小，拓展空间大。

以远洋渔业生产规模来看，福建、浙江、山东位列前三。三个省份远洋渔船自主设计和修造能力相对较强，拥有远洋渔船数量最多，且均已建设远洋渔业基地，三个省份远洋渔业发展水平较高。辽宁、上海、北京、广东次之，河北、江苏、广西、天津远洋渔业产量较小，位于末位。

综合来看，广东远洋渔业发展状况排名第一，浙江、山东、江苏紧随其后，北京、上海、福建处于中位，辽宁、河北、天津、广西远洋渔业发展状况相对落后。

五　总结与展望

2022年，中国远洋渔业在产业规模、监管治理能力、渔船装备创新、对外合作等方面取得显著成效，产业规范化、绿色化、现代化水平显著提

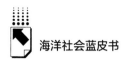

升。中国为保护海洋生态系统、维护远洋渔业资源可持续利用，作出了重要贡献。远洋渔业的发展为满足国内水产品市场日益增长的需求和缓解近海捕捞强度起到积极作用。尽管如此，面对内部激烈竞争与外部严峻国际形势，中国远洋渔业仍需在稳定发展中加快产业转型升级，加大规范监管力度，提升效益和质量。为促进远洋渔业高质量发展，提出如下建议。

1. 培育远洋渔业消费文化

凭借肉质鲜美、富含蛋白质、绿色营养等特质，金枪鱼成为世界最具经济价值的鱼类之一，在全球拥有广阔的消费市场。中国金枪鱼渔业以20世纪80年代为开端，经过数年迅速发展，渔业科技和渔船装备不断创新，产业链迅速拓展延伸。欧美和日本金枪鱼渔业起步早、消费市场发展成熟，而我国发展金枪鱼渔业、加入国际金枪鱼渔业组织较晚，金枪鱼国际配额少，同时金枪鱼加工端多为符合欧美日消费市场的产品，较少结合国人饮食习惯，金枪鱼内销市场尚未得到有效开拓，与渔业强国还存在一定差距。扩大国内金枪鱼消费市场需要科学规划金枪鱼市场中长期发展，加大金枪鱼消费文化的宣传推广力度，推进金枪鱼中高端产品研发与加工优化升级，打造符合中国特色饮食文化的金枪鱼产品①。

2. 持续推动科技创新

实现远洋渔业高质量发展，需要加快提升科技创新能力，强化科技创新支撑体系建设。一要加快传统渔业生产方式向大规模工业机器生产转变，以技术创新突破实现养殖捕捞方式绿色发展。积极推动生态友好、信息化、现代化渔业设施和捕捞养殖技术研发，推进互联网、大数据、人工智能等新技术成果与远洋渔业领域的结合。二要培养吸纳优秀渔业科技研究人员，积极开展全球海洋渔业资源科学监测与生产评估调查，深入研究海洋中上层鱼类资源随气候变化而变动的规律，提高海洋渔业资源的中长期预测能力。在加强远洋渔业资源的综合开发能力的同时，注重生产效益、效率、质量的提

---

① 《农业农村部：做好金枪鱼市场发展中长期规划 开展金枪鱼饮食宣传》，https://mp.weixin.qq.com/s/_InIFPr6mMHQOEkf8XGLCw，2022年10月25日。

升，促进环境资源的可持续发展。要而言之，加快落实多学科交叉研究、新科技和新设施在远洋渔业中的应用，促进我国远洋渔业加快形成科技引领、创新驱动、产业融合的渔业发展路径，促进世界海洋资源的科学养护和海洋生态环境可持续发展，为实现《变革我们的世界：2030年可持续发展议程》和蓝色经济增长贡献中国智慧①。

3. 完善制度保障体系

推动远洋渔业高质量发展需要加快制度创新、完善制度保障体系。通过构建远洋渔业高质量发展评价指标体系，准确把握国家和各省市远洋渔业高质量发展状况。建立远洋渔业企业履约评估体系，借助履约评价正向激励企业加强监管，严格执行监管措施。规范产品质量标准，积极建立渔获可追溯认证体系，推广渔获可追溯管理系统，保障水产品质量安全。逐步实行配额捕捞，制定并完善配额分配、交易制度，推动远洋渔业捕捞可持续发展。进一步加强建设"产、学、研、用"于一体的产业综合体，构建多层次人才培养体系，培养吸纳远洋渔业高水平人才，落实远洋渔业从业人员资格准入制度②。

4. 推动全产业链发展

2023年2月14日，远洋渔业高质量发展推进会会议强调，要推动远洋渔业全产业链一体化整合与上下游产业链延伸，提升生产效益质量，获得更高产品附加值，形成显著规模化聚集发展效应。远洋渔业高质量发展需要深化加强国内外渔业合作，建设远洋渔业基地，拓展远洋渔业生产空间，带动当地经济和就业发展。同时积极引导远洋渔业企业现代化转型，加强渔业人员素质技能培养，推动产业聚集、形成产业协同融合发展的态势，扩大远洋渔业国际竞争优势③。

5. 加强安全生产教育

远洋渔业高质量发展要求全面提升安全生产防范能力，加强安全生产管

---

① 陈新军：《我国远洋渔业高质量发展的思考》，《上海海洋大学学报》2022年第3期。
② 陈新军：《我国远洋渔业高质量发展的思考》，《上海海洋大学学报》2022年第3期。
③ 《农业农村部召开远洋渔业高质量发展推进会》，https://mp.weixin.qq.com/s/Y6JwWEQeUn b-2MKJBz4ZUA，2023年2月14日。

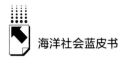

理，提高重大涉外事件重视程度。远洋渔业企业应注重工人掌握应对紧急情况的能力，积极开展普及安全知识教育，做好技能培训工作。加强远洋渔业安全风险隐患排查整治，做好渔业装备定期检查维护与渔船实时监控，提前预防并及时消除安全隐患。落实好企业主体与船长应急值守、保障渔船生产安全的主体责任。加强企业与相关部门紧密配合机制与安全合规程序，完善应急处置预案，最大限度降低远洋渔业工作环境险峻、生产条件复杂所带来的隐患与风险①。

---

① 《农业农村部召开全国远洋渔业安全生产视频会议》，http：//www.yyj.moa.gov.cn/gzdt/202305/t20230526_6428650.htm，2023 年 5 月 23 日。

B.12

2022年中国海洋灾害社会应对发展报告*

罗余方 袁 湘**

摘　要： 中国是一个拥有1.8万公里大陆海岸线的陆海兼具的国家，因此在受海洋灾害影响方面属于最严重的国家之一。随着海洋经济的迅速发展和海洋开发的推进，沿海地区面临着日益增加的海洋灾害风险，其中包括由海洋污染等人为因素引起的灾害。这些灾害给国家带来了巨大的经济损失，因此海洋防灾减灾形势极其严峻。针对2022年的海洋灾害情况和社会应对机制，报告以时间为线索，梳理了该时段内发生的海洋灾害的基本情况，并从不同的灾害应对主体角度阐述了海洋灾害的社会应对机制。

关键词： 海洋灾害　社会应对　应急机制

中国是世界上受海洋灾害影响最严重的国家之一。随着海洋经济的快速发展，沿海地区面临着越来越突出的海洋灾害风险，海洋防灾和减灾形势极为严峻。2022年，中国自然资源部认真履行了海洋防灾减灾工作的职责，积极进行海洋观测、预警预报以及风险防范等方面的工作。同时，沿海各级

---

* 本报告系教育部人文社科基金青年项目"东南沿海地区自然灾害及其应对经验的人类学研究"（22YJC850006），广东省社科规划2020年度粤东西北专项基金"灾害人类学视角下基层社区台风应对的社会韧性机制研究"（GD20YDXZSH25）的阶段性成果。

** 罗余方，博士，广东海洋大学法政学院讲师，研究方向为灾害人类学、环境人类学；袁湘，广东海洋大学法政学院社会学专业2021级本科生。

党委和政府充分发挥了抗灾救灾的主体作用，提前部署并科学应对，最大限度地减少了海洋灾害造成的人员伤亡和财产损失。①

一 2022年我国海洋灾害的基本情况

2022年，我国海洋灾害以风暴潮、海浪和赤潮灾害为主，共发生了12次灾害，造成了总计241154.72万元的直接经济损失和9人的死亡失踪。其中，风暴潮灾害发生了5次，直接经济损失达到了237890.20万元；海浪灾害发生了5次，造成了2411.77万元的直接经济损失和9人的死亡失踪；赤潮灾害发生了2次，直接经济损失达到了852.75万元。海冰冰情等级为2.0级，最大分布面积为16647平方千米。绿潮最大覆盖面积约为135平方千米，最大分布面积约为18002平方千米，这些数字都是历史最低值。与近十年（2013~2022年）的平均值相比，2022年海洋灾害的直接经济损失和死亡失踪人口都低于平均值，分别为平均值的34%和23%。与2021年相比，2022年海洋灾害的直接经济损失和死亡失踪人口都有所下降，分别为2021年的79%和32%。

在2022年的各类海洋灾害中，造成直接经济损失最严重的是风暴潮灾害，占总经济损失的99%；而造成人员死亡失踪的全部都是海浪灾害。就单次海洋灾害过程来看，"221003"温带风暴潮灾害造成直接经济损失113039.27万元，是近十年来造成直接经济损失最严重的温带风暴潮灾害过程。②

2013~2022年海洋灾害直接经济损失和死亡失踪人口统计分别见图1和图2。

---

① 《2022年中国海洋灾害公报（摘登）》，《中国自然资源报》2023年4月14日，第5版。
② 《2022年中国海洋灾害公报》，https://m.mnr.gov.cn/gk/tzgg/202304/t20230412_278111 12.html，2023年4月12日。

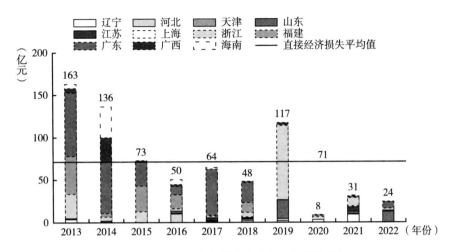

图1 2013～2022年海洋灾害直接经济损失统计

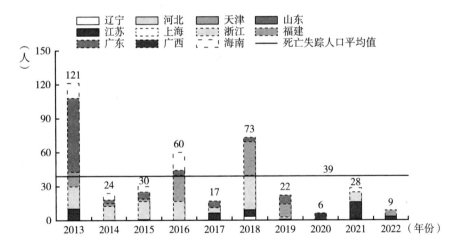

图2 2013～2022年海洋灾害死亡失踪人口统计

说明：数据源自《2022年中国海洋灾害公报》。①

---

① 《2022年中国海洋灾害公报》，https：//m.mnr.gov.cn/gk/tzgg/202304/t20230412_2781112.
html，2023年4月12日。

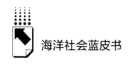

2022 年，山东省是风暴潮灾害直接经济损失最严重的省份，损失金额为 119816.76 万元，占风暴潮灾害总直接经济损失的 50%。另外，广东省是受台风风暴潮灾害影响最严重的省份，直接经济损失 76482.53 万元，占台风风暴潮灾害直接经济损失的 61%。同时，山东省也是受温带风暴潮灾害影响最严重的省份，直接经济损失为 113039.27 万元，占温带风暴潮灾害直接经济损失的 100%。

与过去十年相比，2022 年风暴潮过程发生次数较少，风暴潮灾害发生次数与 2019 年并列最低。具体来说，台风风暴潮过程发生次数是历年次低值，仅高于 2014 年，而灾害发生次数则是最低值。而温带风暴潮过程发生次数略高于平均水平，但灾害发生次数为次低值，仅略高于 2019 年。在 2022 年的风暴潮中，有一次温带风暴潮过程达到红色预警级别，为"221003"温带风暴潮。风暴潮灾害造成的直接经济损失处于近十年来的次低水平，仅占平均值的 35%。①

2022 年，浙江省是海浪灾害直接经济损失最严重的省份，直接经济损失 1146.00 万元，占海浪灾害总直接经济损失的 48%。另外，福建省是海浪灾害死亡失踪人口最多的省份，共有 6 人死亡失踪，占海浪灾害总死亡失踪人口的 67%。需要注意的是，1 月是海浪灾害死亡失踪人口最多的月份，共有 6 人死亡失踪，占总死亡失踪人口的 67%。而 9 月是直接经济损失最严重的月份，直接经济损失 1686.00 万元，占海浪灾害总直接经济损失的 70%。②

2022 年，我国近海共发生有效波高 4.0 米（含）以上的灾害性海浪过程 36 次，其中台风浪 12 次，冷空气浪和气旋浪 24 次。发生海浪灾害过程 5 次，直接经济损失 2411.77 万元，死亡失踪 9 人。③

---

① 《2022 年中国海洋灾害公报》，https：//m. mnr. gov. cn/gk/tzgg/202304/t20230412 _ 2781 112. html，2023 年 4 月 12 日。
② 《2022 年中国海洋灾害公报》，https：//m. mnr. gov. cn/gk/tzgg/202304/t20230412 _ 2781 112. html，2023 年 4 月 12 日。
③ 《2022 年中国海洋灾害公报》，https：//m. mnr. gov. cn/gk/tzgg/202304/t20230412 _ 2781 112. html，2023 年 4 月 12 日。

二 政府的海洋灾害应对相关法律法规的完善

（一）海洋灾害应急预案的完善

2022年，我国在2021年的基础上继续完善应急管理体系和能力建设，以习近平新时代中国特色社会主义思想和习近平生态文明思想为指引，加强建设一个有效的灾害应对法律体系，完善相关法律法规，确保各个环节之间的准确性和连贯性。同时，我国持续推进基础设施的完善，并促进环境保护和可持续发展。政府不断改进和完善灾害应对法律工作，以适应不断变化的灾害形势和需求。

在海洋灾害应对方面，为贯彻落实习近平总书记关于防汛救灾的重要讲话精神和党中央、国务院的决策部署，中华人民共和国自然资源部修订了《海洋灾害应急预案》①，以加强海洋灾害应对管理。该预案内容包括总则、组织机构及职责、应急响应启动标准、响应程序、保障措施、应急预案管理和附件7部分。该预案适用于自然资源部在我国管辖海域范围内进行风暴潮、海浪、海冰和海啸灾害的观测、预警与灾害调查评估等工作。

根据该预案的规定，自然资源部海洋预警监测司负责组织协调部系统海洋灾害观测、预警、灾害调查评估和值班信息及约稿编制报送等工作。自然资源部办公厅负责及时传达和督促落实党中央、国务院领导同志及部领导的指示批示，并协助预警监测司按程序上报值班信息等工作。此外，文中还明确了自然资源部各海区局等部属单位的职责。

（二）海洋灾害相关应对方案的推行

新时代海洋防灾减灾救灾思想紧紧抓住习近平提出的"两个坚持，三

---

① 《自然资源部办公厅关于印发海洋灾害应急预案的通知》，http：//gi.mnr.gov.cn/202209/t20220902_2758270.html，2022年9月2日。

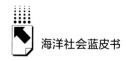
个转变"① 防灾减灾救灾新理念。在此基础上，海洋防灾减灾救灾思想的主要内涵逐渐完善，形成了"一个定位、两个坚持、三个转变、四个力量"的有机整体②。为了实施防灾减灾救灾工作，自然资源部在2022年2月8日发布了海岸带保护修复工程系列标准。该标准旨在为海岸带保护修复工程提供科学指导，推动基于自然的、结合海岸带生态与风灾减缓的综合防护体系建设，并为实现碳达峰、碳中和目标以及蓝色碳汇的增加提供技术支持。自然资源部与相关部门正在全面推进海岸带保护修复工程，促进海岸带生态与减灾协同增效，实现协同发展。这一工作开创了防治台风、风暴潮等海洋灾害的新理念和新途径。③

自2022年以来，应急管理部国家减灾中心（卫星减灾应用中心）深入贯彻落实有关应急管理工作的部署，大力加强卫星能力建设，扎实推进业务需求对接、机制建设和专业力量融合等工作，着重发展卫星减灾应用中心，切实提升卫星遥感对部门的核心业务的技术支撑能力。他们在中心内部积极推进力量融合，围绕"两中心一库"目标，加强卫星遥感与灾害综合风险监测预警等专业技术力量的融合，积极参加灾情调度会商，密切关注各类自然灾害的发生和发展，加强卫星遥感在灾害风险监测预警方面的支撑。④

2022年10月8日，自然资源部办公厅发布了关于进一步加强海洋观测预报活动监管的通知，旨在提升我国海洋观测预报水平，推动海洋防灾减灾事业发展。⑤ 为此，需要监管海洋观测预报活动并引导社会力量规范有序地

---

① "两个坚持"指坚持以防为主、防抗救相结合，坚持常态减灾和非常态救灾相统一；"三个转变"指从注重灾后救助向注重灾前预防转变，从应对单一灾种向综合减灾转变，从减少灾害损失向减轻灾害风险转变。

② 华瑛：《新时代我国海洋防灾减灾思想内涵研究》，《中国海洋大学学报》（社会科学版）2022年第S1期，第28~32页。

③ 《海岸带保护修复工程系列标准发布》，https：//www.mnr.gov.cn/dt/ywbb/202202/t20220208_2728319.html，2022年2月8日。

④ 《国家减灾中心（卫星减灾应用中心）大力加强卫星能力建设》，http：//www.ndrcc.org.cn/jzzxyw/26378.jhtml，2022年5月27日。

⑤ 《自然资源部办公厅关于进一步加强海洋观测预报活动监管的通知》，http：//gi.mnr.gov.cn/202210/t20221012_2761664.html，2022年10月12日。

进行活动。自然资源部各海区局和沿海省、自治区、直辖市自然资源（海洋）主管部门应认真落实党中央、国务院关于"双随机、一公开"监管的决策部署，创新海洋观测预报监管方式，构建公平、公正、透明、高效的监管体系，提升监管效能，为提升我国防灾减灾的预测水平做出更大的贡献。

三　社会组织的海洋灾害应对措施

政府在海洋灾害应对和灾后重建中扮演着关键的领导和协调角色，旨在保障公众的生命安全和财产安全。我国不断完善海洋灾害应急管理体系，但地方实践仍需要进一步研究和反思。实际的救援经验表明，政府的应急管理和救援受时间和空间的限制，而社会组织的积极参与和有效配合对提升应急管理效率至关重要。因此，我们应积极吸纳社会各界的力量，动员全社会参与防灾减灾救灾，以弥补仅依赖政府的防灾减灾救灾模式的不足。

在2021~2022年期间，社会组织在海洋灾害救灾过程中表现突出，涉及物资援助、医疗救护和灾后重建等领域，引起了社会各界的关注。相对于政府而言，社会组织在应急救灾中具备更大的灵活性、专业性和公益性，同时也具有更强的针对性和适应性。此外，社会组织还能够弥补政府在防灾减灾救灾方面财力不足的问题。因此，在重塑政府与社会之间的关系、提高灾害应对和救助的效率与成功率，以及培养社会公益理念等方面，社会组织具有重要的价值。

为了进一步推进社会应急力量的健康发展，2022年11月16日《应急管理部　中央文明办　民政部　共青团中央关于进一步推进社会应急力量健康发展的意见》发布。① 这份意见明确了防灾减灾救灾社会组织的登记管理、社会应急力量的工作内容、特大灾害救援行动现场协调机制、惩戒约束措施、费用来源、能力建设、日常管理、激励措施以及诚信评价等方面的内

---

① 《应急管理部　中央文明办　民政部　共青团中央关于进一步推进社会应急力量健康发展的意见》，https://www.mem.gov.cn/gk/zfxxgkpt/fdzdgknr/202211/t20221116_426880.shtml，2022年11月16日。

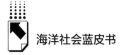

容。该意见的提出有助于社会防灾减灾救灾组织更加高效且规范化地参与防灾减灾救灾工作。此外，将应急管理部门作为社会救灾组织的管理单位，统一管理社会应急力量可以对其进行有效的调度和协调，确保资源的合理配置和高效利用。通过统一管理，可以避免资源浪费和重复建设，提高救援行动的效率。统一管理机构还可以提升不同应急力量之间的协同作战能力，实现信息共享、资源协调和任务分工等方面的优化，形成整体的应急行动力量，提高响应速度和救援效果。此外，实施统一的培训和能力建设可以提升社会应急力量的专业水平，通过提供标准化的培训课程和指导，能够提高社会应急力量的能力。同时，为了激励社会组织参与防灾减灾救灾工作，可以通过建立激励措施和奖励机制，给予他们一定的荣誉称号和资金支持，以鼓励更多的社会组织积极参与到海洋灾害应对工作中来。统一管理机构可以提供标准化的培训课程和指导，从而提高从业人员的技能和专业素养，进而提升应急行动的质量和效果。此外，统一管理还能减少决策层级，加快应急响应的决策和执行速度。通过集中管理和指挥，能够快速调动相关的资源和人员，提高应对突发事件的反应速度。

在我国海上搜救行动中，社会力量扮演着重要角色。根据统计数据，2011~2020年的十年间，中国海上搜救中心共组织了19914次搜救行动，救助人数超过15万人，避免了超过730亿元的财产损失。其中，社会力量参与的搜救船舶占总数的67.2%。① 社会救助力量为海上险情救助提供了重要支持，保障了海上交通安全和人民的生命财产安全，对从事渔业工作的百姓的生命安全起到了保障作用，真正实现了为人民服务的目标。为了鼓励广大沿海社会公益救援组织积极参与水上救援，交通运输部和财政部联合制定了扶持社会搜救力量的新政策，在原来的奖励基础上进一步提高奖励标准、扩大奖励范围，对参与重大水上突发事件的社会救援力量给予最高15万元的奖励。

---

① 《海上搜救行动中社会力量有何作用？交通运输部答南都》，https：//www.sohu.com/a/468866696_161795，2021年5月27日。

2022年9月14日20时30分前后，台风"梅花"首次登陆浙江省舟山普陀沿海地区，登陆时中心附近最大风力达到14级。在台风登陆之前，金山区委、区政府及区防汛办加强指挥动员，积极准备应急救援，并广泛调动社会各界力量参与救援。面对即将来袭的"梅花"台风，金山区应急管理局提前与供电、燃气、危化、排水和搜救等10支专业抢险队以及3支社会救援队取得联系，超过1600人随时待命，充分展现了组织灵活、贴近基层、反应迅速的优势。他们迅速处置险情、消除安全隐患，有效保护了人民的生命和财产安全。[①]

社会力量在海洋灾害搜救行动中发挥着重要作用，可以有效增加搜救行动的资源。社会组织、志愿者团体以及企业等都可以提供人员、船舶、装备和物资等方面的支持，扩大搜救力量的规模和范围，提高应对海洋灾害的能力。此外，社会力量的参与还能大幅度提高搜救行动的效率，弥补政府救援力量的不足。社会组织和志愿者具有较强的灵活性和快速响应能力，能够灵活调度人员和资源，在紧急情况下迅速展开搜救行动。与政府机构相比，社会力量更加贴近基层，了解当地的情况和需求，能够提供更具针对性的救援和支持。

此外，社会力量的参与还能提供多样化的专业知识和技能。志愿者和社会组织往往具备各种专业背景，如医疗、工程、航海等，他们的专业知识和技能能够为搜救行动提供有力支持。例如，医疗志愿者可以提供紧急救治和医疗服务，工程专业人员可以协助修复基础设施，并为抢险救援提供技术支持。社会力量的参与还能促进社会共治和社会认同。当社会各界共同参与到海洋灾害搜救行动中时，能够形成全社会的共识和认同，增强公众的责任感和参与意识。这不仅有助于应对灾害，还能促进社会各方面的发展和进步。

总的来说，社会组织在海洋灾害应对方面发挥着重要的作用。政府应当进一步加强对社会组织的引导和支持，为其发挥更大的作用提供制度保障和

---

① 《为应对台风"梅花"，金山10支专业抢险队伍1600多人随时待命》，https：//export. shobserver. com/baijiahao/html/527947. html，2022年9月14日。

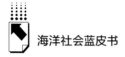
政策支持。社会组织的积极参与，有助于形成政府、社会组织和公众共同参与的海洋灾害应对体系，提升整体的应急管理水平，保障公众的生命安全和财产安全。

四　社区的防灾减灾举措

近年来，我国经济较为发达的沿海地区，海洋灾害风险日益突出，海洋防灾减灾形势严峻。① 为了有效应对灾害风险，社区采取了一系列的防灾减灾举措，包括宣传教育、建设安全设施、组织演练、制定应急预案、建立灾害监测与预警系统，以及鼓励社区居民的参与和合作等。这些举措的目标是提高社区居民的灾害意识、应对能力和集体安全意识，减少灾害对居民生命和财产的影响，并提高社区整体的防灾减灾能力。

首先，社区可以通过开展宣传活动、举办培训课程等方式，向居民普及防灾减灾知识，提高他们的灾害意识和应对能力。包括教育居民如何识别灾害风险、制定家庭应急预案以及基本的灾后自救互救知识和技能。其次，社区应加强基础设施建设，包括加强房屋结构安全检查、改善排水系统、修复疏通沟渠等，以减少灾害发生的可能性，提高社区的抵御和适应能力。同时，社区还应设置灾害警示标志和紧急避难设施，为居民提供紧急避险场所。此外，定期组织灾害应急演练，让居民熟悉应急预案和紧急逃生路线。通过模拟实际灾害情景，提高居民的应变能力和应急反应速度，增强社区居民在灾害事件中的集体安全意识和协作能力。最后，强化社区居民的防范意识，确保他们在面对海洋灾害时能够最大限度地降低经济损失、减轻伤亡，并能够积极配合政府的救灾工作，发挥百姓在面对灾害时的主动性，从而达到最好的救灾效果。

以青岛市为例，青岛市以 2022 年 10 月 13 日第 33 个国际减灾日为契

---

① 《防灾减灾宣传周｜了解身边海洋灾害　关注海洋灾害预警》，https：//www.163.com/dy/article/H76HS5TT051492EO.html，2022 年 5 月 12 日。

机，以"早预警、早行动"为主题，开展了海洋防灾减灾知识普及活动，旨在提高市民的海洋防灾减灾意识。该市采取了多种方式，如设置展板、进行现场讲解和发放宣传手册等，向市民介绍海洋灾害知识和规避灾害的常识。通过这些举措，市民对海洋防灾减灾知识有了更深刻的了解，提高了海洋灾害风险的防范意识。

除青岛之外，我国其他地区也开展了有关社区防灾减灾及应急宣传教育，希望让老百姓参与其中，提高群众的防灾减灾意识。以福建福州为例，福州市由于海洋环境复杂多变，深受海洋灾害的影响，各种海洋灾害给福州市社会经济发展和居民生命财产安全带来严重的威胁。

五　总结与反思

（一）总结

本研究报告以时间为轴，简要梳理了 2022 年海洋灾害所造成的影响以及社会应对措施。值得注意的是，2022 年我国成功地减少了海洋灾害造成的经济损失和人员伤亡。与过去十年相比，2022 年海洋灾害对经济的直接影响和死亡失踪人口都低于平均水平，分别为平均值的 34% 和 23%。[①] 此外，总体灾情发生次数也低于过去十年的平均水平。

2022 年，我国在海洋灾害应对方面转变思路，开始借助数字化技术进行精准的防灾减灾工作。全面建立了系统化的海洋灾害隐患识别功能。我国的应对方案充分展现了"未雨绸缪"的思维。同时，我国加强了对海洋灾害管理的政策制定和法律法规的完善，为海洋灾害预防、应对和恢复提供了指导性的框架。此外，我国还增加了对海洋灾害管理的资源投入，包括人力、物力和财力投入，并致力于研发和应用先进的技术手段来提升灾害监

[①] 《2022 年中国海洋灾害公报》，https：//m. mnr. gov. cn/gk/tzgg/202304/t20230412_2781112. html，2023 年 4 月 12 日。

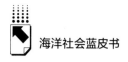

测、预警和救援能力。

社会对海洋灾害的认知度有所提高，通过教育和宣传活动，提升了公众的灾害意识和应对能力，培养了社会公民的自救互救意识和技能。社会组织和志愿者团体积极组建专业救援队伍，提供即时响应和救援服务，增强了社会救助力量的投入和参与度。同时，社会还鼓励科技创新，推动开发更先进的灾害监测、预警和救援技术。社会组织还在物资支持、志愿者服务和心理支持等方面提供了社会支援。这种转变形式有效地减少了海洋灾害过程中的损失，更好地应对了突发状况。与此同时，各地社会组织也逐渐发展完善，灾害应对更加科学、规范和合理。

（二）反思和建议

1. 加强海洋灾害管理的政策和法规制定

政策和法规制定是有效治理海洋灾害的重要手段。为了提高海洋灾害管理的效能，第一，相关部门需要进行综合评估和科学研究，了解当前海洋灾害形势、脆弱性和潜在风险，为政策和法规制定提供科学依据和指导。第二，完善横向协调和垂直管理，确保政策和法规的全方位覆盖，建立跨部门的协调机制，促进政策和法规的整合与衔接，确保各相关部门在海洋灾害管理中职责明确、协同作用。第三，制定整体性的海洋灾害管理政策，明确政府的目标、原则和策略，提供统一的指导框架，使各项政策和法规相互配合、协同推进。第四，明确海洋灾害管理的法律责任和程序，包括预防、应对、恢复和赔偿等方面，为海洋灾害管理提供法律保障。第五，建立信息共享机制，促进政府、科研机构、社会组织和公众之间的信息共享和沟通，充分利用专业知识和社会力量参与政策和法规制定过程，通过制定更完善的法律法规明确政府与非政府组织在救灾行为中的关系，为非政府组织提供法律保障，提升其在防灾减灾救灾工作中的积极性，激励和引导非政府组织积极应对海洋灾害，发挥其在防灾减灾救灾中的作用。

2. 强化社会组织的能力建设

社会组织在海洋灾害管理中发挥着重要作用。为了提升社会组织的能力，第一，政府应提供培训和培养机会，提升社会组织成员在海洋灾害管理领域的专业知识和技能。第二，培养组织成员的科学认知能力、应急响应能力以及风险评估与管理的技术能力，帮助社会组织的救援人员在救灾过程中减少阻力，提高效率，不盲目救灾。第三，建立有效的合作机制和沟通渠道，促进社会组织与政府部门之间的协调与合作。政府可以积极与社会组织合作，倾听社会组织的声音，并将其纳入政策和决策过程中，充分发挥社会组织的参与和监督作用。第四，鼓励社会组织之间的合作与协作，形成合力应对海洋灾害。可以通过组织联合行动、信息共享、资源互助等方式，促进社会组织之间的协作与合作，提高整体应对能力。

3. 基层社区社会韧性建设与海洋灾害应对的加强

习近平总书记曾对防汛抢险救灾工作作出重要指示，强调要牢固树立以人民为中心的思想，全力组织开展抢险救灾工作，最大限度减少人员伤亡，妥善安排受灾群众的生活，并最大限度降低灾害损失。社区应考虑公众对灾害的认识和意识水平，选择社区居民更适应且更易理解的宣传方式，加强灾害知识的教育和宣传。可以通过视频或推文等更生动且宣传面更广的方式，提高公众的灾害风险认知和自我保护意识。明确预警和应急响应系统的效力，提出改进建议，以实现更快速、准确的预警信息传递和应急行动，确保人民的生命安全。应培养社区居民的责任意识和集体行动能力，鼓励他们主动采取应对措施，提高社区整体的抗灾能力，并提供必要的培训和指导，增强社区成员的海洋灾害应对知识和技能。还应培养社区居民的紧急救援技能、自救自护意识以及危机管理和沟通能力，提高应急响应的效率和有效性。在社区建设过程中，政府的作用也同样不能忽视，应充分重视社区组织的作用，为其提供必要的资源和支持，包括资金、物资和人力等方面的支持。同时，建立健全经费投入机制和保障机制，确保社区能够持续进行应对海洋灾害的能力建设。基层社区是减灾工作中的薄弱环节和重点关注领域。为此，我国应将提升基层减灾能力置于工作重中之重，并高度重视培养基层社区居民在海洋灾害应对方面的意识。作为直接面临海洋灾害的主体，社区居民有必要具备基本的避灾意识和应对方法，以提高生存能力。同时，防灾

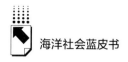

减灾服务应密切关注居民需求，并不断提升有效供给水平。无论是将气象预警信息精准送达受影响居民手中，还是贴心考虑残疾人、老人等群体避险时的特殊需求，或者利用"互联网+"手段实时为居民解答防灾疑惑，都在以人为本的努力中，积累着防灾减灾的实效。[①] 要充分认识、挖掘、保护和应用不同社区尤其是农村社区在海洋灾害应对方面的本地知识，将其价值发挥出来，加强基层社区社会韧性建设与海洋灾害应对。一方面，应加强社区居民的灾害意识和知识教育。通过开展定期的灾害知识培训、宣传和演练，提高社区居民对海洋灾害的认知和理解。可以邀请专家学者、救灾组织和相关部门的工作人员举办讲座，向社区居民普及防灾减灾的基本知识和技能。此外，可以通过社区广播、电视、社交媒体等渠道，向社区居民传递相关灾害预警信息和应对指南，使他们能够及时采取有效措施。另一方面，要建立健全社区居民组织和应急机制。社区居民应充分认识到自身的责任和作用，积极参与社区的抗灾工作。可以建立社区志愿者队伍，培养一批具备急救、灭火、疏散等基本应急技能的社区居民，以应对突发情况。同时，建立健全社区灾害应急预案，制定明确的工作职责和行动方案，确保在灾害发生时能够迅速响应和展开紧急救援工作。此外，要加强社区与相关部门的协同合作。政府部门和专业救援队伍应与社区保持密切联系，及时了解社区的需求和情况，为社区提供必要的技术支持和援助。同时，社区居民也可以主动与当地政府、防灾减灾部门建立沟通渠道，反映问题和需求，共同制定和实施应对海洋灾害的措施。

4. 海洋灾害文化及教育研究的加强与普及

海洋灾害教育的主要目的是提高公众防范灾害的意识和应对能力，进一步减少灾害对个人生命财产造成的损失。海洋灾害教育的内容包括保护海洋生态环境的教育、提高应对海洋灾害的意识、自救互救知识与能力，并培养自救互救、共同担当的品格。通过反思和总结过去在海洋灾害教育方面的经

---

① 《评论：防灾减灾 于基层见真功》，http：//www.cma.gov.cn/2011xwzx/2011xqxxw/2011xqxyw/201705/t20170512_409722.html，2017 年 5 月 12 日。

验教训，我们意识到海洋灾害文化及教育研究的重要性。为了弥补薄弱环节的知识，我们需要加强对公众的培训和教育，提高他们的应对能力，增强他们的防灾减灾意识。

在进行海洋灾害文化及教育研究时，需要跨学科的合作。仅仅从自然科学的角度来研究灾害是不够的，还需要结合社会科学、人文学科以及教育领域的知识进行综合研究。多学科的合作可以提供更全面、更综合的视角，促进对海洋灾害的深入理解。研究者在研究过程中应注重可靠性、准确性和科学性，以确保研究成果的质量。此外，在推广研究成果时，也应注重科学传播，确保传递给公众准确的信息。

在反思过程中，应强调研究应用的重要性。海洋灾害文化及教育研究的成果应能够为实际应对工作提供指导和支持。研究者和决策者之间应加强合作，将研究成果转化为政策和实践的参考，推动海洋灾害文化和教育的实际应用。同时，应加强宣传和推广工作，通过学术期刊、会议、媒体等多种途径广泛传播各类研究成果。宣传和推广工作有助于提高公众对海洋灾害的认知度，激发公众的兴趣，培养更多人参与防灾减灾救灾教育和行动。

B.13
2022年中国海洋民俗发展报告

王新艳*

摘　要： 2022 年，海洋民俗在与旅游紧密结合的发展过程中体现出其独特的魅力和文化内涵，也受到社区、行政部门、学者、游客等的重点关注，跨学科、多媒介发展的特征尤为突出。大数据和数字媒体技术的发展进一步拓展了海洋民俗发展的空间和可能，当然也带来了知识产权的保护等问题。此外，还要注意民俗的首要属性是文化属性，其次才是商品属性，因此应加强对海洋民俗的基础理论研究，在此基础上通过立法、跨区域跨国境合作开发等手段，分层次、有重点地开发海洋民俗精品，优化资源配置，营造良好的文化生态环境，结合当下外来人口数量众多的社会背景，激发民众自觉主动传承和发展海洋民俗的意识，是新时代海洋民俗文化在社会变迁中可持续发展的重要途径。

关键词： 海洋民俗　文化旅游　大数据　文化生态

2022 年，沿海多个省（区、市）的政府工作报告中都有相关的"海洋表述"，海洋强省建设、海洋生态修复、发展沿海经济带、陆海统筹等成为

---

* 王新艳，中国海洋大学文学与新闻传播学院副教授、博士研究生，主要研究方向为海洋民俗、近现代社会史。

多地报告中的关键词。同时，中央特别强调复兴优秀传统文化①和建设"21世纪海洋丝绸之路"②，这为大力发展海洋文化事业提供了契机。在海洋经济发展中，文化旅游成为新兴且发展强劲的产业，能够发展经济、拉动消费、带动人流资金流的文化元素被不断挖掘出来，成为当代海洋民俗文化传承的最大机遇。2022年海洋民俗的发展大致呈现以下几个方面的态势和特征。

一　发展态势与特征

2022年，无论是从学术研究、学术会议还是从相关实践来看，海洋民俗的发展都展现出新的活力。尽管由于新冠肺炎疫情的影响，线下学术会议召开及海洋民俗实践活动仍受到一定程度的限制，但这一年通过线上、线下的方式也举办了十余次海洋文化相关学术研讨会，会议召开地包括海南三亚、广东珠海、福建厦门、福建莆田、福建霞浦、浙江宁波、上海、山东青岛等。以"海洋民俗""妈祖信仰""海神信仰""祭海"等关键词在中国知网上搜索，分别可搜索出相关论文8篇、20篇、10篇、20篇。除此之外，还有专门针对某类海洋民俗进行研究的文章。③ 而在海洋非物质文化遗产、海洋生态旅游、渔村旅游的相关研究中，也有对诸如雷州南门高跷龙

---

① 2017年，中共中央办公厅、国务院办公厅印发《关于实施中华优秀传统文化传承发展工程的意见》，指出"各级党委和政府要从坚定文化自信、坚持和发展中国特色社会主义、实现中华民族伟大复兴的高度，切实把中华优秀传统文化传承发展摆上重要日程"，并提出"到2025年，全面复兴优秀传统文化"的目标。参见《中共中央国务院重大国策：2025年前全面复兴传统文化！》，https://new.qq.com/rain/a/20240226A02VNG00，2024年2月26日。

② 2013年10月，习近平总书记出访东盟国家时倡议建设"21世纪海上丝绸之路"。参见《21世纪海上丝绸之路：实现中国梦的海上大通道》，http：//www.scio.gov.cnzl/ydyl_26587/zxtj_26590/zxtj_26591/202207/t20220728_261911.html，2022年7月28日。

③ 如研究舟山民俗的硕士论文：徐冠群《地方感视角下舟山群岛乡村民俗旅游产品开发研究》，浙江海洋大学，2022；专门研究民间传说与渔家号子的论文：王睿璇《非物质文化遗产海洋特色初探——以周戈庄祭海、涉海民间传说和渔家号子为例》，《中国民族博览》2022年第18期。

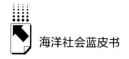

舞、长海妈祖文化、京州高跷捞虾文化等海洋民俗进行的个案研究①。在著作出版方面，既注重专业学术研究成果的出版，也注重出版可读性强的科普读物。如既有《闽台海洋民俗史》《洞头海洋民俗仪式音乐集》《中国海洋故事·民俗卷》等为海洋民俗文化研究提供重要文献史料的资料，亦有《妈祖文化与海洋文化融合研究》《海南陵水新村疍家聚落空间》《浙东锣鼓：礼俗仪式的音声表达》等从理论层面对海洋民俗事象的剖析之作。而《海洋探秘·梦中的圣托里尼》以学生喜闻乐见的形式、深入浅出的语言介绍了海洋历史、海洋文化、海洋军事、海洋资源、海洋民俗等多个方面的海洋知识，是一部可读性较强的科普著作。此外，还有《齐鲁海韵》（小学版）、《齐鲁海韵》（初中版）、《走进六横》等专门面向中小学基础教育的海洋文化读本，反映出作为海洋文化发展驱动力的海洋科教在 2022 年取得了重要进展。

从研究与实践活动内容来看，2022 年海洋民俗的发展主要呈现以下三个重要特征。

第一，海洋民俗与旅游深度融合，呈现以民俗促进旅游高质量发展的态势。传统海洋民俗能够不断发展的强劲动力便是与旅游业的紧密结合。一方面，海洋民俗文化资源在发展旅游、提高经济效益的过程中发挥着不可替代的作用；另一方面，旅游开发使海洋民俗的保护有了经济动力。我国沿海地区海洋民俗资源丰富，拥有发展海洋文化旅游产业的巨大优势，而事实上沿海地区的热门景点基本上都已将海洋民俗纳入其中。2022 年，无论是海洋民俗的学术研究成果还是相关实践活动，都体现出与旅游相关的重要主题。

如在上述 2022 年召开的会议主题、发表的论文及出版的著作中，探讨以海洋民俗为核心的海洋文化与渔村旅游发展关系的议题和成果约为总成

---

① 如尹露《"非遗"民俗舞蹈引发的对海洋文化的考究——以雷州南门高跷龙舞为例》，《尚舞》2022 年第 16 期；王辉、路晓彤、董皓平《海洋文化仪式性表达与社会功能剖析——以辽宁长海妈祖文化为例》，《福州大学学报》（哲学社会科学版）2022 年第 4 期；张长浦《京族高跷捞虾文化活态传承路径研究》，硕士学位论文，广西民族大学，2022。

果的二分之一。① 海洋民俗与旅游融合发展具有天然的契合点，通过探讨或实践来推动海洋民俗与旅游的深度融合发展，对激活和增强海洋民俗的传承实践活力、促进海洋民俗的系统性保护、提升海洋社会旅游的文化内涵、丰富旅游产品均具有重要的促进作用。如 2022 年 1 月 25 日，威海荣成因其独具特色的"三渔"文化，成为 2022 年全国"村晚"示范展示点，西霞口村丰富多彩的海洋民俗文化和独具特色的胶东渔家文化得以向全国乃至全球公众展示，高效地宣传了荣成海洋民俗，为提升荣成传统的谷雨祭海节的影响力，以及推动当地旅游业的高质量发展奠定了基础。② 除此之外，2022 年举办的宁波梅山海洋民俗文化节、滨州无棣祭海非遗文化盛典暨第 15 届海洋文化节、象山开渔节、潭门赶海节、厦门国际海洋周文化活动、沙井金蚝美食民俗文化节、日照渔民文化旅游节、北部湾开海节、深圳国际海洋周、玉环闯海节等都是海洋民俗与旅游深度融合的典范，沿海各地借助海洋民俗，不断强化文旅 IP 影响力。尤其是 2022 年 12 月在海南召开的海上丝绸之路三亚论坛暨新时代海洋与海岛旅游发展战略国际学术会议的两个主要议题之一便是海洋、海岛旅游高质量发展，在这个议题之下，以海洋民俗为主的海洋文化遗产的国际合作保护与开发利用成为重要课题之一。③

---

① 如在上文检索出的 58 篇论文中，与旅游发展直接相关的论文为 26 篇；2022 年召开的 10 次学术研讨会中，有 9 次明确将海洋文化与海洋经济发展作为重要议题之一；在沿海各地举办的 13 次海洋民俗实践活动中，有 11 次以"海洋民俗文化节"或"海洋文化节"、"开渔节"等为主题，以海洋民俗节日带动区域旅游，另外 2 次为贤良港和湄洲岛两地的妈祖祭海节，虽以祭海传统为核心，但仍带动了当地旅游发展。

② 《2022 年全国"村晚"示范展示点：威海荣成"渔歌"唱起来》，https://sd.china.com/dsyw/weihai/20001511/20220126/25527621_5.html，2022 年 1 月 26 日。

③ 此论坛的相关具体内容可参考：《专家学者齐聚三亚共探海丝文化、海岛旅游高质量发展》，https://finance.sina.com.cn/jjxw/2022-12-19/doc-imxxfvfq3897303.shtml，2022 年 12 月 19 日；《2022 年海上丝绸之路三亚论坛暨新时代海洋与海岛旅游发展战略国际学术会议在三亚召开》，http://lwj.sanya.gov.cn/wljsite/gzdt/202212/3d6d105bc4374227be5f1f157d7e0935.shtml，2022 年 12 月 18 日；《专家学者在我校举办的 2022 年海上丝绸之路三亚论坛畅谈海洋与海岛旅游发展》，http://msrri.hntou.edu.cn/xshd/202304/t20230418_73965.html，2023 年 4 月 18 日；等等。

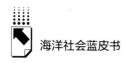

第二，海洋民俗研究和发展明显体现出跨学科、多媒介的特点。对海洋民俗的研究，除运用传统的民俗学、社会学、历史学、文艺学的研究视角外，在教育学、环境学、文创设计、博物馆学等方面也有成果出现。如王成莉、毛海莹以妈祖为例探讨了如何将海洋民俗文化教学融入汉语国际教育中，认为"将妈祖文化融入国际汉语教学课堂中，有助于在对比教学中丰富留学生的中国民俗文化体系，提升留学生克服日常文化冲突的能力，增强他们的跨文化交际能力"①。也有从空间环境设计的角度来分析海洋民俗参与滨海渔村开发过程的成果，如在青山渔村，将海洋民俗文化馆作为乡村舞台的"序厅"的规划正体现出渔村社会对海洋民俗的重视。② 此外，随着信息社会的发展，海洋民俗文化的传播方式也更加多样化。荣成的"村晚"通过国家公共文化云平台向全球展示丰富多彩的海洋民俗，直播当日观看人数达到16万人。③ 传统捕捞技艺、渔获产品加工技艺、海洋民间文艺、贝雕技艺等都通过直播、视频号等传播方式，经由普通民众群体的手、口传递给另一普通民众群体，这增强了内容的亲和力、真实性和实时性。

第三，大数据及数字媒体技术的发展为海洋民俗的发展提供了更大空间和可能。在疫情防控的背景下，数字媒体技术在社会发展的各方面充分发挥其优势，也让大家意识到将数字媒体技术与社会发展结合起来，充分利用大数据，将会在文化传播和发展中探索出新的路径。比如，裴家村渔民节及文化馆利用交互投影（Video Mapping）、虚拟成像等技术，展示"渔民节"的历史传说、活动流程等，大大丰富了旅游资源，也突破了渔民节在当地旅游资源中的时间限制。④ 此外，打卡文化，通过 App 进行互动，将渔民画、渔民舞蹈、渔民号子等海洋民俗事象利用数字媒体技术创新性地发展为数字化

---

① 王成莉、毛海莹：《汉语国际教育中的海洋民俗文化教学——以妈祖信仰为例》，《宁波教育学院学报》2022 年第 4 期。

② 冯雪毅：《"三生"共赢理念下青岛滨海渔村空间形态研究——以青山渔村为例》，硕士学位论文，青岛理工大学，2022。

③ 《2022 年全国"村晚"示范展示点：威海荣成"渔歌"唱起来》，https://sd.china.com/m/dsyw/weihai/20001511/20220126/25527621.html，2022 年 1 月 26 日。

④ 王施瑞：《数字媒体技术在"渔民节"中的应用》，《艺术研究》2022 年第 5 期。

绘本、可与观众进行交互行为的 AR 虚拟世界等，在 2022 年沿海各地的祭海节、渔民文化节中成为一种潮流，也受到更多年轻群体的青睐。

当然，在各种新的技术手段不断参与文化发展的过程中，也出现了新的问题和挑战。

二　海洋民俗发展存在的问题

在大数据时代，跨学科、多媒介渠道的利用，使海洋民俗的发展在 2022 年有了重大突破，尤其是在与旅游深度融合发展的过程中真正实现了"活态传承"，也充分体现出传统海洋民俗在现代海洋社会中的发展活力和能量，由此受到了研究者、决策者、开发者的格外关注与重视。但也正是在这个过程中，许多新的问题暴露出来并亟须解决。

第一，过分功利化破坏了海洋民俗的真实性与完整性。在发展旅游业等经济产业的过程中，许多传统海洋民俗逐渐丧失其真实面貌，被强行加入了不相关的文化元素，于是出现了各种伪民俗或者大杂烩。比如，沿海各地的祭海节除有祭海仪式、品尝海鲜、体验赶海等相关海洋民俗活动外，为了扩大节庆规模，吸引更多游客，往往会加入类似美食街、与海洋无关的传统手工艺术品展示、儿童游乐场等毫无地域特色的娱乐项目，破坏了当地海洋民俗的完整性和独特性，也不利于当地海洋民俗文化品牌的建立。虽从眼前来看可吸引客流量，但从长远发展来说，如此大杂烩之后的节庆是缺乏群众基础和文化土壤的，最终反而会冲淡当地海洋民俗的特色，从而丧失文化的核心吸引力。

过分追求经济效益，对海洋民俗进行过度商品化开发利用的深层原因在于当前研究更多侧重于应用层面，轻视理论基础建设，没有对资源丰富的海洋民俗发展现状进行全面的梳理和分析。各类海洋民俗事象发展到今天，因其所受海洋实践影响程度的不同也面临不同的局面，需要分类区别对待。比如，渔民号子、木帆船制作技艺这一类直接产生于传统捕捞业的海洋民俗是应该通过诸如文字记录、图像摄影、模型展示、博物馆收藏等方式进行

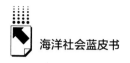

"静态"保护的，如果强制其复活，通过表演的形式试图让其再次进入渔民生活是不现实的。当然，海洋民俗服饰、饮食、节庆等则可以通过适度商业开发，用动态或活态的方式展示给外来游客，从而促进渔村的社会经济发展。

第二，海洋民俗文化知识产权面临挑战。由于海洋民俗与其他民俗一样，具有功利性、民众性、多元性、行业性、活态性等特征，仍处于不断发展变化的过程中，并且有很大一部分并无物质载体，所以对其进行知识产权保护的难度较大。但是在大众传播和大众旅游时代，海洋民俗文化已不是某一地域民众独享的文化，而成为被大众消费的资源。在传统海洋民俗从地域"私有"走向大众"公有"的过程中，确实亟须进行知识产权的确认与保护。

沿海和海岛地区许多海洋民俗文化正在逐渐被破坏和遗忘，甚至走向消亡，这就需要通过法律手段对其进行保护。另外，在沿海各地引入社会组织、企业资本等加入渔村社会开发的趋势下，加之自媒体的盛行，我们更应警惕资源开发者利用专业特长对原本由当地民众创造和享用的民俗文化进行文化垄断，从而损害海洋民俗传承主体的根本利益。这都是在新形势下，海洋民俗发展在知识产权领域所面临的挑战和问题。但直到今天，我国尚未有一部比较完备的法律对海洋民俗文化进行知识产权方面的保护。

当然，在呼吁建立完善的知识产权保护法律制度的同时也要防止以此为借口，使积极从事海洋民俗保护的单位和个人陷入"侵权"的处境。即在制定海洋民俗知识产权保护法时要把握好度，既不能太宽，影响海洋民俗产业的创新发展，也不能过窄，损害民俗文化传承群体的利益。

第三，关于海洋民俗的研究尽管受到多学科的重视，但系统性和整体性仍然不足。海洋民俗区别于非海洋民俗的重要特点在于其流动性和区域整体性，即我国沿海地区的海洋民俗呈现相互影响的特质，且体现出跨区域的特点，比如妈祖文化的分布、沿海各地都在举行的祭海节等。如此，需要学者在研究过程中打破区域限制，通过重大项目的合作推进，以问题和海洋民俗事象为导向，有组织地进行联合研究，而不要仅研究研究机构所在区域附近的行政地域的海洋民俗。

第四，海洋民俗的发展实践缺乏品牌建设。分析目前沿海地区海洋民俗的实践活动可以看出民俗节庆是传承最好、发展最好的类别。如荣成的开渔节、烟台的渔灯节、田横的祭海节、象山的开渔节、福建的普渡节、海南的开渔节等，尤其是妈祖文化节更是成为闻名海内外的海洋节庆活动，成为上述各地海洋民俗的名片。除此之外，服饰、居住、生产、禁忌等其他类型的海洋民俗往往被忽视，更缺乏以其为核心的海洋民俗文化产业。但节庆文化是有时间限制且多是短暂的，因此即使作为品牌，带动区域发展的作用仍旧有限。因此，应培育以日常生产、生活为主的核心产业项目，有针对性地开发海洋民俗文化产品，并与其他产业相结合，挖掘海洋民俗文化资源的发展潜力。

而且，打造海洋民俗文化品牌有助于提高地域文化的整体素质和内涵。比如倘若山东沿海能够打造以海上仙山——崂山为主题的度假区品牌，沪浙地区围绕舟山群岛发展出岛屿文化体验区，闽南沿海能开发出以妈祖文化为核心的大型体验项目等，则会进一步整合海洋民俗文化，也将进一步提升海洋民俗传承发展与当地经济的紧密关系。

当然，一直制约海洋民俗发展活力的后继乏人、传承断代的问题在2022年也依然存在且日益严峻。这就需要通过各种方式激发当地群众自觉传承与保护海洋民俗的意识。

三　未来趋势与建议

面对以上问题，笔者结合当前国家海洋强国建设战略，对海洋民俗的未来发展尝试进行发展趋势的预测，并提出以下建议。

第一，对海洋民俗的理论研究工作应该得到加强，这既是合理有效开发和利用海洋民俗的前提也是其重要保障。受经济建设为先的影响，2022年及之前海洋民俗研究的侧重点更多在应用层面，尤其是在大众旅游和短视频消费时代，海洋民俗总是以地区特色旅游文化的姿态出现，靠短视频的环境

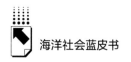

营造以零散的、碎片化的形式呈现在民众面前，而对于与旅游结合并不十分密切的如海洋民间故事、传说类事象则往往被忽略，更不用说对海洋民俗事象的内涵、外延、所产生的环境和时代等问题进行充分研究了，这最终导致民众的海洋民俗认知只有点，没有面。因此，要对沿海和海岛地区进行充分的实地调查，构建完备的海洋民俗基础资料数据库。

第二，海洋民俗的发展将会越来越规范化、规则化，这是高效、合理保护和开发海洋民俗文化的需要，也是让海洋民俗传承主体得到充分尊重的法律保障。

海洋民俗不是单纯的物质产品，是物质与非物质的结合，对于非物质海洋民俗来说，对其权利人——传承人的保护更重要，因此要借鉴和学习国际相关保护经验，通过不同的立法将海洋民俗的"人"（传承人）与"物"（民俗事象）结合起来进行规范性保护，使其更好地传承与发展。在国际上，当前可用于海洋民俗保护的法律依据主要有《保护世界文化和自然遗产公约》《联合国海洋法公约》《伊斯坦布尔宣言》等，但这些公约提到的多是建议性对策，且并非直接针对海洋民俗，因此还需要通过对海洋民俗的理论研究与探讨，把握其特质，从而制定更规范、合理的专门法。

在国内，目前涉及海洋民俗保护的法律法规主要是《中华人民共和国水下文物保护管理条例》、《中华人民共和国文物保护法》、《中华人民共和国著作权法》、《中华人民共和国非物质文化遗产法》（以下简称"非物质文化遗产法"）等，但这些主要是针对某一特定"物"的保护依据。虽然在非物质文化遗产法中对传承人的保护制度化了，但海洋民俗更多是由一定区域范围内的渔民群体创造出来的，单纯对某一传承人进行保护显然远远不够，尤其是在大数据和数字媒体技术被大量运用到文化和旅游宣传的背景下，海洋民俗一不小心就会成为全民所有的"公共资源"，就更加需要结合海洋民俗的自身特点，制定出一套专门的海洋民俗法律保护体系。当然，这是一个系统而复杂的工程，需要从中央到地方各个层面共同协作，横向也涉及物权、知识产权、行政法、民事乃至刑事等多部的法律法规体系，并非可以一蹴而就。

第三，加强跨区域、跨国境的交流合作，加强共同保护、开发和利用，是促进海洋民俗系统开发和利用的重要方式。跨区域交流合作，是指我国境内自环黄渤海区域至广西北部湾地区之间交流合作，对海洋民俗资源进行系统调查、梳理和研究，形成海洋民俗大系，为后续开发利用提供素材，同时也通过记录和整理完成静态保护。跨国境交流合作，是指我们要积极参与国际交流，重视国际合作对民俗文化保护的重要作用。比如2020年列入人类非物质文化遗产代表作名录的送王船，就是我国与马来西亚合作保护的成功案例。历史上，我国与东北亚的日本、韩国，东南亚的马来西亚、菲律宾等国通过海洋交流频繁，有很好的开展国际交流合作的基础。比如环黄渤海和东海的中日韩三国，交流历史悠久，在诸多海洋民俗方面有共同之处，海上线路研究更是大有空间可为。同时，结合现在的数字技术，跨区域、跨国境的交流将会更容易实现，这就为海洋民俗发展和交流提供了更好的合作前景。

第四，继续有重点地培育精品和品牌。随着非遗研究的热度逐年攀升，国家级、省级、市级认定的非遗项目越来越多，甚至还出现了大量的县级项目。非遗名录中民俗类非遗占比最大，名目繁多且分布较为分散，这使得受众对海洋民俗从认知到接受需要一个过程，这为有层次、有重点地对海洋民俗进行开发提供了缓冲。通过重点扶持、优化资源配置，先从相对完整和成熟的项目出发，树立典型，不断扩大社会影响，在吸引到足够的受众资源后，再逐步推出大众不太熟识的民俗事象，运用边保护边开发、边发展边保护的原则，让大众逐渐接受并爱上海洋民俗。

第五，媒体宣传与学校教育形成互补和合力，提升民众海洋意识。在大数据时代，各类媒体发挥着举足轻重的作用。在获取海洋民俗知识、提升民众海洋意识方面，它是迅速的、直接的、形象的，具有传播快、信息广的特点，可以使人众容易且较快知晓。当然，在传播的过程中，媒体也要注意自身的"政治责任"和"道德责任"，在保证信息的真实性和准确性的前提下进行多样化的报道。

学校教育与媒体宣传不同，它更有系统性、组织性、计划性，在从少年

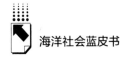

儿童抓起的系统教育方面，学校教育更具优势。目前沿海各城市的部分中小学已设置了与海洋相关的特色课程，让海洋知识和海洋文化走进校园，以此来提高民众的海洋意识。但目前还缺乏相对权威的教材，因此海洋民俗学者在此应充分发挥自身力量，尽快编撰相关教材，培养海洋民俗文化人才，指导好海洋民俗文化的科普教育工作。如此，教育与传播形成合力，不断提升民众海洋意识，可以激发全体民众对海洋民俗保护和传承的自觉意识，进而在一定程度上解决限制海洋民俗发展的传承断代问题。

第六，要特别重视海洋民俗保护和开发中的文化生态视角。海洋民俗文化作为海洋文化的重要组成部分，可以充分反映渔民群体的日常生活、思想情感、海洋认知、审美观念等，传统海洋民俗事象中蕴含着"人海合一"的生态观念和哲学思考。因此，在保护和开发利用海洋民俗时也要注意这是一个综合的系统，是从事海洋生产活动的群体所依存的自然生态平衡系统以及他们在海洋实践中形成的文化生态平衡系统。我们要合理开发利用海洋民俗资源，就要在维护海洋自身的自然生态平衡系统的基础上，理解文化生态系统的平衡，将生产、生活、信仰、艺术等活动置于"海洋"这个统一背景下进行整体思考，从而更好地传承海洋民俗。

此外，应充分重视吸引沿海和海岛地区外来人员群体参与海洋民俗活动的工作。沿海和海岛地区的外来人口占比较大，让外来人员参与到当地的民俗活动中去，一方面可以加快外来人员融入本地的速度，另一方面也会对社会稳定和谐起到一定的作用，这也是未来海洋民俗可以参与社会治理的逻辑起点。

总之，当前持续进行的乡村振兴战略为海洋民俗文化的传承发展提供了肥沃土壤，海洋民俗的传承与发展同样也能为沿海及海岛渔村振兴注入强大的精神动力。在这个过程中，注重渔村生态环境建设，塑造好海洋民俗发展的"形"，以人为本，激发海洋民俗传承主体的自觉意识和"神"，以开发和利用为要，充分发挥海洋民俗在地域社会发展中的"力"，这不仅有利于提升海洋民俗文化的地位，更有利于海洋经济的全面发展。

B.14
2022年中国海洋执法与海洋权益维护发展报告

宋宁而　史雨辰*

摘　要： 党的二十大提出加快建设海洋强国，这要求我们进一步运用综合性海上优势，最大限度地维护国家海洋权益。在法律层面，随着《海警法》颁布后对相关内容的进一步阐释和完善，海上执法活动的法律保障进一步坚实。在实践层面，遵照《海警法》及其他法律法规，中国海警局多次组织专项执法行动，坚决遏制海上违法违规行为，有力维护了我国的海洋权益。在观念层面，中国海警局积极参与地区和国际海上执法合作，推动海洋命运共同体理念广泛传播。目前，我国海洋执法和海洋权益维护聚焦海洋污染与生态破坏突出问题，海上综合治理呈现精确化、协作化的趋势。同时，针对当前制度体系不够清晰、海警执法能力不足的问题，我国应继续推进海洋法制和制度建设，并加快建设一支本领过硬的海警队伍。

关键词： 海警局　海洋执法　海洋权益维护

一　2022年我国海洋执法与海洋权益维护重要事项

2022年，随着各类专项执法行动的开展，我国海洋事业不断发展，海

---

* 宋宁而，海事科学博士，中国海洋大学国际事务与公共管理学院教授、硕士研究生导师，研究方向为日本海洋战略与中日关系；史雨辰，中国海洋大学国际事务与公共管理学院2022级国际关系专业硕士研究生，研究方向为日本海洋战略与中日关系。

上治安秩序良好，海洋环境保护成果丰富，海洋资源开发稳步进行。为加快实现海洋强国战略，进一步巩固海洋执法和海洋维权成果，须继续加强海洋法治和制度建设，加快海警人才队伍建设，进一步推进构建海洋命运共同体。

（一）专项执法行动效果显著

1. 海上治安

2022 年，中国海警局以依法治海、规范执法行动为主线，组织“净海 2022”“獴猎”等专项执法行动，以严打高压态势应对违法违规行为，消除多年隐患问题。这些专项执法行动在党的二十大召开之际维护了海上环境的安全稳定，为实现 2035 目标提供了坚实保障。

其中，针对海上走私活动的“净海 2022”专项执法行动战果尤为丰硕。行动期间，各级海警机构坚持“管海有责、管海尽责”，对走私热点海域、重点航线坚持屯兵海上、全时值守，不间断巡逻、常态化突击，不断加大对可疑船舶、快艇、改装渔船检查力度，全线推进海上执法攻势，有力挤压海上走私活动空间；充分发挥 95110 海上报警平台作用，注重海上走私线索信息搜集，深入研判走私活动规律特点，强化案件线索串并分析，对走私违法犯罪团伙和涉私窝点开展纵深打击；进一步加强与公安、海关、烟草等部门联动配合，健全完善执法协作机制，强化合成打击和综合整治，提升打击治理海上走私工作合力，推动形成齐抓共管的良好态势。“净海 2022”专项行动全年共查扣走私冻品 3. 3 万吨、香烟 3. 6 万件、农（海、水）产品 1000 余吨以及大批杂货、洋垃圾等，案值约 21. 8 亿元，有力打击震慑了海上走私不法分子。①

辽宁、山东等沿海省份纷纷深入开展“净海 2022”专项行动。其中，2022 年 11 月 2 日至 4 日，广东海警局根据中国海警局通报线索，联合广东省公安厅成功侦破“2022. 1. 20”特大走私冻品案，查扣涉案船舶 2 艘、车辆 7 台，抓获涉案人员 46 名，查获冻品 1000 余吨。经查，该团伙累计走私

① 《中国海警打击海上走私“净海 2022”专项行动战果丰硕》，https：//www. ccg. gov. cn/2023/hjyw_0129/2202. html，2023 年 1 月 29 日。

冻品、香烟等物品 16 航次，案值约 2.6 亿元。2022 年 12 月 1 日，中国海警局东海分局指挥上海海警局，联合上海、浙江、江西、福建等地海关、烟草、公安等部门，成功侦破"2022.12.1"特大走私香烟案，查扣涉案车辆 10 台，查获香烟 44.3 万余条，案值约 1.5 亿元。①

回顾 2022 年，在"净海 2022""獴猎"等专项行动中，中国海警局破获了"2022.3.08"特大走私毒品案、"2022.10.31"特大走私制毒物品案、"2022.2.19"特大组织他人偷越国（边）境案、"2022.9.22"特大走私冻品案、"2022.12.1"特大走私香烟案、"2022.5.13"特大组织他人偷越国（边）境案、"2022.1.20"特大走私冻品案、"2022.1.22"特大走私冻品案等案件，全年共破获各类走私案件 471 起，缴获毒品 1.12 吨、制毒物品 1.2 吨，打掉特大制贩毒团伙 3 个，抓获各类偷渡人员 1219 名（组织运送者 204 名、偷渡人员 1015 名），打掉偷渡团伙 26 个，有力维护了良好的海上治安秩序。②

2. 海洋环境保护

海洋环境保护问题直接关系到我国海洋产业的发展，从而影响到国家经济的总体发展。为了保护已十分脆弱的海洋生态系统，及时发现和处理日益严重的海洋环境污染问题，依据《"十四五"海洋生态环境保护规划》，中国海警局开展了专项执法行动。

为集中整治海洋污染与生态破坏突出问题，有效规范海域海岛开发利用秩序，切实防范化解重大环境风险，中国海警局联合工业和信息化部、生态环境部、国家林业和草原局启动为期两个月的"碧海 2022"海洋生态环境保护和自然资源开发利用专项执法行动，以更严格的执法监管支撑生态环境高水平保护，以更高效的执法服务助推地方经济高质量发展。"碧海 2022"专项执法行动围绕海洋生态环境持续改善的核心目标，聚焦深入打好污染防

---

① 《辽宁启动"净海 2022"专项行动》，https：//www.sohu.com/a/548584370_384484，2022 年 6 月 7 日；《威海海警局下足"三个功夫"筑牢海上反走私立体防线》，http：//www. shandong.cn/art/2023/2/11/art_97292_10335421.html，2023 年 2 月 11 日。

② 《2022 年度海上反走私反偷渡领域典型案例》，https：//www.ccg.gov.cn/2023/hjyw_0117/ 2193.html，2023 年 1 月 17 日。

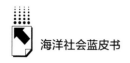

治攻坚战和"十四五"海洋生态环境保护规划重点任务，强化环境保护、污染防治、资源利用等领域协同监督管理，突出海域海岛使用、通信海缆保护、海洋石油勘探开发、海砂开采运输、废弃物倾倒、海洋自然保护地等方面执法监管，严肃查处盗采海砂、无证倾倒、猎捕红珊瑚、非法用海用岛、未经环评擅自施工、破坏海缆、海上溢油等威胁海洋生态安全的突出违法犯罪活动。行动中，相关主管部门和海上执法机构将建立专项协作机制，统筹力量运用，强化信息共享，增强管控合力。中国海警局、工业和信息化部、生态环境部、国家林业和草原局及相关单位海区方向机构将定期开展联动督导，督促地方严格落实属地主体责任。[1]

2023年4月24日，生态环境部部长黄润秋在第十四届全国人民代表大会常务委员会第二次会议上作的《国务院关于2022年度环境状况和环境保护目标完成情况的报告》中指出，"碧海2022"海洋生态环境保护专项执法行动成功收官，助力我国管辖海域海水水质保持总体稳定，全国近岸海域海水水质总体保持改善趋势。[2]

2022年，包括中国海警局在内的执法力量执法范围不断扩大，执法检查数量大幅上升，突出的海洋生态污染问题集中解决，专项执法行动取得明显成效。专项执法行动也使各执法部门之间的协作配合不断深化，理论与实践的结合更为紧密，工作机制也逐渐健全。

3. 海洋自然资源开发利用与海洋环境保护

2022年，为全面规范海洋自然资源开发利用秩序，促进海域、海岛、海岸线资源合理开发和可持续利用，中国海警局先后破获"2022.8.2"非法捕捞水产品系列案等一系列涉海洋资源开发及海洋渔业违法案件，[3] 并联

---

① 《中国海警局联合三部门部署开展"碧海2022"专项执法行动》，https：//www. ccg. gov. cn//2022/hjyw_1102/2152. htm，2022年11月2日。

② 《生态环境部部长黄润秋作〈国务院关于2022年度环境状况和环境保护目标完成情况的报告〉》，https：//www. mee. gov. cn/ywdt/hjywnews/202305/t20230506_1029130. shtml，2023年5月6日。

③ 《2022年度海洋渔业执法领域典型案例》，https：//www. ccg. gov. cn/2023/hjyw_0119/2201. html，2023年1月19日。

合相关部门组织开展了专项执法行动。

在海洋渔业方面，为打击海洋渔业违法犯罪，深入推进海洋生态文明建设，强化海洋伏季休渔监管，维护海洋伏季休渔秩序，切实保护海洋渔业资源，"亮剑2022"海洋伏季休渔专项执法行动于2022年5月1日启动，为期四个半月。① 其中，海南海警局在2022年南海伏季休渔专项执法行动中，紧盯辖区案（事）件高发海域，以"零容忍"的态度坚持有警必出、有案必查、违法必究，全面加强海上巡逻监管，形成"网格化"管控格局，有力维护了伏季休渔管理秩序。休渔期间，海南海警局侦办刑事案件20起，查处治安行政案件138起，查获非法捕捞所得渔获物7.4万余公斤。② 至9月16日12时，2022年海洋伏季休渔专项执法行动圆满收官。行动期间，各级海警机构立涉渔刑事案件177起，没收渔获物216万余公斤、渔具5287件、渔船6艘。近年来，经过持续严打严控，海上违法违规作业活动呈减少趋势，伏季休渔秩序逐步向好，联合执法行动取得积极成效。③

此外，各省份以《海警法》赋予的法定职能为基石，积极开展专项执法行动。2022年3月，江苏南通海警局启东工作站在常态化巡逻管控的基础上，开展海底光缆保护专项执法行动。④ 2022年9月，山东、福建海警局联合多家涉海部门开展国际海底光缆管护专项执法行动，重点查处在海底光缆保护范围内从事挖沙、钻探、打桩、抛锚、拖锚、底拖捕捞、张网作业或其他可能破坏海底光缆安全的作业行为。⑤ 全年，中国海警局共查获刘某某

---

① 《三部门联合部署2022年度海洋伏季休渔专项执法》，http：//www.ccg.gov.cn/2022/hjyw_0428/1660.html，2022年4月28日。

② 《海南海警局完成2022年南海伏季休渔专项执法行动 查获渔获物7.4万余公斤》，https：//m.gmw.cn/2022-08/16/content_1303094325.htm，2022年8月16日。

③ 《中国海警圆满完成海洋伏季休渔专项执法行动》，https：//www.ccg.gov.cn/2022/hjyw_0926/2123.html，2022年9月26日。

④ 《江苏南通海警局开展海底光缆保护专项执法行动》，http：//www.ccg.gov.cn/2022/95110_0307/1384.html，2022年3月7日。

⑤ 《海警开展国际海底光缆管护专项执法行动》，https：//www.ccg.gov.cn/2022/haijingzaixingdong_0926/2125.html，2022年9月26日。

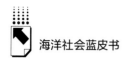

等破坏军事通信案等海洋资源环境领域案件 671 起，为守护好绿水青山、维护好资源环境安全提供了坚强保障和有力支撑。

（二）依法治海不断推进

第一，中国海警局根据《海警法》等法律规定，起草了《海警机构行政执法程序规定（征求意见稿）》（以下简称《程序规定》），并公开征求意见，时间为 2022 年 3 月 18 日至 4 月 17 日。① 该规定有助于规范海警机构行政执法行为，保障和监督海警机构正确履行职责，保护公民、法人和其他组织的合法权益。

第二，中国海警局根据《刑事诉讼法》、《海警法》及相关规定，起草了《海警机构办理刑事复议复核案件程序规定（征求意见稿）》，并公开征求意见，时间为 2022 年 9 月 1 日至 9 月 30 日。② 该规定有助于规范海警机构刑事复议、复核案件的办理程序，依法保护公民、法人和其他组织的合法权益，保障和监督海警机构依法履行职责。

全面推进依法治海，是建设海洋强国的根本保证。《海警法》等法律的制定和实施，有助于实现依法治海的目标，让中国海警局的海上执法行动及相关规定的制定有法可依。一系列规定的制定有助于贯彻实施《海警法》，实现有法必依、文明执法，提升我国海警执法队伍在民众中的公信力。

（三）海洋理念广泛传播

2022 年，中国海警局克服疫情影响，以海上执法维权为主线，与周边国家开展线上和线下相结合的国际合作，为维护地区海上安全秩序、推进构建海洋命运共同体做出了积极努力。

首先，中国海警局与各国友好交流，深化合作共识。一是 2022 年 8 月

---

① 《中国海警局关于〈海警机构行政执法程序规定（征求意见稿）〉公开征求意见的公告》，http：//www.ccg.gov.cn/2022/xxgk_0318/1449.html，2022 年 3 月 18 日。
② 《海警机构办理刑事复议复核案件程序公开征求意见》，https：//www.ccg.gov.cn//2022/xxgk_0901/2061.html，2022 年 9 月 1 日。

25 日，中国海警局与巴基斯坦海上安全局举办第二次工作层会议，双方围绕推动落实中巴海警第一次高级别工作会晤共识，讨论确定了高层会晤、舰船访问、人员交流等合作项目；二是中国海警局参与了中日海洋事务高级别磋商机制第十四轮磋商；① 三是中韩海上执法部门开展的合作，6 月中国海警局与韩国水产部召开了 2022 年度渔业执法工作会谈，② 2022 年 12 月中国海警局与韩国海洋警察厅举行中韩海警第五次高级别工作会晤。③

其次，中国海警局积极广泛传播海洋命运共同体理念。2022 年 9 月，中国海警局代表团以视频方式，参加了由韩国海洋警察厅轮值主办的第22 届北太平洋海岸警备执法机构论坛高官会。中国海警局、加拿大海岸警备署、日本海上保安厅、韩国海洋警察厅、俄罗斯联邦安全总局边防局、美国海岸警卫队太平洋区等 6 个国家海上执法机构负责人，以及各机构相关业务领域代表共 110 余人参会。会议期间，各代表团团长围绕当前国际形势下防范和打击海上非法贩运活动、北太公海渔业执法巡航、海上应急救援和海洋环境保护、成员机构间信息共享、多边多任务演练等业务领域进行了深入讨论和交流，达成诸多共识，一致表示应加强论坛机制下的交流合作，共同应对海洋领域非传统安全问题，携手维护地区海上安全稳定。④

再次，中国海警局积极参与全球海洋治理，履行国际义务。2022 年 4月，中韩海上执法部门于中韩渔业协定暂定措施水域开展联合巡航；⑤ 2022年 4 月与 11 月，中越海警分别开展两次北部湾海域联合巡航，是 2006 年以

① 《中日举行海洋事务高级别磋商机制第十四轮磋商》，https：//www.ccg.gov.cn/2022/gjhz_1124/2169.html，2022 年 11 月 24 日。
② 《中韩举行 2022 年度渔业执法工作会谈》，https：//www.ccg.gov.cn/2022/gjhz_0705/1868.html，2022 年 7 月 5 日。
③ 《中国海警局与韩国海洋警察厅举行第五次高级别工作会晤》，https：//www.cc g.gov.cn/2022/gjhz_1228/2190.html，2022 年 12 月 28 日。
④ 《中国海警局代表团参加第 22 届北太平洋海岸警备执法机构论坛高官会》，https：//www.ccg.gov.cn/2022/gjhz_0922/2121.html，2022 年 9 月 22 日。
⑤ 《中韩海上执法部门开展中韩渔业协定暂定措施水域联合巡航》，https：//www.ccg.gov.cn/2022/gjhz_0622/1826.html，2022 年 6 月 22 日。

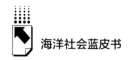
来中越海上执法部门开展的第 23 次与第 24 次联合巡航;① 2022 年 7 月 18
日,中国海警局舰艇编队前往北太平洋公海执行为期 45 天的渔业执法巡航
任务。中国海警局每年派遣 2 艘舰艇执行任务,今年是组织的第 7 个航次,
也是获得北太平洋公海渔船登临检查权后的第 3 次巡航。②

最后,中国海警积极开展宣传工作,展示良好的海警形象。一是完善和维
护中国海警英文网站;二是编制图文并茂的对外宣传册,采用多种语言介绍中
国海警的组织架构和文化特色;三是利用各类双边平台,纠正国际社会对中国
海警的误解;四是借助微信公众号、微博等新媒体,展示大国海警的良好形象。

对外宣传必须与对内宣传相结合,国内各类形式的宣传,是传播海洋理
念的重要举措。一是通过宣传充分发挥线上平台,特别是 95110 报警服务平
台的强大效用。厦门海警局为进一步提升 95110 报警服务平台知名度和影响
力,于 2022 年 6 月开展了形式多样的"95110 宣传周"活动。③ 二是开展休
渔期普法宣传,海南、广东、上海等地海警局执法员深入辖区港口、码头等
地,通过派发宣传手册、张贴普法板报、悬挂宣传横幅等方式,向渔船民传
授海上安全常识和休渔期注意事项,宣讲国家伏季休渔政策法规和海警法等
相关规定,教育引导渔民要认清非法捕捞等违法犯罪活动的危害性,配合做
好检举海上各类违法捕捞活动,自觉遵守和维护海上治安秩序。④

中国海警局在国际国内齐发力,助力构建海洋命运共同体。一方面,中
国海警局积极参与全球海洋治理,切实履行自身义务,为维护全球海洋秩序

---

① 《中越海警开展 2022 年第一次北部湾海域联合巡航》,https://www.ccg.gov.cn//2022/gjhz_0622/
1825.html,2022 年 6 月 22 日;《中越海警开展 2022 年第二次北部湾海域联合巡航》,https://
www.ccg.gov.cn//2022/gjhz_1105/2155.html,2022 年 11 月 5 日。

② 《中国海警舰艇编队赴北太平洋开展渔业执法巡航》,https://www.gov.cn/xinwen/2022-
07/18/content_5701603.html,2022 年 7 月 18 日。

③ 《厦门海警局开展 95110 宣传周活动》,https://fj.china.com.cn/xiangcun/202206/19723.
html,2022 年 6 月 28 日。

④ 《海南海警局开展伏季休渔普法宣传》,https://www.cnr.cn/hn/xwsd/20220501/t20220501_
525813392.shtml,2022 年 5 月 1 日;《广东海警局多种方式开展普法宣传活动》,http://www.
legaldaily.com.cn/army/content/2022-05/05/content_8712904.htm,2022 年 5 月 5 日;《上海海警局
对辖区渔船开展休渔期普法宣传》,http://legalinfo.moj.gov.cn/pub/sfbzhfx/zhfxpfxx/pfxxszfspf/
202205/t20220507_454467.html,2022 年 5 月 7 日。

不断努力，展现了中国负责任大国的形象；另一方面，中国海警局通过各类形式加强普法宣传，凝聚社会遵法守法共识。

二 2022年海洋执法与海洋权益维护成就及特点

（一）聚焦海洋污染与生态破坏突出问题

1.强化重要区域常态监管

海警局综合运用陆岸巡查、海上巡航和空中巡视等手段，加强重点项目定期巡查、热点区域常态巡查和关键环节动态巡查，检查海洋工程、石油平台、海岛、倾倒区等1.9万余个（次），查处非法围填海、非法倾废、破坏海岛等案件360余起，收缴罚款近2亿元。

2.严厉打击重点领域违法犯罪活动

紧盯盗采海砂突出问题，建立海砂富集区等重点海域常态巡逻机制，加强专案经营，严打犯罪链条，成功打掉3个特大盗采海砂团伙，查处各类涉砂案件1700余起，查扣海砂1250万吨。

3.严密防范关键环节生态环境风险

建立海洋石油勘探开发定期巡查机制，每季度开展一次海洋石油勘探开发定期巡航，每年对有人石油平台、陆岸终端处理厂等开展不少于1次的全面检查，严密排查溢油风险隐患。制定海洋石油勘探开发溢油应急处置预案，稳妥应对生产安全事故引发溢油事件。[①]

（二）海上综合治理呈现新格局

1.精确化

2022年，在一系列先进技术的支撑下，我国海上综合治理呈现精确化

---

① 《生态环境部：我国海警海洋生态环境保护执法能力不断提升》，http://finance.people.com.cn/n1/2022/0623/c1004-32454513.html，2022年6月23日。

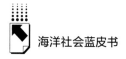

特点。汕头海警局自主研发的全新海域执法辅助决策系统——"海域执法通"应用平台于 2022 年初正式启用。"海域执法通"应用平台融合云技术、存储技术和前沿数据信息,由分别布设在电脑端的执法指挥平台和适用于户外作业的手持式移动设备两个终端构成,兼具安全性和统一性。这标志着汕头海域执法开启全新模式,将进一步提升海域执法的效率和精准度。① 2022 年 3 月,福建福州海警局利用无人机在福州亭江附近水域查获 1 起涉嫌走私冻品案。在本案中海警执法人员充分发挥无人机机动性强、携带先进传感器的特点,在恶劣天气下,运用无人机热成像实时画面研判嫌疑船逃窜路线,从而找准时机强行靠帮登临并控制嫌疑船。② 2022 年 9 月,山东日照海警局利用 AIS 系统,截停一艘可疑货船,查扣无合法来源肉类冻品 260 余吨,涉案金额 1000 余万元。③ 从以上案例可以看出,2022 年我国海洋执法监管手段更加多样,特别是"互联网+"执法模式,有助于实施精准打击。

2. 协作化

2022 年 9 月,福建福州海警局与福州市人民检察院共同设立了"侦查监督与协作配合办公室",并签订了《关于依法从快办理盗采海砂案件的协同配合机制》。④ 2022 年山东省海警局开展了多项联合执法行动。山东威海海警局开发区工作站联合威海市开发区社会工作部、开发区渔船管控专班、开发区海洋与渔业监督监察大队开展海上违法犯罪联合执法活动;⑤ 山东东营海警局联合东营市公安局、东营市海洋发展和渔业局以及东营海事局,共

---

① 《云技术+大数据,汕头海警开启海域执法新模式》,https://www.sohu.com/a/516672125_100116740,2022 年 1 月 14 日。

② 《福州海警利用无人机精准打击走私冻品案 案值逾 600 万》,https://www.chinanews.com.cn/sh/shipin/cns-d/2022/03-14/news919847.shtml,2022 年 3 月 14 日。

③ 《严打走私! 山东海警查获走私冻品 260 余吨》,https://www.163.com/dy/article/HHSK3R8Q0514EAHV.html,2022 年 9 月 22 日。

④ 《海警与检察院共同设立"侦查监督与协作配合办公室"》,https://www.ccg.gov.cn/2022/haijingzaixingdong_0926/2126.html,2022 年 9 月 26 日。

⑤ 《山东威海海警局开展联合执法行动》,http://www.ccg.gov.cn/2022/95110_0314/1426.html,2022 年 3 月 14 日。

同开展海上联合执法巡航行动。① 2022 年，浙江省将自然资源、生态环境和林业等部门的 68 项相关执法事项纳入海洋综合行政执法，这是浙江省推进"大综合一体化"行政执法改革的重要内容。倾废活动监管领域是中国海警局推进海上综合治理协作化的重点领域，海警局联合生态环境部积极推进"互联网+"倾废活动监管模式，精准查获违规倾废案件 261 起。②

此外，2022 年 8 月 31 日，农业农村部、中国海警局共同举办渔政海警执法协作机制推进活动，推动加强海上渔业执法协作配合，提升执法水平，切实强化海洋渔业执法监管。中国海警局副局长赵学翔指出，渔政海警执法协作配合机制运行三年以来，双方工作沟通更加顺畅，协作配合更加密切，线内外一体管控的格局初步形成。③

通过以上案例可知，海上协作是顺利完成海上执法的关键，体现了我国海上综合治理的特色。

三　海洋执法与海洋权益维护中存在的问题

（一）海警执法能力不足

海警队伍在海上执法中具有主体地位，④ 承担着各种具体的海上执法职责，但目前我国海警的执法能力还有很大的提升空间。

一方面，海上执法难度大。近年来，随着机构整合，海警队伍的综合素质得到了提升。但是，随着海洋经济的快速发展，我国管辖海域内各种违法

① 《山东东营海警局会同涉海部门开展联合执法行动》，http：//www.ccg.gov.cn/2022/95110_0302/1367.html，2022 年 3 月 2 日。
② 《生态环境部：我国海警海洋生态环境保护执法能力不断提升》，http：//finance.people.com.cn/n1/2022/0623/c1004-32454513.html，2022 年 6 月 23 日。
③ 《渔政海警执法协作机制推进活动在浙江舟山举行》，https：//www.ccg.gov.cn/2022/hjyw_0901/2060.html，2022 年 9 月 1 日。
④ 《〈海警法〉实施后的几个问题》，https：//aoc.ouc.edu.cn/_t719/2021/1220/c9824a360012/page.htm，2021 年 11 月 24 日。

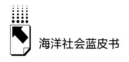

犯罪活动更加频繁，海上犯罪呈现高度智商化、活动范围国际化、手段专业化的态势。海警队伍在海上执法的难度远大于陆地执法，海上执法没有先进全面的追踪系统，海上交通也无法轻易设限。再加上海洋气候复杂多变，为保障执法人员自身的安危，执法活动要慎之又慎。

另一方面，海警执法人员专业能力不足，在传统条块分割治理下，我国海洋执法部门之间的关系还需要理顺，仍存在矛盾多、关系杂等问题，海洋治理中的权责不明问题也没有真正得到解决。海洋执法部门之间存在推诿与扯皮现象，各部门只熟悉与自身相关的法律。执法队伍整合后，执法范围逐渐扩大，执法人员面临自身知识储备不足的难题，原本生疏的其他部门法律必须从头学起。海上执法难度的提高，要求执法人员必须熟练掌握海上技能、适应特殊的海上环境、依法处理违法违规案件，而目前的专业水平很难迅速满足海上执法的专业需求。

（二）《海警法》与相关法律的衔接仍存在进步空间

《海警法》是海警法律体系的核心与海警法治建设的重点。它的颁布已经明确了中国海警局的属性定位、职责权责，但《海警法》与其他相关法律的衔接仍存在进一步完善的空间。

首先，作为《海警法》的上位法，《人民武装警察法》和《国防法》均已经完成修订，但作为其依据之一的《海洋基本法》的修订多年来还未取得理想的结果。为保证《海警法》的法源依据更为完善，应该加快《海洋基本法》立法进程。其次，与《海警法》有关的同位法也应尽快修订和完善。《渔业法》、《海洋环境保护法》等法律应该加强与《海警法》的有效衔接，在修订过程中，既要满足国内海洋执法的现实需求，也需要呼应《海警法》。最后，要做好与《海警法》相关的下位法的制定工作，避免仅解决专门问题造成制定流程和内容过于简单的问题。①

---

① 崔野：《中国海上执法建设的新近态势与未来进路——基于 2018 年海上执法改革的考察》，《中国海洋大学学报》（社会科学版）2022 年第 2 期。

（三）全球海洋治理推进困难

当前，国际海洋安全秩序缺少最基本的制度框架，包括《联合国海洋法公约》在内的国际法并不能涵盖所有的海洋安全问题。人类对海洋的认识不断加深，对海洋资源利用的竞争也在不断加剧。主权或划界争端都是难以在短期内彻底解决的传统海洋地缘政治问题。除了传统海洋安全问题外，海洋污染和渔业资源衰竭等非传统安全问题也与日俱增，海洋秩序面临持续而严峻的挑战。

为了维护海洋安全，相关国家近年来开展过不少海洋安全合作，最著名的莫过于在亚丁湾和马六甲海峡开展护航。但围绕海洋资源的竞争导致相关国家信任不足，一部分海洋国家固守过时、排他的海权理念，阻碍了新型海洋治理与合作机制的构建，海洋安全倡议无法转为实践。因此，形成统一的全球海洋安全治理理念非常关键。

四　海洋执法与海洋权益维护的完善建议

（一）健全体制机制，提高法制保障能力

为了加快建设海洋强国，必须最大限度运用综合性海上优势，保护我国自然资源和生态环境，维护我国的海洋权益；必须加快推进我国海洋法制和制度建设，提升依法治海能力。只有这样，才能为建设海洋强国提供基础保障，为促进海洋生态文明建设提供服务保障。

首先，系统梳理现有法律文件。及时修订相关法律，规范问责、追责机制，健全完善的法律制度体系。《海警法》赋予中国海警局一定的立法权，[①]也应为其进行海洋执法和海洋维权进一步完善必要的强制性措施或处罚措施。

---

① 张保平：《〈海警法〉的制定及其特色与创新》，《边界与海洋研究》2021 年第 2 期。

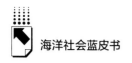

其次，集中攻克海洋执法与海洋维权法律问题。为保证我国海洋法制建设成果的创新性和先进性，弥补当前海洋法律存在的不足，我国应整合国内的优势资源，建立与海洋法律问题相关的专项研究项目，通过高校和各研究机构培育高端智库，产出优秀成果。除此之外，应加强极地、深海等前沿问题研究，实现产学研的顺利转换，推出一系列实用的成果。

再次，提升海洋维权执法实践能力。海上执法要比陆地执法更为困难，需要海警机构与各部门在合作过程中不断磨合，形成执法合力，开展高效的协作配合。要建立职责明确、协调高效的海上维权执法协作配合机制。

最后，积极投身国际海洋法制建设。海警机构在进行海上执法维权时要考虑国内法与国际法的制度、原则和规则，使国内法与国际法顺利衔接。在海洋命运共同体理念的指导下，应进一步突出海洋合作中的共同体意识。在海洋自然资源开发、公海渔业管理与可持续利用等全球性海洋问题上，需要国际社会的共同努力，中国应贡献中国智慧，与世界各国实现合作共赢。

总之，我国应不断优化和完善海警法律制度，更好地贯彻实施《海警法》。同时，应妥善处理法律层面的关系，做好国内法与国际法的衔接。只有不断完善海洋执法网络、建立健全海洋法律体系，才能进一步推动海洋强国建设，进一步加强中国与国际社会的合作交流。

（二）加强海警队伍的执法能力建设

执法人员的能力直接影响到执法的效果，只有执法人员的素质和本领过硬，才能实现高质量、高效率的执法。海上维权执法体制的深化改革必须重视海警人才队伍建设。培养海警人才要着眼于海警未来建设发展的需求，以储备一流海警人才为目标，培养专业的高水平海警人才。

一方面，要加强法治文化建设，塑造良好的法治氛围，提高海警人才的职业道德和法律素养，加强其对中国特色社会主义法治理论的理解，使依法治国理念深入人心，并贯彻到海警的具体工作实务中。

另一方面，要做到理论教学与实践相结合。在基础理论学习方面，应该通过各种新形式、新尝试，加强学员对《海洋环境保护法》、《渔业法》和

《海关法》等相关法律的学习。同时，国家应该重视相关院校的专业建设和课程安排，并提供相应的资金和政策支持，使其与我国海洋执法和海洋维权的现实需求协调一致。在社会实践方面，必须使相关人员具备实用、管用的海洋执法办案能力，将课堂理论知识融入实践，以理论指导实践，用实践经验促进海洋知识体系不断完善。

（三）坚持海洋命运共同体理念

首先，海洋命运共同体理念是中国为维护全球海洋秩序提出的"中国方案"，既具有中国特色，又具有全球性。海洋秩序的维护需要全社会参与，政府企业、专家学者、媒体等多元主体应发挥各自的功能和作用。对内，各级政府及相关部门要加大对全国海洋意识教育宣传活动的开展，加大对全国海洋意识教育基地和海洋科普基地的建设力度，并通过传统媒体及微信、微博等新媒体，引导大众参与丰富多彩的海洋文化建设活动。对外，中国要讲好自己的海洋故事，以身作则、脚踏实地，做海洋命运共同体理念的实践者，推进全球海洋治理。

其次，实施海洋强国战略，一方面要立足国内需求，另一方面要承担大国责任、展现大国风度。在现阶段，中国需要更切实地履行国际义务，为世界各国提供良好的海洋公共产品，为维护海洋秩序贡献力量。① 海洋领域的非传统安全威胁形态多变，呈现复杂化、综合化的特点。在全球气候变暖背景下，人类经济开发所造成的海洋生态环境污染、自然资源匮乏等问题是新型海洋领域非传统安全威胁。只有各国达成全球海洋治理的共识，通力合作、协调配合，才能更好地应对海洋威胁。

最后，随着党的二十大提出加快建设海洋强国，以及全球海洋治理逐渐达成共识，我国《海警法》等海洋执法和海洋维权的成果及相关理论研究也必然得到国际社会更多的重视。对此，我国一要坚持习近平法治思想，将

---

① 胡波、张良福、吴士存、朱锋、李卫海、金永明：《"中国海洋安全的现状与前景展望"笔谈》，《中国海洋大学学报》（社会科学版）2022 年第 1 期。

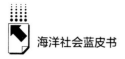

其作为海洋执法和海洋维权实践成果的思想指导；二要继续吸收借鉴国际优秀成熟的法律理论体系，总结和巩固海洋执法和海洋维权的实践成果，以《海警法》为基本遵循，解决具体的海洋维权实践问题，进一步建设完善海洋法律理论体系；三要继续加强与周边沿海国家的相关合作，推进全球海洋治理，维护全球海洋秩序，构建海洋命运共同体。

附　录
中国海洋社会发展大事记（2022年）[*]

  2022年1月5日　国家卫星海洋应用中心与南京信息工程大学、广东海洋大学签订自然资源部空间海洋遥感与应用重点实验室共建协议。

  2022年1月5日　生态环境部、农业农村部联合印发《关于加强海水养殖生态环境监管的意见》。两部门将全面加强海水养殖生态环境监管，推动解决部分地区海水养殖业不规范发展带来的环境污染和生态破坏等问题，助力海洋生态环境改善和美丽海湾保护与建设。

  2022年1月6日　自然资源部南海局所属南海调查技术中心顺利完成"漂浮式海上风电成套装备研制及应用示范项目"海洋环境安全保障浮标的布放任务。

  2022年1月10日　全球滨海论坛在江苏省盐城市开幕，论坛以"和谐共生携手构建人与自然生命共同体"为主题，与会代表共同为全球滨海地区保护管理与可持续发展献计献策，共享知识、经验和解决方案。

  2022年1月11日　福建省连江县"海上福州"建设——全国首宗海洋渔业碳汇交易发布会暨连江县人民政府与自然资源部第三海洋研究所合作签约仪式召开。

  2022年1月11日　自然资源部第一海洋研究所研究员石学法带领深海稀土研发团队研制的深海富稀土沉积物地球化学标样通过了多轮专家评审，

---

  * 附录由中国海洋大学国际事务与公共管理学院国际政治专业硕士研究生朱淞琳整理完成。

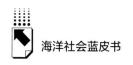

被定级为国家一级标准物质,成为国际上首次成功研制的深海富稀土沉积物标准物质,填补了该领域空白。

2022年1月12日 为加强海冰现场观测和海冰灾害应急管理,自然资源部北海局各中心站和渤海沿岸辽宁、河北、山东、天津各海洋观测机构在渤海和黄海北部共16个重点岸段开始4次海冰同步观测。

2022年2月8日 自然资源部发布海岸带保护修复工程系列标准,旨在为各地实施海岸带保护修复工程提供科学指导,推动基于自然的、更有韧性的海岸带生态与减灾协同增效的综合防护体系建设,并为实现碳达峰、碳中和目标以及做好蓝碳生态系统增汇提供技术支撑。

2022年2月10日 自然资源部公开通报2021年第四季度涉嫌违法用海用岛情况。全年发现并制止涉嫌违法填海19处,涉及海域面积约10.25公顷;发现并制止涉嫌违法构筑物用海98处,涉及海域面积约29.86公顷;发现并制止涉嫌违法用岛22处,面积约5.47公顷。其中,第四季度发现并制止涉嫌违法填海4处,涉及海域面积约1.83公顷。

2022年2月11日 "一个海洋"峰会由欧盟轮值主席国法国主办,峰会高级别会议在法国布雷斯特举行。中华人民共和国副主席王岐山在会上致辞,表示愿同法方"国际海洋共同体"等双、多边倡议积极对接、协同增效。

2022年2月16日 中国海洋学会联合中国太平洋学会、中国海洋湖沼学会、中国航海学会、中国指挥与控制学会评选出2021年中国十大海洋科技进展。

2022年2月18日 自然资源部发布公告,《无居民海岛使用价格评估规程》等10项推荐性行业标准通过全国海洋标准化技术委员会审查,予以批准、发布,自2022年5月1日起实施。

2022年2月22日 教育部公布了2021年度普通高等学校本科专业备案和审批结果,江苏海洋大学新增海洋信息工程专业。

2022年2月23日 海南国际蓝碳研究中心在海口揭牌,承担蓝碳领域基础和理论、推进蓝碳增汇试点示范、蓝碳公共政策集成创新等方面的研究任务。

2022年2月27日　哈尔滨工程大学的智慧海洋技术和智能制造工程两个本科专业获批，其中"智慧海洋技术"专业为中国高校首次设立。

2022年2月28日至3月2日　第五届联合国环境大会续会在肯尼亚首都内罗毕举行，总主题是"加强自然行动，实现可持续发展目标"，重点关注塑料污染、绿色回收和化学废弃物管理等问题。

2022年3月1日　《西沙群岛常见珊瑚礁生物及其分布图集》在科学出版社出版，这是自然资源部第三海洋研究所多年来对西沙群岛珊瑚礁生态系统进行调查研究的成果之一。

2022年3月2日　国务院办公厅印发《关于加强入河入海排污口监督管理工作的实施意见》。

2022年3月4日和3月7日　招商局通商融资租赁有限公司和中广核风电有限公司两单绿色债券陆续在深交所市场发行，规模合计30亿元，标志着深交所首批专项服务海洋经济绿色债券成功发行。

2022年3月9日　国家开发银行发布消息称，2021年共为粤港澳大湾区建设提供融资3793亿元，用于支持粤港澳大湾区海洋科研项目。

2022年3月9日　自然资源部海岛研究中心与平潭综合实验区人民检察院共建的涉海洋公益诉讼检察研究基地揭牌。

2022年3月9日　自然资源部国家卫星海洋应用中心、国家海洋技术中心组成海上试验队，执行1米C-SAR卫星在轨测试海上同步试验任务。

2022年3月10日　自然资源部南海局举行3000吨级浮标作业船"向阳红31"交接暨入列仪式。

2022年3月10日　"实验6"科学考察船从广州新洲码头基地起航，赴东印度洋海域执行2022年东印度洋综合科学考察共享航次。

2022年3月11日　中国海洋发展基金会在北京召开了2022年海洋公益组织座谈会，会议以线上线下相结合方式召开，介绍其承办全国净滩公益活动和美丽海洋公益行动的工作思路与意见建议。

2022年3月12日　大连东北亚国际航运中心研究院在辽宁省大连市揭牌成立。

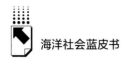

2022年3月13日 广东海警局破获一起特大走私冻品案，抓获涉案人员2名，查扣冻品440吨，初估案值约4000万元。这是中国海警局全力构筑海上疫情防线的又一战果，坚决防止疫情通过海上渠道流入我国境内。

2022年3月14日 由自然资源部南海局所属南海规划与环境研究院主导研制的《海域定级技术规范》《海域使用金征收标准测算技术规范》2项广东省地方标准获广东省市场监督管理局批准立项。

2022年3月14日 中国第一大原油生产基地——渤海油田累产油气当量超5亿吨，年油气产量保持稳步上升趋势。

2022年3月15日 青岛海洋地质研究所"海洋地质九号"船从青岛奥帆基地码头起航，赴南海进行设备海试等工作，"海洋地质九号"开启2022年首个调查任务。

2022年3月17日 国家海洋环境预报中心组织召开2022年春夏季厄尔尼诺及气候预测会商会。

2022年3月18日 中国海商法协会、中国海事仲裁委员会在北京联合发布《中国海商法协会临时仲裁规则》《中国海事仲裁委员会临时仲裁服务规则》。

2022年3月18日 自然资源部第三海洋研究所与厦门市海洋发展局就共建厦门海洋生物基因库签订框架协议。

2022年3月20日 我国海浪研究的开拓者、中国科学院院士、原山东海洋学院院长、中国海洋大学教授文圣常于青岛逝世。

2022年3月21日 第十三届"摩纳哥蓝色倡议"活动以线上线下相结合的方式在摩纳哥举行。中方倡议国际社会携手推动海洋生态环境高水平保护、蓝色经济高质量发展、全球海洋高雄心治理。

2022年3月23日 交通运输部南海航海保障中心广州海岸电台与广东省气象台联合启动南海海上无线电气象传真服务，即日起正式对外播发。

2022年3月25日 国内首个百万千瓦级海上风电场——三峡阳江沙扒海上风电场2022年已累计安全生产清洁电能10亿千瓦时。

2022年3月29日 国家海洋环境预报中心在北京召开了2022年度全国

海洋灾害预测会，总结 2021 年海洋灾害预警报经验，研判 2022 年海洋灾害的发展趋势。

2022 年 3 月 30 日　自然资源部杭州全球海洋 Argo 系统野外观测研究站召开了第一届学术委员会第二次会议。

2022 年 4 月 1 日　李克强总理签署第 751 号中华人民共和国国务院令，修订后的《中华人民共和国水下文物保护管理条例》开始实施。

2022 年 4 月 6 日　自然资源部海洋战略规划与经济司发布《2021 年中国海洋经济统计公报》。

2022 年 4 月 6 日　海洋负排放国际大科学计划总部启用仪式在厦门大学举行，面向全球吸引、集聚高端人才，为海洋负排放国际大科学计划提供保障。

2022 年 4 月 7 日 7 时 47 分　我国在酒泉卫星发射中心用长征四号丙运载火箭成功发射了一颗 1 米 C-SAR 业务卫星，即高分三号 03 卫星。该卫星主要用于获取可靠、稳定的高分辨率 SAR 图像，为我国海洋开发、陆地环境资源监测和应急防灾减灾提供业务化应用数据支撑。该卫星的发射标志着我国首个海洋监视监测雷达卫星星座正式建成。

2022 年 4 月 8 日　由我国自主设计建造的首座海上可移动自升式井口平台"海洋石油 163"在北部湾海域正式投产，助力涠洲 12-8 油田东区实现经济有效开发，标志着我国海洋边际油田开发能力取得新突破。

2022 年 4 月 8 日　浙江省自然资源厅发布《关于推进海域使用权立体分层设权的通知》，提出推进海域空间分层确权使用。

2022 年 4 月 10 日　"向阳红 18"科考船顺利起航，执行"国家自然科学基金委共享航次计划 2021 年度东海科学考察实验研究暨东海跨陆架碳输送过程研究"航次春季航段。

2022 年 4 月 12 日　自然资源部发布 2021 年《中国海洋灾害公报》和《中国海平面公报》。

2022 年 4 月 14 日　联合国教科文组织启动紧急计划，保护珊瑚礁世界遗产。

2022 年 4 月 14 日　天津市极地与深远海工程装备创新中心获得组建批准。

2022 年 4 月 15 日　自然资源部第四海洋研究所与北海玖嘉久食品有限公司产学研合作基地揭牌仪式暨座谈交流会在玖嘉久广西北海生产基地隆重召开。海洋四所与玖嘉久公司联合申请的《中国—日本新型海洋食品研发（国际）联合实验室建设》项目正式获批立项。

2022 年 4 月 17 日　青岛海洋科学与技术试点国家实验室海底深部探测与开发平台签约暨揭牌仪式在位于山东烟台的中集海洋工程研究院举行，仪式上签署了《共建青岛海洋科学与技术试点国家实验室海底深部探测与开发平台合作协议》。

2022 年 4 月 18 日　国家海洋技术中心自主研制的高船速、大深度投弃式海洋温盐剖面测量仪样机搭载于"智海"号试验船完成海上试验，并通过了现场考核与专家评审。

2022 年 4 月 18 日　中新天津生态城管委会与国家海洋技术中心签署《战略合作框架协议》。

2022 年 4 月 20 日　自然资源部海洋战略规划与经济司和深圳证券交易所联合举办海洋经济碳中和专题培训。

2022 年 4 月 23 日　中国海洋工程咨询协会第四次会员代表大会暨第三届理事会第一次会议以线下和线上相结合的方式顺利召开。

2022 年 4 月 25 日　由我国自主设计建造的亚洲第一深水导管架平台——"海基一号"平台主体工程海上安装完成。

2022 年 4 月 26 日　中国第 38 次南极考察圆满完成。本次由"雪龙"船和"雪龙 2"船共同执行考察任务，"雪龙 2"船于 2022 年 4 月 20 日返回上海国内基地码头，行程 3.1 万余海里，"雪龙"船于 2022 年 4 月 26 日返回上海国内基地码头，行程 3.3 万余海里。

2022 年 4 月 26 日　"探索二号"科考船搭载着"深海勇士"号返航，圆满完成 2022 年度南海北部典型区域海洋环境调查第一航段任务。

2022 年 4 月 26 日　"向阳红 01"船完成"西印度洋海洋底质和底栖

生物调查航次"任务，返回海南三亚南山码头。

2022 年 4 月 28 日　国务院印发《气象高质量发展纲要（2022—2035 年）》，提出实施海洋强国气象保障行动。

2022 年 4 月 29 日　自然资源部海洋战略规划与经济司公布我国一季度海洋经济总体情况。初步核算，一季度海洋生产总值 2.0 万亿元，同比增长 4.1%。主要指标处于合理区间，海洋经济开局总体平稳。

2022 年 4 月 29 日　中国常驻联合国副代表戴兵在纪念《联合国海洋法公约》通过 40 周年高级别会议上作书面发言，指出《联合国海洋法公约》并非现代海洋法的全部，应更加善意、准确、完整地解释和适用《联合国海洋法公约》。

2022 年 5 月 1 日　《无居民海岛使用价格评估规程》等 10 项推荐性行业标准实施。

2022 年 5 月 8 日　国家自然科学基金共享航次计划"西太平洋复杂地形对能量串级和物质输运的影响及作用机理"重大科学考察航次第二航段起航。

2022 年 5 月 10 日　自然资源部公开通报 2022 年第一季度涉嫌违法用海用岛情况。2022 年第一季度，发现并制止涉嫌违法填海 2 处，涉及海域面积约 0.43 公顷。其中，浙江省 1 处，涉及海域面积约 0.07 公顷；广东省 1 处，涉及海域面积约 0.36 公顷。

2022 年 5 月 11 日　我国首套国产化深水水下采油树在海南莺歌海海域完成海底安装。该设备是中国海油牵头实施的水下油气生产系统工程化示范项目的重要部分，标志着我国深水油气开发关键技术装备研制迈出关键一步。

2022 年 5 月 11 日　我国首个国产化浅水水下井口及采油树开发项目在渤海油田锦州海域正式开钻。

2022 年 5 月 12 日　上海交大船建学院由海洋工程科研团队李欣研究员主持的"海基一号"超深水导管架下水监测项目圆满完成，成功获得了该导管架下水过程姿态和结构载荷的珍贵数据。这也是中国首次获得 300 米级

超深导管架下水轨迹实测数据。

2022 年 5 月 15 日　我国首颗海洋卫星——海洋一号卫星发射 20 周年。

2022 年 5 月 15 日　《最高人民法院、最高人民检察院关于办理海洋自然资源与生态环境公益诉讼案件若干问题的规定》施行，充分发挥了海洋环境监督管理部门、人民检察院在海洋环境公益诉讼中的不同职能作用，构建了较为完善、独立的具有中国特色的海洋环境公益诉讼制度。

2022 年 5 月 17 日　由中国船级社武汉分社长沙检验处检验的浙江南麂列岛海洋监察管理船"中国海监 7009"顺利交付南麂列岛国家海洋自然保护区管理局。

2022 年 5 月 17 日　自然资源部办公厅印发《关于组织开展 2022 年世界海洋日暨全国海洋宣传日主题宣传活动的通知》，明确 2022 年世界海洋日暨全国海洋宣传日主题为"保护海洋生态系统人与自然和谐共生"，且"十四五"期间沿用该主题。

2022 年 5 月 19 日　国际标准化组织（ISO）发布《船舶与海洋技术-海底地震仪主动源探测技术导则》，这是由我国主持制定的首项海洋地球物理调查国际标准。该标准的实施有利于促进各国海底地震仪技术性能的提高和数据格式的统一，有效促进不同国家在海底资源调查、开发、利用领域的国际合作。

2022 年 5 月 23 日　我国首个海洋领域国家基础科学中心——海洋碳汇与生物地球化学过程基础科学中心在厦门启动。

2022 年 5 月 24 日至 5 月 26 日　中国—国际海底管理局联合培训和研究中心以线上形式举办了第一期培训班。来自毛里求斯、尼日利亚、巴基斯坦、越南、巴拿马、斯里兰卡、厄瓜多尔、毛里塔尼亚、纳米比亚、喀麦隆、孟加拉国、库克群岛等 20 个发展中国家的 55 名学员参加培训。来自国际海底管理局、中国大洋事务管理局、自然资源部第二海洋研究所、国家海洋信息中心、香港科技大学、中国海洋大学、长沙矿冶研究院等机构的 18 位专家进行了授课和互动交流。培训内容涉及国际海底区域矿产资源调查与评估、深海生态系统特征与环境管理、国际海底区域勘探活动数据存储与管理等多个领域。

2022 年 5 月 26 日 生态环境部发布《2021 年中国海洋生态环境状况公报》，主要用海区域环境质量总体良好。

2022 年 5 月 27 日 自然资源部北海局破冰调查船开工仪式在广州举行。

2022 年 5 月 31 日 中国国家海洋信息中心和欧洲海洋观测与数据网（EMODnet）联合召开"中国-欧盟海洋数据网络伙伴关系"合作高级别视频会议，双方交流合作成果，探讨机遇挑战，共商海洋数据合作前景。

2022 年 6 月 1 日 农业农村部印发的《海洋渔业船员违法违规记分办法》开始实施，对渔业船员违反安全航行作业等行为给予行政处罚的同时实行记分管理。

2022 年 6 月 7 日 《中国海洋新兴产业指数报告 2021》正式发布，报告显示，2021 年中国海洋新兴产业指数为 146.3，同比增长 12.7%；山东、江苏、广东三强局面形成。

2022 年 6 月 8 日 第 14 个"世界海洋日"暨第 15 个"全国海洋宣传日"主场活动在广西北海举行，主题为"保护海洋生态系统 人与自然和谐共生"。活动期间发布了 2 项自然保护公益伙伴计划合作项目重点成果：大自然保护协会（TNC）发布了《中国牡蛎礁栖息地保护与修复研究报告》；北京市企业家环保基金会发布了滨海湿地保护修复公益项目——"蔚海行动"。

2022 年 6 月 8 日 我国两项海洋科学研究获批联合国"海洋十年"行动：由自然资源部第一海洋研究所牵头发起的"海洋与气候无缝预报系统（OSF）"大科学计划和由自然资源部第二海洋研究所牵头发起的"多圈层动力过程及其环境响应的北极深部观测"国际合作研究计划。

2022 年 6 月 8 日至 6 月 10 日 "'塑料再思考'项目总结大会暨循环经济与海洋垃圾管理中欧对话"以线上线下相结合的形式举行。"塑料再思考——循环经济应对海洋垃圾"项目由欧盟和德国联邦经济合作与发展部支持，旨在通过提升东亚、东南亚部分国家生产环节的塑料垃圾处理能力，

减少进入海洋的塑料垃圾。项目在中国实施了覆盖农膜、包装、商港和渔船打捞垃圾等领域的六个一年期试点。

2022 年 6 月 10 日 海南省政府近日印发《海南经济特区海岸带保护与利用管理实施细则》，通过划定生态保护红线，严格限定开发边界，优化海岸带保护与利用布局。

2022 年 6 月 10 日 新型深远海综合科考实习船"东方红 3"圆满完成西太平洋科考任务顺利返航。

2022 年 6 月 14 日 国家海洋信息中心组织召开 2022 年全国沿海海平面变化影响调查评估工作会议。

2022 年 6 月 16 日 中韩海洋事务对话合作机制第二次会议以视频方式举行。双方就中韩涉海问题广泛深入交换意见，还就日本福岛核污染水排海问题交换了意见，就日方排海计划表达了关切，双方同意就此保持沟通。

2022 年 6 月 22 日 中国申办的"联合国海洋科学促进可持续发展十年（2021~2030）"海洋与气候协作中心正式获批。

2022 年 6 月 22 日 "2022 东亚海洋合作平台青岛论坛"在山东省青岛市西海岸新区开幕。本届论坛举行了全球海洋科技创新创业大赛总决赛和 2022 东亚海洋博览会，发起成立了国际涉海商协会联盟，并举行揭牌仪式。来自中日韩、东盟及欧美等国家和地区的海洋领域专家共同深化各国、各地区在海洋经济、科技、人文、环保等领域的交流合作。

2022 年 6 月 26 日 我国首个海洋油气生产装备智能制造基地——海油工程天津智能化制造基地正式投产。

2022 年 6 月 27 日至 7 月 1 日 2022 年联合国海洋大会在葡萄牙里斯本举行，中国政府特使、自然资源部总工程师张占海率团与会。本次大会由葡萄牙和肯尼亚政府共同主办，主题为"扩大基于科学和创新的海洋行动，促进落实目标 14：评估、伙伴关系和解决办法"。大会在会议结束时通过成果文件——《2022 年联合国海洋大会宣言——我们的海洋、我们的未来、我们的责任》，即《里斯本宣言》。

2022 年 6 月 29 日 "促进蓝色伙伴关系，共建可持续未来"边会活动在葡萄牙里斯本——2022联合国海洋大会会场举行，会上发布了《蓝色伙伴关系原则》，世界经济论坛海洋行动之友和中国海洋发展基金会共同发起建立"可持续的蓝色伙伴关系合作网络"（Sustainable Blue Partnership Cooperation Network），中国大洋事务管理局发起了全球深海典型生境发现与保护计划（DEPTH Project）合作倡议。

2022年7月11日　第18个中国航海日主场活动在辽宁省大连市举行，主题是"引领航海绿色低碳智能新趋势"。

2022年7月12日至7月14日　以"促进亚洲发展、共享海洋经济"为主题的首届亚洲海洋旅游发展大会在浙江宁波举行。

2022年7月15日　中国、萨尔瓦多、斐济、巴基斯坦和南非常驻联合国代表团在2022年可持续发展高级别政治论坛期间共同举办"现代海洋法促进可持续发展"视频主题研讨会。各方愿就加强全球海洋治理、加快落实2030年议程深化合作。

2022年7月16日　"向阳红31"船完成首航任务，自然资源部南海局所属南海调查技术中心在本航次中成功布放南海珠江口站位大型浮标。

2022年7月20日　中国科学院沈阳自动化研究所研制的"问海1号"6000米级自主遥控水下机器人完成海上试验及科考应用，通过验收并正式交付。

2022年7月22日　中国大洋矿产资源研究开发协会第六届常务理事会第十五次会议在北京召开。会议审议了第六届理事会工作报告等将提交第七次会员大会表决的文件材料。

2022年7月24日　由厦门大学和航天东方红有限公司共同研制的首颗高分辨多光谱水色小卫星"海丝二号"在轨测试评审会暨交付仪式在厦门举行，标志着经过一年的在轨测试后，"海丝二号"将投入业务化运行阶段，用于海洋生态环境综合观测，为日后开展科学应用研究提供重要基础数据。

2022年7月24日　智慧海洋空间基础数据创新研究院在福州朱紫坊揭牌。该研究院作为保障服务"海上福州""数字福州"建设的重要载体，将

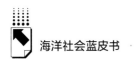

进一步助力福州市海洋数字经济产业升级，深化福建"智慧海洋"建设。

2022 年 7 月 25 日　中海油能源物流有限公司携手合作方主线科技打造全国首个海洋石油产业自动驾驶项目。

2022 年 7 月 27 日　国家海洋信息中心在天津组织召开了生态环境保护信息化工程（海洋建设部分）自验收评审视频会议。

2022 年 7 月 27 日至 7 月 28 日　自然资源部和联合国教科文组织政府间海洋学委员会、非洲和邻近岛屿国家分委会主办的第四届中非海洋科技论坛在浙江杭州开幕，论坛由自然资源部第二海洋研究所承办。本次论坛以"'联合国海洋科学促进可持续发展十年'背景下的中非合作新契机"为主题，围绕推动落实《中非合作论坛—达喀尔行动计划（2022-2024）》和《中非合作 2035 年愿景》，聚焦海洋空间规划、蓝色经济、海洋生态环境保护、海洋防灾减灾、数据信息共享、中非海洋科学及蓝色经济合作中心建设设想等多项议题，探讨和展望了进一步加强中非海洋合作的重点领域和实现路径。

2022 年 7 月 28 日　我国海上页岩油探井——涠页-1 井压裂测试成功，并获高产油气流。

2022 年 7 月 29 日　第四届中韩渔业联合增殖放流活动以视频连线方式在山东省烟台市黄渤海新区和韩国木浦市同步举行，共放流近 200 万尾鱼苗。

2022 年 8 月 2 日　自然资源部印发《关于积极做好用地用海要素保障的通知》（自然资发〔2022〕129 号），有针对性地提出了保障建设项目落地涉及的用地用海的阶段性政策措施，自印发之日起施行，有效期 2 年。

2022 年 8 月 3 日　自然资源部海洋战略规划与经济司解读 2022 年上半年海洋经济运行情况。随着疫情防控形势好转，我国海洋经济继续稳步增长，发展韧性持续显现，上半年全国海洋生产总值达到 4.2 万亿元，同比增加 1.2%。

2022 年 8 月 3 日　中国气象局发布《中国气候变化蓝皮书（2022）》。蓝皮书显示，20 世纪 80 年代后期以来海洋变暖加速，全球平均海平面呈持续上升趋势。

2022 年 8 月 5 日 "2022 第十四届青岛国际帆船周·青岛国际海洋节"在奥帆中心启幕。

2022 年 8 月 9 日至 8 月 11 日 "东北亚海洋经济创新发展论坛暨 2022 中国海洋经济论坛"在山东烟台举行。本次论坛以"新动能新空间新发展"为主题，聚焦海洋经济极具优势和潜力的领域。

2022 年 8 月 19 日 "联合国海洋科学促进可持续发展十年"中国委员会成立会议在京召开，会议审议并原则通过了《"海洋十年"中国行动框架（草案）》作为参与"海洋十年"的指导性文件；同意成立专家咨询工作组，指导协调向联合国申报"海洋十年"行动的相关工作。

2022 年 8 月 19 日 自然资源部南海局发布《2021 年南海区海洋灾害公报》，内容涉及风暴潮、海浪、海啸、赤潮、海岸侵蚀、咸潮入侵等灾害情况。与近十年相比，2021 年海洋灾害直接经济损失和死亡失踪人数均低于平均值。

2022 年 8 月 19 日 自然资源部所属中国极地研究中心与泰国国家科技发展局、朱拉隆功大学、泰国东方大学、泰国国立发展管理学院、泰国国家天文研究所等 5 家机构通过线上方式续签了《极地科研合作谅解备忘录》，同意继续在极地科研、考察、人员交流与信息共享等领域开展合作。

2022 年 8 月 23 日 自然资源部与海南省人民政府签署《自然资源部海南省人民政府共建国家海洋综合试验场（深海）协议》。

2022 年 8 月 24 日 由国家海洋环境预报中心（自然资源部海啸预警中心）自主研发的"智能海啸信息处理系统"（STIPS）业务化应用专家评审会在北京召开，STIPS 通过了来自海洋和地震领域的多位业内专家的评审。

2022 年 8 月 30 日 第四届自由贸易港（区）国际海事法律论坛在浙江舟山开幕。论坛强调，海事仲裁要坚定不移地贯彻落实"海洋强国"战略，科学把握国际航运经济发展新趋势，积极参与制定完善国际规则，共同打造法治化营商环境。

2022 年 8 月 30 日 自然资源部办公厅发布新修订的《海洋灾害应急预

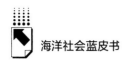

案》，包括总则、组织机构及职责、应急响应启动标准、响应程序、保障措施、应急预案管理和附件7部分内容，适用于自然资源部组织开展的我国管辖海域范围内风暴潮、海浪、海冰和海啸灾害的观测、预警和灾害调查评估等工作。

2022年8月31日 "雪龙"号试航暨首次科教融合教学航次启航仪式在上海举行。

2022年8月31日 中国可持续发展研究会海洋资源开发技术与装备专业委员会成立大会在北京召开。

2022年9月1日 《联合国海洋法公约》开放签署40周年国际研讨会开幕，国务委员兼外长王毅以视频方式出席。

2022年9月2日 自然资源部宁波海洋中心（自然资源部宁波海洋预报台）在浙江宁波正式挂牌。

2022年9月5日 为庆祝中韩建交三十周年，"中韩海洋文明交流展"在位于釜山的韩国国立海洋博物馆开幕。

2022年9月14日 中国海洋石油集团有限公司发布消息，我国自主研发的深水水下生产系统正式投入使用。

2022年9月19日 中共中央宣传部举行"中国这十年"系列主题新闻发布会，介绍新时代自然资源事业的发展与成就有关情况，我国海洋经济整体实力不断提升，海洋产业结构不断优化。

2022年9月20日至9月22日 中国海警局代表团以视频方式参加了由韩国海洋警察厅轮值主办的第22届北太平洋海岸警备执法机构论坛高官会。

2022年9月26日 自然资源部发布《人为水下噪声对海洋生物影响评价指南》等12项推荐性行业标准。12项标准已通过全国海洋标准化技术委员会审查，自2023年1月1日起实施。

2022年9月28日 国家文物局在北京举行的"考古中国"重大项目发布会上获悉，浙江省温州古港遗址的考古新发现规模庞大、体系完整、内涵丰富，生动再现了宋元时期温州港的繁荣景象，是中国古代海上丝绸之路的历史见证。

2022 年 9 月 28 日　自然资源部海洋战略规划与经济司发布《2021 年全国海水利用报告》。

2022 年 9 月 30 日　我国自主研发的首套海洋地震勘探拖缆成套装备正式投入生产应用，标志着我国海洋油气勘探关键技术装备研制取得重大突破，对提升海洋油气装备一体化整体研发能力，推进海洋高端装备国产化，保障国家能源安全具有重要意义。

2022 年 10 月 1 日　《海洋生态修复技术指南》系列国家标准的第 1 部分（总则）和第 2 部分（珊瑚礁生态修复）正式实施。

2022 年 10 月 8 日　自然资源部办公厅发布通知，要求进一步加强海洋观测预报活动监管，明确海洋观测预报监管事项，创新海洋观测预报监管方式，构建权责明确、公平公正、公开透明、简约高效的事中事后监管体系，提升监管效能。

2022 年 10 月 11 日　由澳大利亚塔斯马尼亚大学领导的一个国际研究团队在南极大陆北部斯科舍海的深海沉积物中发现了最古老的海洋 DNA。

2022 年 10 月 14 日　中国—东盟蓝色经济伙伴关系研讨会以视频方式举行。

2022 年 10 月 17 日　全国首个标准浅海试验场——青岛海上综合试验场项目在山东省青岛市开工奠基。

2022 年 10 月 17 日　国家市场监管总局（国家认证认可监督管理委员会）向国家海洋技术中心下发国家资质认定（CMA）证书，9 项新扩海洋能发电装置检测要素纳入资质认定。该中心成为我国首个具备波浪能、潮流能发电装置功率特性和电能质量特性检验检测认证资质的机构。

2022 年 10 月 18 日　海南省自然资源和规划厅等多部门联合对外发布《海南省油气产业发展"十四五"规划》，明确到 2025 年建成海洋油气资源开发和服务保障体系，勘探开发向南海远深拓展，有序放开油气勘探开发市场准入。

2022 年 10 月 19 日　中国海洋石油集团有限公司在海南岛东南部海域发现了中国首个深水深层大气田，探明地质储量超过 500 亿立方米。

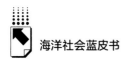

2022 年 10 月 19 日 自然资源部极地科学重点实验室联合北京工业大学和中科院空天信息创新研究院，提出一种基于空间相关性的冰雷达数据成像算法。

2022 年 10 月 24 日 第七届 SPARC（平流层-对流层过程及其在气候中的作用）全球大会亚洲会场在中国青岛开幕，来自世界各国的 400 余位专家学者参会，共同探讨海洋对气候变化的影响。

2022 年 10 月 25 日 海南华阳海洋合作与治理研究中心在海口成立。

2022 年 10 月 25 日 "探索二号"科考船携"深海勇士"号载人潜水器完成大深度原位科学实验站布设试验，返回海南三亚。科研人员成功在海底布设大深度原位科学实验站，将实现深海长周期无人科考。

2022 年 10 月 26 日 中国第 39 次南极科学考察队首批队员乘坐"雪龙2"号极地科学考察船，从位于上海的中国极地考察国内基地码头出征，奔赴南极执行科学考察任务。

2022 年 11 月 2 日 山东半岛南 3 号海上风电场深远海漂浮式光伏 500 千瓦实证项目近日在山东海阳海域成功发电，成为全球首个深远海风光同场漂浮式光伏实证项目。

2022 年 11 月 2 日至 11 月 3 日 中韩海洋可持续发展合作论坛在中国青岛和韩国釜山两地以线上和线下相结合的方式举行，共议海洋可持续发展合作。

2022 年 11 月 3 日 自然资源部海洋战略规划与经济司公布我国前三季度海洋生产总值 6.8 万亿元，同比增长 2.1%，比上半年增加 0.9 个百分点；占沿海地区生产总值比重达 14.8%，比上半年增加 0.4 个百分点，前三季度海洋经济总体企稳回升。

2022 年 11 月 3 日 "2022 年海洋合作与治理论坛"在海南三亚举办，论坛围绕"多边主义下的全球海洋治理""南海沿岸国合作及海上安全互信构建""气候变化与海洋合作""《南海各方行为宣言》20 周年与南海区域秩序构建""极地治理与实践""《联合国海洋法公约》40 周年与闭海或半闭海沿岸国合作""蓝色伙伴关系与海洋可持续发展"等议题进行广泛探讨和深入交流。

2022 年 11 月 3 日至 11 月 5 日　中国海警 4304、4302 舰与越南海警 8004、8003 舰开展了 2022 年第二次北部湾联合巡航。

2022 年 11 月 5 日至 11 月 9 日　广西壮族自治区北海市举办 2022 年 "文化北海" 建设活动周。北海市注重挖掘弘扬海上丝绸之路始发港的历史文化，大力发展向海经济和旅游产业，展示了滨海旅游城市的改革新动能和发展新魅力。

2022 年 11 月 9 日　以 "生态海岛 蓝色发展" 为主题的中国—岛屿国家海洋合作高级别论坛在福建平潭召开，论坛发布了《海岛可持续发展倡议》，共提出 6 项倡议：探索建立蓝色伙伴关系、推广基于生态系统的海洋治理模式、增强海洋灾害应对能力和海岛发展韧性、推动海洋科学赋能海洋政策创新、推动可持续蓝色经济发展、提升可持续发展能力建设水平。

2022 年 11 月 10 日　世界入海口城市高质量发展论坛在东营召开。通过线上线下方式 "云" 聚东营的专家学者共探世界入海口城市如何走出一条生态环境保护和经济发展相互促进、相得益彰的高质量发展道路。

2022 年 11 月 10 日至 11 月 16 日　2022 厦门国际海洋周开幕式暨厦门国际海洋论坛在福建厦门开幕，本届海洋周以 "打造蓝色发展新动能，共筑海洋命运共同体" 为主题。

2022 年 11 月 11 日　2022 国际海洋经济与海商事服务论坛在浙江宁波举行，聚焦落实海洋可持续发展目标，探讨全球海洋中心城市建设新路径，挖掘全球海洋经济发展合作新机遇，推动构建海洋经济高质量发展新格局。

2022 年 11 月 12 日　中国海洋发展基金会主办的 "2022 永续海洋论坛" 在厦门召开，主题为 "面向 2035 年的海洋经济与产业发展展望"。

2022 年 11 月 12 日　中国在太原卫星发射中心使用长征六号改运载火箭，成功将云海三号卫星发射升空，发射任务获得圆满成功。该卫星主要用于开展大气海洋环境要素探测、空间环境探测、防灾减灾和科学试验等。

2022 年 11 月 14 日　自然资源部南海局组织实施了 2022 年度试点无居民海岛确权登记外业调查工作。

2022 年 11 月 16 日　海南省人民政府印发《海南省海域使用权审批出让管理办法》，聚焦用海主体需求，进一步规范项目用海审批出让程序，在提高行政审批效率、减轻用海主体负担、优化营商环境等方面迈出了一大步。

2022 年 11 月 16 日　自然资源部宣传教育中心等联合承办的第 13 届全国海洋知识竞赛在海南省海口市顺利收官。

2022 年 11 月 22 日　外交部边界与海洋事务司司长洪亮和日本外务省亚洲大洋洲局局长船越健裕以视频方式共同主持中日海洋事务高级别磋商机制第十四轮磋商。

2022 年 11 月 23 日　国家海洋信息中心和欧洲海洋观测与数据网（EM-ODnet）联合召开"中国-欧盟海洋数据网络伙伴关系合作"项目总结大会，发布中国-欧盟海洋数据路线图等共享数据和联合研究成果。

2022 年 11 月 24 日　以"科创赋能，共享深蓝"为主题的 2022 中国海洋经济博览会在广东省深圳市开幕，国家海洋信息中心在会上发布了《2022 中国海洋经济发展指数报告》。报告显示，2021 年中国海洋经济发展指数为 114.1，比 2020 年增长 3.6%，我国海洋经济呈现稳中向好态势。

2022 年 11 月 24 日　自然资源部海洋战略规划与经济司、深圳证券交易所联合举办的"海洋中小企业和科技成果投融资路演周活动"在深圳证券交易所正式启动，来自各海区、沿海省市的 20 多家企业及多项海洋科技成果参加本次路演周活动。

11 月 24 日　自然资源部与广东省人民政府共同签署《自然资源部广东省人民政府共建国家海洋综合试验场（珠海）协议》。

2022 年 11 月 24 日至 11 月 27 日　2022 年中国（海南）国际海洋产业博览会在海口举行，本次博览会以"共享海洋盛会、共谋合作发展"为主题。

2022 年 11 月 25 日　国家海洋科学数据中心自主研发的科技计划项目数据汇交区块链平台正式上线运行。该平台具有高效、安全、透明、可信的特点，是全国首个将区块链技术应用于科技计划项目数据汇交管理的在线平台。

2022 年 12 月 6 日　"大洋号"科考船在海上回收"潜龙四号"无人自主潜水器，中国大洋七十三航次科考任务完成。

2022 年 12 月 7 日　中国科学院海洋研究所在南海成功构建深海原位光谱实验室。

2022 年 12 月 8 日　《联合国海洋法公约》通过和开放签署 40 周年。

2022 年 12 月 9 日　世界自然保护联盟将儒艮、鲍鱼、柱状珊瑚等海洋物种列入濒危物种红色名录，所评估的海洋物种中近 10%面临灭绝危险。

2022 年 12 月 18 日　"海洋地质二号"多功能新型科考船抵靠中国地质调查局广州海洋地质调查局科考码头——广州市南沙区龙穴岛科考码头，正式入列中国地质调查局广州海洋地质调查局，标志着我国首座深水科考码头正式启用。

2022 年 12 月 18 日　由我国自主设计建造的首艘面向深海万米钻探的超深水科考船——大洋钻探船在广州市南沙区实现主船体贯通，标志着我国深海探测领域重大装备建设迈出关键一步。

2022 年 12 月 20 日至 12 月 22 日　2022 中国极地科学学术年会在上海以线上线下结合的方式召开，并在现场连线北极黄河站，见证了北极黄河地球系统国家野外科学观测研究站的挂牌仪式。

2022 年 12 月 22 日　"中山大学极地"号安全停靠在广州文冲船舶修造有限公司码头，圆满完成桂山水域试航任务。

2022 年 12 月 27 日　海洋环境保护法修订草案 27 日初次提请十三届全国人大常委会第三十八次会议审议。

2022 年 12 月 30 日　"海洋石油 982"钻井平台将钻头打向地层 5000 米深处，"深海一号"大气田的二期工程全面开工建设，我国深海油气勘探开发又迈出可喜一步。

Abstract

Report on the Development of Ocean Society of China (2023) is the eighth blue book of ocean society which organized by Marine Sociology Committee and written by experts and scholars from higher colleges and universities.

This report makes a scientific and systematic analysis on the current situation, achievements, problems, trends and countermeasures of ocean society in 2022. In 2022, China's marine undertakings in various fields continued to show the development trend of steady progress as well as specialization and precision; comprehensive management of the ocean presented in an all-round way; the institutionalization of marine undertakings continued to advance; international cooperation had diversified characteristics in marine fields and spaces. At the same time, although the overall development of China's marine industry is stable, it still faces many difficulties and challenges. The tackling of marine science and technology still needs to be continued, the comprehensive management of the marine undertakings needs to be continuously promoted, the institutionalization of the marine undertakings needs to be accelerated, and the development of the marine undertakings needs to further increase social participation. Therefore, sustainable marine social development still requires strengthening governance in many links.

This report consists of four parts: general report, topical reports, special reports and appendix. The report has carried out scientific descriptions and in-depth analysis on topics such as marine environmental protection, marine education, marine management, marine public service, marine legal system, marine culture, distant fishery management, global ocean center city, marine ecological civilization demonstration area, marine intangible cultural heritage, marine disaster social response, marine folk customs, marine law enforcement and marine right maintenance and finally puts forward some feasible policy suggestions.

Keywords: Marine comprehensive governance; Institutionalization of ocean society; High-quality development of marine undertakings

Contents

I General Report

　　Abstract：In 2022, China's marine undertakings in various fields still continued to show the development trend of steady progress as well as specialization and precision; comprehensive management of the ocean presented in an all-round way; the institutionalization of marine undertakings continued to advance; international cooperation had diversified characteristics in marine fields and spaces. At the same time, although the overall development of China's marine industry is stable, it still faces many difficulties and challenges. The tackling of marine science and technology still needs to be continued, the comprehensive management of the marine undertakings needs to be continuously promoted, the institutionalization of the marine undertakings needs to be accelerated, and the development of the marine undertakings needs to further increase social participation. Therefore, sustainable marine social development still requires strengthening governance in many links.

　　Keywords：Ocean business; Ocean governance; Marine science and technology; International cooperation

Ⅱ　Topical Reports

B.2　China's Marine Environmental Development Report（2022）

Cui Feng，Liu Jingzhou / 014

Abstract：In 2022，the state of China's Marine ecological environment continued to maintain a steady and improving trend. On the whole，the fluctuation range of water quality in the waters under its jurisdiction was relatively stable；the area of the sea area under seawater eutrophication continued to decline；the operation of the Marine ecosystem continued to maintain a relative balance；the degree of disaster caused by red and green tides was reduced；and the control effect of Marine pollution sources was stable but improved. In 2022，China will take a more prominent political position in Marine ecological and environmental protection. Through the 14th Five-Year Plan for Marine ecological and environmental protection and development，the tasks of Marine ecological and environmental protection across the country will be more clearly defined，the sustainable utilization of Marine resources and the capability of scientific and technological innovation will be more prominent，and China will participate more deeply in global Marine governance. Despite these achievements，China is faced with such problems as a gap between ecological and environmental protection of the Gulf and the goal of "Beautiful Gulf"，a conflict between land and sea space utilization pattern and the concept of "overall management of land and sea"，and a discrepancy between the current situation of multi-subject co-governance and the modern environmental governance system. In the future，we should build governance pattern and guarantee mechanism of beautiful bay system，improve multidimensional conflict identification and regulation measures on land and sea space，and bring into play the effectiveness of multi-body participation in Marine ecological environment governance to improve the effectiveness of Marine ecological environment governance.

Keywords：Marine ecological environment；Marine ecological environment quality；Land and sea coordination

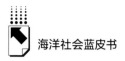
B. 3 China's Ocean Education Development Report（2022）

Zhao Zongjin, *Guo Xiaojuan* / 035

Abstract：In 2022, China's marine education career has ushered in new development opportunities and presented new development characteristics while steadily advancing. Marine education policies are constantly enriched, and a series of marine education-related policy documents have been issued by a number of ministries and commissions of the central government and coastal provinces, further clarifying the goals and tasks of the marine education cause. In terms of marine education practice, various types of marine education have become increasingly rich in content and diverse in mode. Primary and secondary schools have taken experiential learning as their main learning mode; higher marine education institutions have continued to promote co-operation and co-construction, contributing to the popularisation of marine education; and the main body of public marine education has become more diversified, with the coverage of the target group expanding continuously. Marine education research is steadily advancing. On this basis, the study also proposes strategies for the development of marine education policy, marine education practice and marine education research.

Keywords：Marine education；Marine literacy；Marine education policy

B. 4 China's Marine Management Development Report（2022）

Li Qianghua, *Chen Zizhuo* / 062

Abstract：China's pivotal year to begin building a modern socialist nation and move closer to the second centennial aim is 2022. This year marks the 20th National Congress of the Chinese Communist Party. Over the course of the last year, China has carried out surveys of its marine resources, spread knowledge of marine culture, developed a modern marine industry system, enhanced the enforcement of its marine laws, and encouraged the depth of scholarly research. It has also accelerated the development of blue carbon. The three main trends that China's marine management work will exhibit in the future are as follows: the marine economy will stick to the main tone of "steady growth," strengthen marine science and education, and aggressively cultivate high-level scientific and technological talents; the marine sector will pay more attention to the harmony between man and sea and build a beautiful ocean of harmonious coexistence between man and nature. Future developments in marine science and technology, deep-sea scientific research expansion, and the emergency management of marine disasters must all be prioritized. Additionally, the comprehensive management of sea areas must be strengthened.

Keywords: Ocean management; Harmony between human and ocean; General management

B.5　China's Ocean Culture Development Report (2022)

Zhou Xianlai, Ning Bo / 082

Abstract: In 2022, the development of ocean culture bucked the trend under the background of the COVID-19 epidemic, and the development momentum in turn improved compared with the previous year. In 2022, there were 368 ocean culture-related literatures on CNKI, including 218 papers in the academic journal database, 62 papers in the dissertation database and 31 papers in the core journal database. The literature related to ocean culture was analyzed through bibliometric analysis. It can be found that the hot spots of ocean culture research in 2022 mainly focus on ocean cultural heritage, world cultural heritage, value characteristics, ocean power, ocean education, ocean literature, ocean economy and ocean consciousness. The main achievements in the development of ocean culture are manifested in the research on the important discourse of ocean power, the research on the spiritual internal drive of ocean culture, the research concerns of multiple disciplines, and the scope types of research institutions 4 new developments. However, there is still a need to strengthen the 4 aspects of core

journals publication, senior talents training, ocean culture education and theoretical innovation. In this regard, it need to strengthen the research on international exchange of ocean culture, application of ocean culture, integration of ocean culture and tourism, ocean ecological culture, ocean folk culture and ocean spirit construction in the future.

Keywords: Ocean culture; Ocean power; Ocean resources

B.6 China's Marine Rules of Law Development Report (2022)

Liu Yiheng, Chu Xiaolin / 101

Abstract: In 2022, new breakthroughs were made in marine legislation on the basis of established achievements, and China's marine legal system achieved remarkable results with the adoption of a number of specialized marine legislation and the initial formation of a marine legislative system. The main achievements include: firstly, the Law of the People's Republic of China on Wetland Protection came into effect on 1 June 22; secondly, the amendment of a number of rules or policies relating to the sea in the agricultural and rural sectors; thirdly, the Supreme People's Court listed 22 years of typical sea-related cases, providing a good reference for China's marine judicial enforcement and legal system development; fourthly, a series of sea-related plans were issued [sea-related plans include but are not limited to marine environmental governance, three-dimensional stratification of sea areas, green and low-carbon development of the marine economy, marine biodiversity, etc.] For example, policies and plans such as the Special Action Plan for Mangrove Protection and Restoration (2020–2035) and the Major Project Construction Plan for Ecological Protection and Restoration of Coastal Zones (2021 – 2035); Fifth, China's participation and Chinese solutions in the development of the international maritime legal system in 2022.

Keywords: Maritime legislation; Sea related policy; Maritime law

Ⅲ   Special Topics

Abstract：the year 2022 is the beginning of the full implementation of the spirit of the 20th national congress of the party, the implementation of the 14th five-year plan is the key year up and down the line. Shenzhen, Shanghai, Guangzhou, Dalian, Tianjin, Qingdao, Ningbo, Zhoushan and Xiamen have accelerated the construction of global marine central cities, strengthened the construction of marine innovation platforms, improved the quality and efficiency of modern marine industries, and strengthened the comprehensive management of the ocean. At the same time, the construction of global marine central cities also has backward marine science and technology and low conversion rate of achievements. The development of marine economy is not sufficient, unbalanced and uncoordinated, and the marine industrial structure is not perfect. There are few high-impact ocean exchange platforms and international organizations related to ocean governance, and the participation of international ocean affairs is not high; the influence of marine culture is insufficient, and cultural advantages are difficult to be transformed into marine economic power sources. To promote and accelerate the construction of global marine central cities, it is necessary to implement scientific and technological innovation-driven and self-reliance to consolidate the foundation of marine science and education; promote the transformation of marine industry and realize the coordinated development of regional marine economy; actively participate in international maritime affairs and enhance the international influence of the ocean; taking into account the construction of soft power, comprehensively enhance the comprehensive strength of the ocean.

Keywords：Global marine central cities; Maritime power; Ocean governance

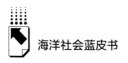

B.8 China's Marine Public Service Development Report（2022）

Lei Zibin, Gao Facheng / 139

Abstract: In 2022, COVID－19 is gradually easing, but China's epidemic prevention and control has entered a new stage. Due to the rapid spread of the Omicron variant, which has strong infectivity and strong concealment in broadcasting, in China, the epidemic has characterized multiple outbreaks and multi chain coexistence, which has to some extent affected the development of marine public welfare services in China. The success rate of maritime rescue in China is at a relatively high level and has increased compared to the previous year; The activities of marine scientific research, as well as the new equipment and technology for ocean observation and scientific research, provide stable and complete data for the development of marine public welfare undertakings; Under the guidance of the regulations on public interest litigation issued by The Supreme People's Procuratorate and The Supreme People's Court of The People's of China, marine public interest litigation has been continuously improved. The report of the 20th National Congress of the Communist Party of China plays a very important guiding role in the development of China's marine public welfare services. The international and local aspects of marine public welfare services are constantly deepening, international cooperation and global governance are becoming increasingly close, and the development level of marine public welfare services in various regions is improving. However, the internationalization level, the cultivation of marine public welfare talents, and modern development still need to be improved.

Keywords: Marine public service; Marine rescue; Marine observation and investigation; Marine disaster prevention and mitigation; Marine public interest litigation

B.9   China's Marine Intangible Cultural Heritage Development

Report (2022)   *Xu Xiaojian, Wang Aixue and Sun Zhe* / 156

Abstract: In 2022, the 20th National Congress of the Communist Party of China opened a new stage of chinese modernization development, and clearly put forward the goal of promoting cultural self-confidence and self-improvement, and casting a new brilliant cultural construction goal of socialist culture. Based on the new goals and new requirements of China's socialist cultural construction, China's Marine Intangible Cultural Heritage (Hereinafter referred to as "marine heritage") adheres to the people-centered creative orientation in practical work, explores and innovates, and introduces more outstanding works and achievements of intangible cultural heritage that can enhance people's spiritual strength. In 2022, "marine heritage" has made some important achievements and progress in its development, forming a new development situation of cultural and plastic tourism and tourism and cultural promotion, the forms of deep cultural value are gradually diversified, the influence of international communication and influence is increasing, the relevant protection and inheritance mechanism is constantly improved, and the brand shaping force and Creation force are significantly improved. In 2022, China's "marine heritage" has three highlights in terms of protection measures, namely, actively exploring the new mode of modern integration and development of "marine heritage", actively constructing attractive "marine heritage" theme activities, and constantly creating a new business development mode of "marine heritage +" carrier. In 2022, China's "marine heritage" has made achievements, but at the same time, there are also some development problems, such as the imperfect system and mechanism of overall protection, the inadequate implementation of protection and management, and the blocked development potential of digital protection means. The next step is to take effective measures to solve these problems.

Keywords: Marine intangible cultural heritage; Chinese modernization; Sea-related culture; Cultural power

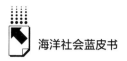
B . 10   China's Marine Ecological Civilization Demonstration Zone
Construction Development Report (2022)

Zhang Yi , Wang Yuying / 175

Abstract: The construction of national Marine ecological civilization demonstration zone, as an important support for protecting and maintaining the sustainable development of the ocean and solving the problems of Marine economy, resources and environment, is of great significance for safeguarding the sound ecological environment of the ocean and the sustainable development of human society. In 2022, the Party's 20th National Congress report proposed "developing the Marine economy, protecting the Marine ecological environment, and accelerating the construction of a Marine power", and the Marine ecological civilization demonstration zone, as a key starting point for the construction of a Marine power, has ushered in new opportunities and challenges. This report starts from the construction practice of Marine ecological civilization demonstration zones, and sorts out the five aspects of Marine economic development, Marine resource utilization, Marine culture construction, Marine ecological protection and Marine management guarantee of each demonstration zone in 2022. In general, the construction of national Marine ecological civilization demonstration zones in 2022 has achieved good results, with significant improvement in Marine science and technology support capacity, continuous outstanding Marine law enforcement construction, increasingly visible high-quality development results of the Marine economy, and increasingly in-depth participation in international Marine cooperation and governance. However, at the same time, there are also problems such as uncoordinated Marine industrial structure, not optimistic ecological conditions in coastal waters, imperfect Marine ecological civilization construction institutions and mechanisms, and weak public awareness of Marine ecological civilization. In the future, the construction of Marine ecological civilization demonstration zones should continuously improve the red line of Marine ecological protection and pay close attention to Marine ecological restoration, accelerate the optimization and upgrading of Marine industrial structure, promote the construction of Marine ecological civilization institutions and mechanisms, create a public consensus on Marine ecological civilization, and comprehensively promote the construction of Marine ecological civilization demonstration zones.

Keywords: Marine ecological civilization; Environmental protection; Harmony between human and ocean; Demonstration zone construction

B.11   China's Distant Water Fisheries Management Development Report (2022)   *Chen Ye, Ke Jie and Li Sifan* / 204

Abstract: In 2022, China's distant water fishery maintained stable and healthy development, and achieved significant results in standardized management, equipment innovation, and international cooperation, making positive contributions to the sustainable development of distant water fishery. In terms of fishing vessel management, in order to break through the constraints on the development of China's distant water fishery, hold the safety bottom line, and promote the high-quality development of distant water fishery, China has actively carried out the "Year of Regulatory Improvement" action for distant water fishery. The highlights of distant water fishery are frequent, with the establishment of the Deep Sea and Polar Fisheries Research Center, satisfactory development of marine engineering equipment, the official opening of the China Pacific Island Countries Agricultural Cooperation Demonstration Center, the establishment of the Ocean Fisheries Development Fund, and the latest achievements in intelligent identification of tuna catches. In order to accurately grasp the development situation of distant water fishery in coastal provinces of China, based on the supply and demand of the distant water fishery market, Baidu Index and other indicators were used to classify and rank the development status of distant water fishery in coastal provinces of China. It was found that Guangdong Province ranks first in the development of distant water fishery, followed closely by Zhejiang, Shandong, and Jiangsu. Beijing, Shanghai, and Fujian are in the middle, while Liaoning, Hebei, Tianjin, and Guangxi have relatively poor development of distant water

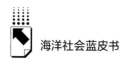

fishery. In order to achieve the high-quality development of China's distant water fishery, it is proposed to cultivate the consumption culture of distant water fishery, continuously promote scientific and technological innovation, improve the institutional support system, promote the development of the whole industrial chain, and strengthen the safety production education.

Keywords: Distant water fishery; Fishing vessel supervision; Cluster analysis; Factor analysis

B. 12　China's Marine Disasters Social Response Development Report (2022)　　　　　　*Luo Yufang, Yuan Xiang* / 221

Abstract: China is a country with a combined land and sea area, featuring a coastline of 18, 000 kilometers, and therefore ranks among the countries most seriously affected by marine disasters. With the rapid development of the marine economy and the advancement of marine exploration, coastal regions are facing increasing risks of marine disasters, including those caused by human factors such as marine pollution. These disasters have brought enormous economic losses to the country, making the situation of marine disaster prevention and reduction extremely severe. This research report focuses on the marine disaster situation and social response mechanisms from 2021 to 2022, providing a concise overview of marine disasters during this period and their corresponding social responses. The report follows a chronological order to introduce the basic characteristics of marine disasters and their social responses within this timeframe. Furthermore, the research report elaborates on the social response mechanisms to marine disasters from the perspectives of different disaster response entities.

Keywords: Marine disasters; Social response; Emergency mechanisms

B. 13   China's Marine Folklore Development Report (2022)

Wang Xinyan / 236

Abstract: In 2022, marine folk customs have demonstrated their unique charm and cultural connotations in the process of closely integrating with tourism. They have also received key attention from communities, administrative departments, scholars, tourists, etc. The characteristics of interdisciplinary and multimedia development are particularly prominent. In addition, the development of large data and digital media technology has further expanded the space and possibilities for the development of marine folk customs, and of course, it has also brought about issues such as intellectual property protection. In addition, it should be noted that the primary attribute of folk customs is cultural attributes, followed by commodity attributes. Therefore, strengthening the basic theoretical research of marine folk customs and exploring its connotation and extension is fundamental. On this basis, through legislation, cross regional and cross-border cooperation and development, we will develop high-quality marine folk customs in a hierarchical and focused manner, optimize resource allocation, attach importance to the combination of "material" marine folk customs and "human" marine folk customs, create a good cultural ecological environment from the perspective of cultural ecology, and stimulate people to consciously and actively inherit and develop marine folk customs, taking into account the current social background of a large number of migrant populations, It is an important way for the sustainable development of marine folk culture in the new era of social change.

Keywords: Marine folk culture; Cultural tourism; Big data; Cultural ecology

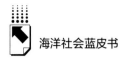
B . 14   China's Maritime Law Enforcement and Maritime

Right Maintenance Development Report（2022）

Song Ning'er , Shi Yuchen ∕ 247

Abstract：The 20th National Congress of the CPC proposed to speed up the construction of a maritime power, which requires further use of comprehensive maritime advantages and maximize the protection of national interests. At the legal level, with the further interpretation and improvement of the relevant contents after the promulgation of the Coast Guard Law of the People's Republic of China, the legal guarantee of maritime law enforcement activities has been further strengthened. At the practical level, in accordance with the Coast Guard Law and other laws and regulations, the China Sea Police Bureau has organized several special law enforcement actions to resolutely curb maritime violations and effectively safeguard China's maritime rights and interests. At the conceptual level, the China Sea Police actively participates in regional and international maritime law enforcement cooperation, and promotes the wide dissemination of the concept of a maritime community with a shared future. At present, China's Marine law enforcement and Marine rights and interests are focusing on the prominent problems of Marine pollution and ecological damage, and the trend of accurate and collaborative Marine comprehensive management. At the same time, in view of the current system is not clear enough and the coast guard law enforcement ability is insufficient, China should continue to promote the construction of Marine legal system and system, and further promote the construction of a competent coast guard team.

Keywords：China coast guard; Marine law enforcement; Marine rights maintenance

社会科学文献出版社

皮 书

智库成果出版与传播平台

❖ 皮书定义 ❖

皮书是对中国与世界发展状况和热点问题进行年度监测，以专业的角度、专家的视野和实证研究方法，针对某一领域或区域现状与发展态势展开分析和预测，具备前沿性、原创性、实证性、连续性、时效性等特点的公开出版物，由一系列权威研究报告组成。

❖ 皮书作者 ❖

皮书系列报告作者以国内外一流研究机构、知名高校等重点智库的研究人员为主，多为相关领域一流专家学者，他们的观点代表了当下学界对中国与世界的现实和未来最高水平的解读与分析。

❖ 皮书荣誉 ❖

皮书作为中国社会科学院基础理论研究与应用对策研究融合发展的代表性成果，不仅是哲学社会科学工作者服务中国特色社会主义现代化建设的重要成果，更是助力中国特色新型智库建设、构建中国特色哲学社会科学"三大体系"的重要平台。皮书系列先后被列入"十二五""十三五""十四五"时期国家重点出版物出版专项规划项目；自2013年起，重点皮书被列入中国社会科学院国家哲学社会科学创新工程项目。

皮书网

（网址：www.pishu.cn）

发布皮书研创资讯，传播皮书精彩内容
引领皮书出版潮流，打造皮书服务平台

栏目设置

◆ 关于皮书

何谓皮书、皮书分类、皮书大事记、
皮书荣誉、皮书出版第一人、皮书编辑部

◆ 最新资讯

通知公告、新闻动态、媒体聚焦、
网站专题、视频直播、下载专区

◆ 皮书研创

皮书规范、皮书出版、
皮书研究、研创团队

◆ 皮书评奖评价

指标体系、皮书评价、皮书评奖

所获荣誉

◆ 2008年、2011年、2014年，皮书网均
在全国新闻出版业网站荣誉评选中获得
"最具商业价值网站"称号；
◆ 2012年，获得"出版业网站百强"称号。

网库合一

2014年，皮书网与皮书数据库端口合
一，实现资源共享，搭建智库成果融合创
新平台。

皮书网

"皮书说"
微信公众号

权威报告·连续出版·独家资源

皮书数据库
ANNUAL REPORT(YEARBOOK)
DATABASE

分析解读当下中国发展变迁的高端智库平台

所获荣誉

- 2022年，入选技术赋能"新闻+"推荐案例
- 2020年，入选全国新闻出版深度融合发展创新案例
- 2019年，入选国家新闻出版署数字出版精品遴选推荐计划
- 2016年，入选"十三五"国家重点电子出版物出版规划骨干工程
- 2013年，荣获"中国出版政府奖·网络出版物奖"提名奖

皮书数据库　　　　"社科数托邦"
　　　　　　　　　微信公众号

成为用户

登录网址www.pishu.com.cn访问皮书数据库网站或下载皮书数据库APP，通过手机号码验证或邮箱验证即可成为皮书数据库用户。

用户福利

- 已注册用户购书后可免费获赠100元皮书数据库充值卡。刮开充值卡涂层获取充值密码，登录并进入"会员中心"—"在线充值"—"充值卡充值"，充值成功即可购买和查看数据库内容。
- 用户福利最终解释权归社会科学文献出版社所有。

数据库服务热线：010-59367265
数据库服务QQ：2475522410
数据库服务邮箱：database@ssap.cn
图书销售热线：010-59367070/7028
图书服务QQ：1265056568
图书服务邮箱：duzhe@ssap.cn

社会科学文献出版社　皮书系列
SOCIAL SCIENCES ACADEMIC PRESS (CHINA)
卡号：395764872585
密码：

S 基本子库
SUB DATABASE

中国社会发展数据库（下设 12 个专题子库）

紧扣人口、政治、外交、法律、教育、医疗卫生、资源环境等 12 个社会发展领域的前沿和热点，全面整合专业著作、智库报告、学术资讯、调研数据等类型资源，帮助用户追踪中国社会发展动态、研究社会发展战略与政策、了解社会热点问题、分析社会发展趋势。

中国经济发展数据库（下设 12 专题子库）

内容涵盖宏观经济、产业经济、工业经济、农业经济、财政金融、房地产经济、城市经济、商业贸易等 12 个重点经济领域，为把握经济运行态势、洞察经济发展规律、研判经济发展趋势、进行经济调控决策提供参考和依据。

中国行业发展数据库（下设 17 个专题子库）

以中国国民经济行业分类为依据，覆盖金融业、旅游业、交通运输业、能源矿产业、制造业等 100 多个行业，跟踪分析国民经济相关行业市场运行状况和政策导向，汇集行业发展前沿资讯，为投资、从业及各种经济决策提供理论支撑和实践指导。

中国区域发展数据库（下设 4 个专题子库）

对中国特定区域内的经济、社会、文化等领域现状与发展情况进行深度分析和预测，涉及省级行政区、城市群、城市、农村等不同维度，研究层级至县及县以下行政区，为学者研究地方经济社会宏观态势、经验模式、发展案例提供支撑，为地方政府决策提供参考。

中国文化传媒数据库（下设 18 个专题子库）

内容覆盖文化产业、新闻传播、电影娱乐、文学艺术、群众文化、图书情报等 18 个重点研究领域，聚焦文化传媒领域发展前沿、热点话题、行业实践，服务用户的教学科研、文化投资、企业规划等需要。

世界经济与国际关系数据库（下设 6 个专题子库）

整合世界经济、国际政治、世界文化与科技、全球性问题、国际组织与国际法、区域研究 6 大领域研究成果，对世界经济形势、国际形势进行连续性深度分析，对年度热点问题进行专题解读，为研判全球发展趋势提供事实和数据支持。

法律声明

"皮书系列"（含蓝皮书、绿皮书、黄皮书）之品牌由社会科学文献出版社最早使用并持续至今，现已被中国图书行业所熟知。"皮书系列"的相关商标已在国家商标管理部门商标局注册，包括但不限于 LOGO（▓）、皮书、Pishu、经济蓝皮书、社会蓝皮书等。"皮书系列"图书的注册商标专用权及封面设计、版式设计的著作权均为社会科学文献出版社所有。未经社会科学文献出版社书面授权许可，任何使用与"皮书系列"图书注册商标、封面设计、版式设计相同或者近似的文字、图形或其组合的行为均系侵权行为。

经作者授权，本书的专有出版权及信息网络传播权等为社会科学文献出版社享有。未经社会科学文献出版社书面授权许可，任何就本书内容的复制、发行或以数字形式进行网络传播的行为均系侵权行为。

社会科学文献出版社将通过法律途径追究上述侵权行为的法律责任，维护自身合法权益。

欢迎社会各界人士对侵犯社会科学文献出版社上述权利的侵权行为进行举报。电话：010-59367121，电子邮箱：fawubu@ssap.cn。

社会科学文献出版社